Der Wolf

Canis lupus

von Prof. Dr. Dmitrij Iwanowitsch Bibikow, Moskau

Zweite Auflage

Mit 88 Abbildungen

AZV 1902

Die Neue Brehm-Bücherei

A. Ziemsen Verlag · Wittenberg Lutherstadt · 1990

Originalarbeit für die Neue Brehm-Bücherei
aus dem Russischen übersetzt von Günther Grempe, Rostock
Originaltitel: Волк

Bibikow, Dmitrij I.:
Der Wolf : Canis lupus / von D. I. Bibikov.
Aus d. Russ. übers. von Günther Grempe.
– 2. Aufl. – Wittenberg Lutherstadt : Ziemsen, 1990
(Die neue Brehm-Bücherei ; 587)
ISBN 3-7403-0155-4

ISBN 3-7403-0155-4

ISSN 0138-1423

Die Neue Brehm-Bücherei 587

Lizenz-Nr. 251 · LSV 136 5
Herstellung: Messedruck Leipzig, III-18-127
Printed in GDR
Bestellnummer 800 160 0

01950

Vorwort

Das Interesse des Menschen am Wolf war schon immer recht groß, denn die Wildtierbestände und in den letzten Jahrzehnten auch die Haustiere wurden von beiden in gewissem Umfang gemeinsam genutzt. Die Kenntnisse der Zoologen über den Wolf beschränkten sich jedoch jahrhundertelang auf ziemlich allgemeine Vorstellungen.

Fast bis zur Mitte des 20. Jhs. wurde der Wolf vor allem in Hinblick auf seine Rolle als Schädling der Hausviehhaltung und der Jagdwirtschaft untersucht. Die Veröffentlichungen enthielten Angaben über den vom Wolf verursachten Schaden und propagierten effektive Methoden der Bestandsbeschränkung. Jedoch bereits in den 40er bis 60er Jahren wurden in Kanada, den USA und in der UdSSR solide Langzeituntersuchungen über den Wolf als einer aktiven Komponente innerhalb der Lebensgemeinschaften der Natur durchgeführt. Durch diese Arbeiten wurde deutlich, daß der Wolf eine außerordentlich wichtige regulierende Funktion in den Ökosystemen erfüllt, indem er den Bestand seiner Beutetiere auf einem Niveau hält, das eine katastrophale Überweidung der Nahrungsflächen verhindert, d. h. er gewährleistet ein relatives Gleichgewicht in der Natur.

Besondere Beachtung verdienen die Arbeiten von Murie aus Alaska, Pimlott aus Kanada und Mech von Isle Royale. Eine Reihe gehaltvoller regionaler Arbeiten sowjetischer Zoologen wurde im 2. Band der „Säugetiere der Sowjetunion" von Heptner [Geptner] u. Naumov (1967) verallgemeinernd zusammengefaßt. In russischer Übersetzung erschienen zu jenem Zeitpunkt die von Crisler und Mowatt meisterhaft geschriebenen Bücher über die nordamerikanischen Wölfe, in denen eine breitangelegte Kampagne zur Rehabilitierung des Wolfs ihre Widerspiegelung fand, der ja in großen Teilen der USA und in Westeuropa vom Aussterben bedroht oder schon ausgerottet war. Es muß bemerkt werden, daß der Kampagne zur Verteidigung des Wolfs, die sich im Westen ausbreitete, nicht nur die reale Gefahr des völligen Verlustes der Art in einer Reihe von Staaten zugrunde lag sondern auch, und das sollte unbedingt hervorgehoben werden, die fundamentalen Untersuchungen kanadischer und amerikanischer Zoologen. Diese mit Hilfe moderner Methoden einschließlich Radiotelemetrie, Luftbeobachtung, biochemischer Analysen usw. sorgfältig durchgeführten Arbeiten bewiesen unumstößlich die für die Huftierpopulationen notwendige Rolle des Wolfs in wenig gestörten Landschaften.

In der Sowjetunion setzten die Zoologen die Untersuchungen der Ökologie des Wolfs fort und wiesen auf die in Raum und Zeit sehr dynamischen Wechselbeziehungen zwischen Wolf und den wildlebenden Huftieren als seiner Beute und ihre gemeinsame Evolution hin. Die Hauptschlußfolgerungen mündeten jedoch nicht in einem Aufruf zum totalen Schutz des Wolfs, sondern es wurde auf die Notwendigkeit eines gründlichen Studiums der Art in der UdSSR hingewiesen, auf die Unerläßlichkeit einer ständigen Bestandsregulierung und einer entsprechenden Organisation und Strategie der Bestandslenkung und Steuerung der Populationsstruktur.

Die Verringerung des Wolfsbestandes, die in der UdSSR in den 60er Jahren erreicht wurde, und die drastische Reduzierung der Schäden für die Landwirtschaft durch den Wolf führten dazu, daß der Wolf durch die Jäger weniger intensiv verfolgt wurde. Das Problem verlor in der UdSSR zu einem Zeitpunkt an Schärfe, als ein grundsätzliches Umdenken hinsichtlich des räuberischen Beuteerwerbs in der Natur als biologische Erscheinung und der allgemeinen Hinwendung der Menschen zum Naturschutz als globaler Aufgabe erfolgte. In der Sowjetunion fand dies seinen Ausdruck in Erlassen zum Verbot oder der Begrenzung der Erlegung großer Raubtiere wie Eis- und Braunbär, Leopard, Schneeleopard, Tiger und Luchs, vorher schon in der Einstellung der Verfolgung von Greifvögeln, denen man früher eine Verminderung der Federwildbestände anlastete. Bald darauf wurden in der UdSSR diese und andere Verordnungen im „Gesetz über den Schutz und die Nutzung der Tierwelt" vom 25. Juni 1980 zusammengefaßt.

Die Wege zur Lösung des „Wolfsproblems" waren auch früher umstritten. In den 70er Jahren verschärfte sich jedoch der Streit, auch in der Sowjetunion. Weil objektive Kenntnisse über die Ökologie des Wolfs und seinen Platz in wenig gestörten sowie vom Menschen umgestalteten Biozönosen fehlten, überwogen in der sowjetischen Presse in der breit entfalteten Diskussion über diese Frage die Emotionen und nicht die Fakten. Ohne das Problem richtig zu kennen, haben viele Journalisten und das Fernsehen unkritisch die im Westen weit verbreiteten Ideen zum Schutze des Wolfs weitergegeben. Zur gleichen Zeit begann der Bestand des Wolfs, dem überall genügend Nahrung zur Verfügung stand und der nun nicht mehr verfolgt wurde, allmählich wieder zuzunehmen. Die in der Zeitschrift „Jagd und Jagdwirtschaft" (Ochota i ochotnič'e chozjajstvo) geführte Diskussion über den Wolf bestätigte die einhellige Meinung der Wissenschaftler und der Fachleute auf dem Gebiet des Jagdwesens, daß eine konsequente Bestandsregulierung des Wolfs erforderlich ist. In der UdSSR besteht keine Gefahr, daß der Wolf ausgerottet wird, die Hauptaufgabe bleibt die Kontrolle des Bestandes der verschiedenen Populationen. Die Meinungen der Fachleute gingen in dem Punkt auseinander, wie die Wolfsbestände am besten zu regulieren und welche Untersuchungen zur Ökologie des Wolfs für die optimale Bestandslenkung innerhalb der Populationen erforderlich sind.

Erste Versuche einer breiten Koordinierung der Wolfsforschung in der UdSSR erfolgten Anfang der 70er Jahre, als die Internationale Union zum Schutze der Natur und der natürlichen Ressourcen (IUCN) Prof. D. I. Bibikov den Vorschlag machte, in der Arbeitsgruppe Wolf mitzuarbeiten. Hieraus ergab sich die Notwendigkeit, den Zustand der Wolfspopulationen in der Sowjetunion fundiert darzustellen. Es wurde ein Programm und eine Methodik zur Erforschung der Ökologie des Wolfs ausgearbeitet, so daß die Arbeit organisiert werden konnte, als deren Ergebnis 1985 die kollektive Monographie „Der Wolf" im Verlag „Nauka" in der Reihe „Tiere der UdSSR und der angrenzenden Länder" erscheinen konnte.

Der dem deutschen Leser in der Neuen Brehm-Bücherei vorgelegte Band basiert auf dem Material der erwähnten Monographie, ist jedoch durch neueste Erkenntnisse über den Wolf aus der UdSSR und dem Ausland beträchtlich erweitert worden.

V. E. Sokolov
Mitglied des Büros der Sektion Theriologie
der Internationalen Union für Biowissenschaften

Inhaltsverzeichnis

1. Beschreibung und morphologische Besonderheiten

1.1. Habitus, Färbung und Zeichnung

Der Wolf ist der größte Vertreter der Familie der Hundeartigen (Canidae Gray, 1821). Er hat einen gut proportionierten, kräftigen Körperbau eines universellen Typs, der an die Fortbewegung über große Entfernungen angepaßt ist. Dieser Typ des Körperbaus ist beim Wolf zu einer hohen Vollkommenheit entwickelt (Abb. 30).

Der Rücken ist fast gerade, die Kruppe leicht abfallend, die Beine hoch, schlank und deutlich gegliedert. Im Vergleich zum Hund ist beim Wolf besonders an den Vorderbeinen die kräftige Entwicklung der Hand und der Zehen zu erkennen. Letztere sind dicht zusammengerückt. Der Brustkorb ist lang, breit, im Vorderteil jedoch seitlich zusammengedrückt, so daß die Brust, wenn das Tier die Vorderbeine vorsetzt, sehr schmal erscheint und die Spuren der Vorderpfoten fast in einer geraden Linie liegen. Der buschige Schwanz wird entweder gesenkt getragen und reicht dann bis ans Sprunggelenk oder in Rückenhöhe nach hinten gestreckt.

Der Kopf ist groß, schwer mit kräftigen Kiefern und einer langen aber nicht spitzen Schnauze sowie mit einer breiten Stirn. Die beweglichen Ohren sind dreieckig. Sie stehen aufrecht oder sind nach vorn gerichtet. Der Hals ist kräftig und muskulös, die Schnauze langgestreckt, so daß ein Tier mit gesenktem Kopf mit der Nasenspitze fast den Boden berührt. Den Hals hält der Wolf gewöhnlich waagerecht, und der Kopf wird nur wenig über Rückenhöhe getragen. Die Augen sind leicht schräggestellt und weisen eine helle Iris auf. Ihre Farbe variiert zwischen hellgelb bis gelbbraun, ist jedoch meist gelb. Die Proportionen des erwachsenen Tieres bilden sich erst allmählich heraus (Abb. 1–3).

Das Winterfell des Wolfs ist weich und dicht; gut erkennbar sind die verlängerten Haare auf dem Rücken, besonders am Widerrist. Am Hals und an den Kopfseiten bilden sie einen dichten „Kragen“ und „Bart“. Das Sommerfell ist kurz, deshalb erscheint das Tier ziemlich mager, was besonders bei den südlichen Steppenformen auffällig ist. Die Färbung variiert, der Grundtyp ist auf dem Territorium der UdSSR

Abb. 1–3. Entwicklung der Jungtiere. 1 Welpen im Alter von einer Woche, 2 zwei Monate alt, 3 Wölfin im Alter von zwei (oben) bzw. sechs Monaten (unten). Zeichn. V. M. Smirin

2

3

jedoch annähernd einheitlich. Am kontrastreichsten ist die Färbung am Kopf und Hals. Die Unterseite der Schnauze und der Hals sind sehr hell, fast weiß. Auf dem Oberkopf und um die Augen herum überwiegen Ockertöne, so daß helle Augenringe entstehen. Die ockerfarbenen Ringe sind von dunkleren grauen Flecken umgeben.

Dunkle Streifen verlaufen von den äußeren Augenwinkeln zum Oberrand des weißen Wangenfeldes; manchmal ist dieses Feld durch eine graue „Zunge" geteilt. An den Körperseiten und an den Pfoten überwiegen rost- und ockerfarbene Töne, die auf dem Rücken in ein schwärzliches Grau übergehen. Die Grenze zwischen rostfarbener und grauer Wolle ist manchmal sehr deutlich, besonders hinter dem Widerrist, so daß die Zeichnung einen dunklen Sattel oder eine Schabracke ergibt.

An der Vorderseite der Pfoten sind manchmal deutliche Streifen vorhanden. Auf der Halsoberseite sind die Haare am Nacken und auf der Rückseite der Ohren rotbraun gefärbt. Bei gleichbleibendem Zeichnungsmuster und gleicher Farbverteilung variiert die Färbung von sehr hell, fast weiß (in Nordsibirien), bis intensiv schmutziggrau. Die in Nordamerika häufigen dunklen Stücke sind unter den europäischen Wölfen selten.

Auf der Rückenlinie bilden die langen Grannenhaare einen deutlichen schwarzen Strich, der im Bereich des Vorderrückens kräftiger ist. Eine dunkle Zeichnung weist auch der Schulterbereich auf. Die Färbung der Körperseiten und der Außenseiten der Pfoten ist blaß schmutzig-ockerfarben. Der Bauch und die Flanken sind weiß mit ockerfarbenem Anflug; auf der Vorderseite der Vorderbeine hebt sich deutlich ein Längsstreifen ab. Die Färbung des Schwanzes entspricht der der Körperseiten, d. h. ist hell schmutzig-ockerfarben. Auf der Oberseite sind besonders im basalen Drittel schwarzbraune Haare beigemischt, die Schwanzspitze ist oft schwarz.

Die Grundfarbe des Winterfells ist heller, da die helle Unterwolle stärker hervortritt. Schwärzliche und ockerfarbene Töne treten auf diesem Untergrund stärker hervor. Die Haarlänge am Widerrist beträgt gewöhnlich höchstens 90 mm, kann jedoch auch 110–130 mm erreichen (G e p t n e r u. a. 1967). Zum Sommer hin nutzt sich das Haarkleid stark ab, und durch den Haarwechsel wird das Haar bedeutend dünner, vor allem durch das Ausfallen der Unterwolle.

Eine altersbedingte Veränderlichkeit des Fells ist besonders deutlich im 1. Lebensjahr. Die Welpen tragen ein dichtes, sehr weiches und vollkommen dunkles Fell. Aber bereits am Ausgang des Sommers haben die Jungwölfe, wenn sie das Wolfslager verlassen, ein helles, schmutziggrau-ockerfarbenes, grobes und dünnes Haarkleid. Die Krallen werden schwarz. Wenn es kalt wird, legen die diesjährigen Jungwölfe das erste Winterkleid an, das dem der Ein- und Mehrjährigen entspricht, es ist jedoch eintöniger gefärbt und weist weniger Schwarz- und Ockertöne auf (O g n e v 1931, G e p t n e r u. a. 1967). Es wurde ermittelt, daß das Winterfell diesjähriger Wölfe dichter ist als bei erwachsenen Tieren: Auf 1 cm^2 im Bereich zwischen Kreuz und Schwanzwurzel kommen über 2000 Haare, bei über 4jährigen Wölfen etwa 1700 (G u r s k i j 1969).

Der Schädel des Wolfs ist sehr massig. Der Gesichtsabschnitt ist wegen der starken Entwicklung der Zähne lang und ebenfalls massig, die Nasenknochen reichen bis in die Höhe der Orbiten, über die gesamte Länge der Berührungslinie zieht sich eine Rinne. Die Länge des Gesichtsschädels beträgt 62,6 $\pm$ 1,0% der Gesamtlänge des Schädels (G i m m e l ' r e j c h u. a. 1985). Die Jochbögen sind kräftig und weit ausgestellt. Die Supraorbitalfortsätze sind groß, massig und stehen seitlich stark vor. Dahinter ist die Schädelkapsel zusammengedrückt. Ein Sagittalkamm ist deutlich ausgebildet; er reicht über den Hinterhauptsbereich hinaus. Die Zahnreihe ist sehr kräftig, die Eckzähne sind massig, die Reißzähne kräftig, relativ niedrig, sie weisen jedoch eine breite Basis auf (Geptner u. a. 1967).

Beim Vergleich der absoluten Maße von Schädeln der großen rezenten Vertreter der Canidae (in % der Schädelmaße des Schakals) kommt Vereščagin (1985) zu dem Schluß, daß die starken, in Rudeln auftretenden Arten wie Rotwolf, Hyänenhund sowie der Schlittenhund (Laika) mit dem Wolf in einigen Breitenmaßen (Breite über die Eckzähne, PM^4, Schädelbasis) eine große Übereinstimmung zeigen, jedoch weit unter denen des Wolfs liegen hinsichtlich der Jochbogenbreite und besonders der Stirnbreite. Einmalig ist der Wolf auch hinsichtlich der Länge des Hirnschädels. In dieser Beziehung ist der ihm genetisch am nächsten stehende Schlittenhund (Laika) am ähnlichsten, dessen graphische Werte nach Vereščagin (1985) gleichsam eine verkleinerte Kopie des Wolfs darstellen. Dies erklärt sich vor allem aus dem Wolfsblutanteil bei dieser Rasse (wie bei den Haushunden überhaupt).

Die Zahnformel lautet wie bei allen Vertretern der Familie $I^3/_4$ $C^1/_1$ $P^4/_4$ $M^2/_3$ = 42. Die diploide Chromosomenzahl des Wolfs beträgt 78, die NF (nombre fundamentale) 80 (Mattey 1954).

1.2. Einige spezielle Züge der Morphologie

Im Habitus sind die Vertreter der Canidae relativ einheitlich. Im großen und ganzen stellen sie Variationen eines Grundtyps, nämlich des Wolfstyps, dar. Die Unterschiede ergeben sich vor allem durch das Verhältnis der Rumpflänge und der Beinhöhe, teilweise auch durch die Schwanzlänge (Geptner u. a. 1967).

Die hochbeinigste Form, die an einen Windhund erinnert, ist mit einem Verhältnis von Körperlänge zu Schulterhöhe von etwa 1:1 (Abb. 4a) der südamerikanische Mähnenwolf *(Chrysocyon brachyurus).* Ihm nahe steht der Hyänenhund *(Lycaon pictus;* Abb. 4b) aus Afrika. Vom gleichen Typ, nur kurzbeiniger, ist der Wolf (Abb. 4c). Dann folgen der Rotfuchs *(Vulpes vulpes;* Abb. 4d) und die verwandten, noch kurzbeinigeren Arten mit einem langgestreckten Rumpf und dem oben genannten Verhältnis von 1:0,5 und einem langen Schwanz. Am Ende der Reihe stehen Arten wie der Marderhund *(Nyctereutes procyonoides)* und der kleine gedrungen wirkende südamerikanische Waldhund *(Speothos venaticus;* Abb. 4e,f).

Die Arten der Gattung *Canis* sind sich sehr ähnlich und bilden einen einheitlichen Typ, den des Wolfs *(C. lupus)* und seines verkleinerten Abbildes, des Schakals *(C. aureus).* Das Vorkommen in den verschiedensten Landschaftsformen von der Tundra bis zu den Wüsten und Hochgebirgen bringt vielfältige, noch wenig erforschte morphologische Anpassungen an die Lebensbedingungen und die Lebensweise mit sich. Die Gattung umfaßt zwei Untergattungen – *Simenia* (den Abessinienwolf) und *Canis* s. str. Diese Untergattung weist 5 Arten auf: zwei afrikanische – *C. adustus* (Streifenschakal) und *C. mesomelos* (Schabrackenschakal), eine nordamerikanische *C. latrans* (Koyote), eine eurasisch-afrikanische *C. aureus* (Gold- oder Wolfsschakal) und eine eurasisch-nordamerikanische *C. lupus* (Wolf). Hierzu ist auch der Haushund *(C. familiaris)* als Taxon mit Artrang in der Gruppe der Wölfe zu stellen. Der

Abb. 4. Lebensformen einiger rezenter Caniden (nach Senglaub 1978). a *Chrysocyon,* b *Lycaon,* c *Canis,* d *Vulpes,* e *Nyctereutes procyonoides,* f *Speothos venaticus.* Zeichn. R. Zieger

Wolf ist der größte Vertreter dieser Gruppe, und sein Gewicht kann das Zehnfache von dem des Goldschakals (60 kg bzw. 6 kg) betragen. Die intraspezifische Variabilität des Wolfs ist jedoch sehr groß, denn die größten Tundrawölfe können 60 kg und mehr wiegen, die kleinen Wölfe der Wüsten und Gebirgsvorländer im Süden des Areals dagegen nur 30 kg.

Haut und Drüsen. Artspezifische Merkmale sind in der Struktur der Haut des Wolfs nicht festzustellen. Beim Goldschakal *(C. aureus)* und beim Koyoten *(C. latrans)* hat nach Sokolov u. a. (1985) die Haut die größte Dicke im Kreuz und nicht wie beim Wolf am Widerrist. Es gibt auch keine wesentlichen Unterschiede in der Lage und im Bau der oberhalb der Schwanzwurzel gelegenen und den Vertretern der Hundeartigen eigentümlichen Violdrüse, deren biologische Bedeutung noch nicht endgültig geklärt ist. Die Talg- und Schweißdrüsen in der Haut der Mundwinkel des Wolfs sind bedeutend größer als beim Koyoten und Schakal, was von einer stärkeren holokrinen und apokrinen Sekretion in diesem Bereich zeugt. Eindeutiger bestimmt ist die Rolle der Drüsen des Praeputium und der Scheide. Das Sekret macht die Haut dieser Organe geschmeidig und gibt dem Harn wahrscheinlich einen spezifischen Geruch, der ja beim Wolf, Koyoten und Schakal bei der Reviermarkierung eine bedeutende Rolle spielt. Der Markierung dienen wohl auch die Absonderungen der Analtaschen, wenn auch eine direkte Markierung mit ihnen wie bei Katzen, Mardern und Schleichkatzen (Viverridae) bei den Caniden nicht zu beobachten ist.

Das Haarkleid variiert entsprechend den Vorkommensgebieten. So hat ein Tundrawolf auf 1 cm^2 des Unterrückens 6300 Haare, die Zahl der Grannenhaare ist größer, die Haare sind länger, die Markschicht ist besser entwickelt als bei den südlichen Unterarten, bei denen auf 1 cm^2 des Unterrückens nur 3000 oder gar nur 2000 Haare gezählt wurden (Zamachaeva 1979). Auch das Haaroberhäutchen (Kuticula) in den Übergangszonen der Grannenhaare des Tundrawolfs besteht aus Schuppen, deren freie Ränder sich nicht eng an die Rindenschicht anlegen, wodurch ein wärmeisolierendes Luftpolster entsteht (Sokolov u. a. 1985). Die Felle nordischer Wölfe werden hinsichtlich ihrer Wärmeleitfähigkeit denen von Füchsen aus den zentralen Gebieten gleichgestellt. Die wärmeisolierenden Eigenschaften des Wolfsfells sind 1,2- bis 1,5mal höher als die des Biber- oder Bisamfells. Deshalb suchen Wölfe bei beliebigem Frost auch kaum eine warme Unterlage für ihr Lager (Pavlov 1982).

Skelett. Im Achsenskelett, und zwar im Längenverhältnis der einzelnen Wirbelsäulenabschnitte, haben Gimmel'rejch u. a. (1985) bei den Wölfen aus verschiedenen Populationen Unterschiede festgestellt. So hat den kürzesten Hals (die relative Halslänge) der Kaukasische Wolf (23,4%). Beim Tundrawolf liegt der Wert bei 26%, beim Waldwolf aus Belorußland bei 29,8%. Die Autoren sind der Ansicht, daß bei einem massigeren Kopf der Halsabschnitt der Wirbelsäule relativ verkürzt ist. Weiter weisen sie darauf hin, daß bei den Wölfen die Gesamtlänge des Lenden- und Brustabschnitts 70–80% der Länge der Wirbelsäule ausmacht. Untersuchungen haben ergeben, daß beim Kaukasischen Wolf, der den kürzesten Hals- und Lendenabschnitt und andererseits den längsten Brust- und Kreuzabschnitt besitzt, die Rolle der Wirbelsäule bei der Lokomotorik am geringsten ist, diese also eine größere Starrheit aufweist.

Eine Zwischenstellung nimmt bei diesem Vergleich der Tundrawolf ein; die Wirbelsäule der Waldwölfe aus Belorußland und aus der Polessje weist dagegen die größte Beweglichkeit auf. Adaptive Merkmale wurden auch in der Ausbildung der vorderen und hinteren Extremitäten, in der Struktur der Spongiosa der Knochen sowie allgemein in den mechanischen Eigenschaften des Knochengewebes des Wolfs festgestellt. So bestehen zwischen den Unterarten z. B. Unterschiede in der geringeren Festigkeit des Knochengewebes beim Tundrawolf, die jedoch durch eine verminderte Elastizität kompensiert wird (Gimmel'rejch u. a. 1985).

Herz und Gefäße des Wolfs sind nach Kovtun u. a. (1985) in den Details der anatomischen Struktur denen des Hundes gleich, dessen Herzmasse sich bei den verschiedenen Rassen zwischen 0,53 und 1,30% der Körpermasse bewegt (Chromov u. a. 1972). Bei Wölfen aus Transkaukasien schwankt dieser Wert zwischen 0,68 und 1,20%. Tiere, die in Aserbaidshan erlegt wurden, hatten ein relativ größeres Herz (1,0–1,20%) als Wölfe, die aus Belorußland oder der Ukraine stammten (Kovtun

u. a. 1985). Noch kleiner als bei letzteren ist die Herzmasse bei Wölfen aus dem Bez. Aktjubinsk (0,82–0,94%; Kozlo u. a. 1985). Nach denselben Angaben war bei 6 Rüden, die in den Jahren mit vermindertem Wolfsbestand in Belorußland erlegt wurden, der Herzindex mit 1,35% besonders hoch. Die Autoren nehmen an, daß bei verstärkter Verfolgung in der Wolfspopulation nur die gesündesten und ausdauerndsten Tiere überleben.

Im Magen des Wolfs sind im kardialen Teil nur Fundusdrüsen vorhanden, während beim Hund auch Cardiadrüsen vorkommen (Sablina u. Žarova 1985). Die Erweiterung des Bereichs der Fundusdrüsen müßte auf eine intensivere Sekretion saurer Mukopolysacharide hindeuten. Tatsächlich überwiegen jedoch hier nach den Untersuchungsbefunden neutrale, was als Schutzreaktion des Organismus gegen Selbstverdauung der Schleimhautzellen bei längerem Hungern, das beim Wolf regelmäßig vorkommt, gedeutet wird. Beim Vergleich der Länge des Dickdarms des Wolfs und eines Hundes gleicher Größe ergab sich, daß er beim Wolf länger ist. Dies ist nach Ansicht der Autoren möglicherweise dadurch bedingt, daß der Wolf ständig pflanzliche Nahrung zu sich nimmt. Der saisonale Bedarf des Wolfs an pflanzlicher Kost wie Melonen, Hagebutten, Beeren hängt wahrscheinlich mit der aminolytischen Mikroflora zusammen, die zu den Symbionten des Blind- und Grimmdarms gehört (Sablina u. Žarova 1985).

Die Lage der Sehorgane des Wolfs ermöglichen das binokulare Sehen mit großem Gesichtsfeld. Bei Wölfen, Koyoten, Füchsen und Schakalen beträgt der Winkel des binokularen Feldes 65–75°, bei den Marderartigen etwas weniger, bei den Bären dagegen etwas mehr. Besonders groß ist es bei Katzen, nämlich 130° (Andreev 1985). Die Netzhaut des Wolfs ist an die Bedingungen mit geringer Lichtstärke angepaßt. Die Stäbchen stehen sehr dicht, die Zahl der Zapfen ist dagegen vermindert, doch gehört der Wolf insgesamt nach diesem Merkmal zu den Tieren, die tag- und nachtaktiv sind. Diese Feststellung wird auch durch die geringe Größe der Pupille (3–4 mm) und die große Sehschärfe, sowohl in der Nähe als auch in der Ferne, bestätigt. Morphologische Details der Hör- und Geruchsorgane, die in den verschiedenen Situationen für den Wolf keine geringe Rolle spielen (Allen 1979), wurden nicht speziell untersucht.

2. Abstammung und Entwicklungsgeschichte

Hinsichtlich des Stammbaums der Gattung *Canis* und der Art *C. lupus* besteht keine Einmütigkeit. Thenius (1972) setzt den Ast der Gattung im Pliozän an und stellt ihn zwischen den Hyänenhund (Gattung *Lycaon*) aus Afrika und den Rotwolf (Gattung *Cuon*) aus Eurasien. In einem ausführlichen Überblick über die quartären Caniden untersucht Nowak (1979) die Geschichte vom Mittleren Pleistozän an (Abb. 5) und nimmt an, daß der Wolf zu Beginn des Oberen Pleistozäns aus der Alten Welt in die Neue Welt vorgestoßen ist.

In der Sowjetunion treten fossile Knochenreste mit eindeutigen Wolfsmerkmalen erstmals in spätpliozänen Ablagerungen im sogenannten Chaprowo-Faunenkomplex

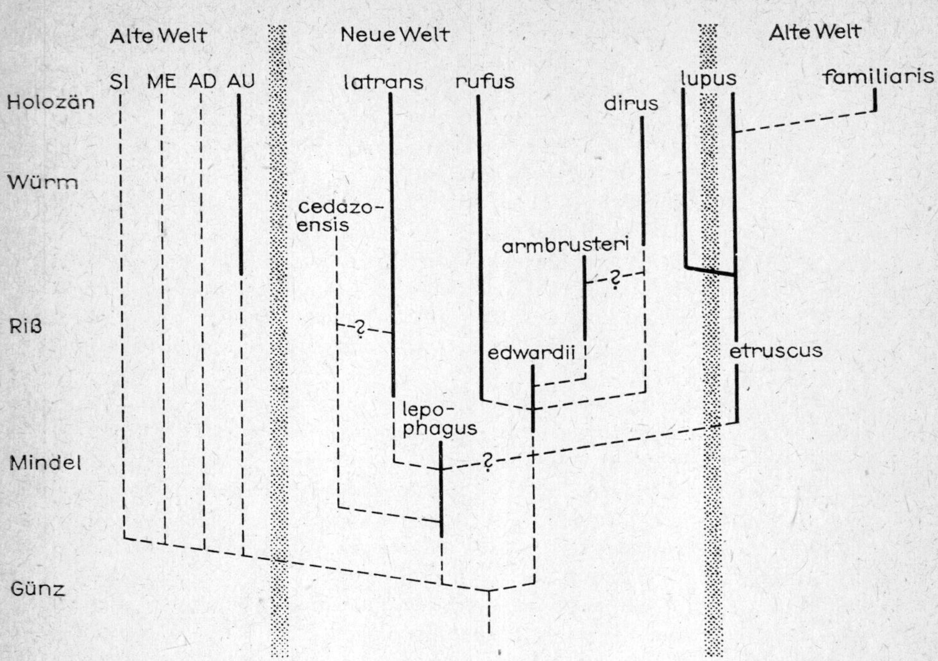

Abb. 5. Hypothetischer Stammbaum der wolfsartigen Caniden. ad *adustus,* au *aureus,* me *mesomelas,* si *simensis.* Nach Nowak 1979

auf, der zeitlich mit dem Aktschagyl-Meer gleichzusetzen ist. Im Frühen Quartär waren die Wölfe nach Vereščagin (1985) in Eurasien bereits weit verbreitet. Aus der Zeit von 450 000–380 000 Jahren finden sich Wolfsknochen zusammen mit solchen von Pferden, Etruskischen Nashörnern, Hirschen, Bisons und Höhlenlöwen. Solche Fundstellen sind aus Norddeutschland bekannt. In Nordostsibirien wurden sie am Fluß Tschukotschja in Jakutien gefunden.

Häufiger treten Reste von besonders großen Wölfen in mittelpleistozänen Schichten aus der Zeit vor 380 000–130 000 Jahren im sogenannten Chasar-Horizont an der mittleren Wolga sowie in Südsibirien auf. Knochen von spätpleistozänen Wölfen findet man an paläolithischen Siedlungsplätzen aus der Zeit von vor 130 000 bis 10 000 Jahren in Höhlen und in der freien Landschaft. In Europa sind sie häufig in Schichten des Acheuléen, Moustérien, Aurignacien, Solutréen, Magdalénien und Azilien in England, Spanien, Italien, Frankreich und der DDR, BRD, in Polen, Ungarn und der ČSSR (Wolf 1938–1939, Kurten 1968). In der UdSSR treten solche fossilen Reste an früh- und spätpaläolithischen Siedlungsplätzen in der Moldau, Ukraine, in Belorußland, auf der Krim, im Kaukasus und in alluvialen Ablagerungen vieler Flüsse der Russischen Tafel auf.

Durch die Analyse der relativen Häufigkeit der Wolfsknochen in den verschiedenen Ablagerungen innerhalb der UdSSR kommt Vereščagin (1985) zu dem

Schluß, daß die Wölfe im Unteren Pleistozän relativ selten waren, jedoch hohe Bestandswerte im Mittleren Pleistozän erreichten, als sie besonders häufig in Bitumen-„fallen“ vom Binagady- und Karmalok-Typ gerieten, wo die Wölfe 14–18% der nachgewiesenen Tiere ausmachen. Von den Steinzeitjägern des Acheuléen und Moustérien wurden Wölfe nur in geringem Umfang gejagt, denn sie machen nur 0,3 bis 0,9% der Knochen der übrigen Jagdwildarten aus. Im Spätpleistozän tritt der Wolf zahlreich auf, und die Jäger des Oberen Paläolithikums erlegten ihn regelmäßig.

Im frühen und mittleren Holozän jagten die mesolithischen und neolithischen Jäger aus dem östlichen Baltikum und aus Nordwestrußland nur in geringer Zahl den Wolf, denn er macht nur 0,9–1,7% der sonstigen Knochen von Jagdtieren aus. Wolfsreste sind am häufigsten in den mittleren Breiten im Bereich der pleistozänen Steppen und Waldsteppen zu finden. In den intrazonalen Gebieten vom Taigatyp ist der Wolf spärlich vertreten.

In Nordamerika treten dem Wolf zuzuordnende Knochenfunde erstmals im späten Irvington auf, das der Riß-Eiszeit in Europa entspricht. N o w a k (1979: 98) bringt eine Karte mit 49 Fundorten von Wolfsresten aus Alaska, Nordwestkanada, Südkanada und den meisten Staaten der USA mit Ausnahme von Louisiana und Florida. Die meisten Fundplätze stammen aus dem Wisconsin, das dem Spätpleistozän (Würm) in Europa entspricht, oder gar dem Holozän. Wolfsfunde fehlen völlig aus Nordostkanada, das im Pleistozän von Eis bedeckt war.

Wie in Europa stammen auch die nordamerikanischen Wolfsfunde vorwiegend aus Höhlen, seltener aus alluvialen Flußablagerungen, aus lehmigen Deckschichten an den Siedlungsplätzen von Bisonjägern oder aus Asphaltkratern (Kalifornien). Die ältesten Funde, die aus dem Illinoian (Riß) stammen, wurden in alluvialen Ablagerungen gemacht. Funde aus dem Wisconsin (Würm) stammen gewöhnlich aus Steinzeitjägersiedlungen in Flußtälern. In den Asphaltkratern von Rancho-la-Brea lagern Skelette und Schädel zusammen mit Skeletten des nordamerikanischen pleistozänen Riesenwolfs *C. dirus* Leidy, 1858.

Die Evolutionsrichtungen im Pleistozän sind wenig erforscht. Außerdem bedingten die weiträumigen geographischen Verbindungen zwischen den Populationen eine Nivellierung auftretender Tendenzen, die durch die zonalen Lebensbedingungen hervorgebracht wurden. Trotzdem läßt sich eine Tendenz zur Herausbildung eines progressiven Räubertyps im Bau des Schädels und des Zahnsystems feststellen. So war unter 33 Wolfsschädeln aus den Asphaltseen von Binagady (Mittleres Pleistozän) M^3 in zwei Fällen vorhanden (6%), unter 222 Schädeln rezenter Wölfe aus der UdSSR wurde M^3 dagegen nur einmal gefunden, d. h. in nur 0,9% der Fälle. Es erfolgte weiterhin eine relative Verkürzung der Zahnreihe durch eine engere Stellung der Prämolaren, eine Verkürzung der Länge der Schädelkapsel und eine Verlängerung der Schläfenverengung (V e r e š č a g i n 1985).

Die beschriebenen pleistozänen Formen im Rang von Arten oder wohl eher Unterarten sind durch fragmentarisches Material oft nur unzureichend begründet. Das schließt jedoch das Vorhandensein einer paläogeographischen Veränderlichkeit der Wolfspopulationen im Laufe des Pleistozäns nicht aus. Unter den fossilen Formen ist wohl die interessanteste und auch rätselhafteste der „schreckliche“ Wolf *C. dirus* Leidy, 1858. Seine gut erforschten Reste sind am zahlreichsten in der spätpleistozänen Fauna zu finden, die der Zeit der stärksten Abkühlung zuzurechnen ist (vor

25 000–15 000 Jahren). Nach dem Diagramm bei N o w a k (1979: 109), dem 62 vergleichbare Schädel dieser Art und 482 von rezenten Wölfen zur Verfügung standen, war der Schädel im Durchschnitt 1/5 länger, wies einen sehr großen Längsdurchmesser des oberen Reißzahns auf (28,7–35,3 mm!), besaß einen breiteren Gaumen und eine besonders breite Stirn sowie breite Supraorbitalfortsätze. Die Stirn war im Bereich der Orbiten wesentlich flacher als beim Wolf. Verbreitet war dieser Wolf nach N o w a k (1979: 111) in Südwestkanada, in den USA (besonders in Florida), in Mexiko, Peru und vielleicht Argentinien. Reste wurden gefunden in alluvialen Schichten, in Höhlen und in Asphalt. Die Art starb durch das Verschwinden großer Pflanzenfresser am Ausgang des Wisconsin (Würm) aus. Die Geschichte dieses Wolfs im Vergleich zum rezenten Wolf erinnert nach V e r e š č a g i n (1985) in bemerkenswerter Weise an die des Höhlen- und des Braunbären. Nur geringfügige Unterschiede in der Nahrungsspezialisierung genügten – und die Art starb am Ende der Eiszeit aus.

Durch die paläontologischen Funde läßt sich weder das Ursprungszentrum des Wolfs ermitteln noch lassen sich die frühpleistozänen Wanderungen der Art verfolgen. Im Spätpleistozän umfaßt das Areal des Wolfs während der Vergletscherung wahrscheinlich die ausgedehnte periglaziale Zone, an die sich südlich in einem breiten Gürtel die Kältewaldsteppe anschloß. (G e r a s i m o v u. M a r k o v 1939). In eben dieser Zone kamen in Europa und Nordwestasien viele Huftiere und Nager vor, die zu den Beutetieren des Wolfs gehörten (Rentier, Tarpan, Saigaantilope, später Elch sowie Murmeltiere und auch der Jungsteinzeitmensch (Z i m i n a u. G e r a s i m o v 1970). Man kann deshalb annehmen, daß die Wölfe des Oberen Pleistozäns im Westen Eurasiens wohl vor allem den Süden Osteuropas und Vorderasiens bewohnten, östlich davon die Steppen und Gebirge Südsibiriens und Zentralasiens. Im Nordosten Asiens haben sich auch heute noch Reste periglazialer Tundrasteppen erhalten, die möglicherweise zum Lebensraum des Wolfs gehörten und als Durchzugsgebiet von Asien nach Nordamerika dienten.

Die in die Neue Welt eingewanderten Wölfe wurden während der maximalen Vereisung durch die Gletscher in den Nordwesten Alaskas, ostwärts nach Grönland und nach dem Süden abgedrängt. Die intraspezifische Differenzierung der nordamerikanischen Wölfe vollzog sich bereits nach dem Pleistozän aufgrund einiger isolierter Eiszeitformen (Abb. 6).

Einige Überlegungen über die Ausbreitung des Wolfs in das Gebirgsvorland des Urals in nachpleistozäner Zeit in der Waldai-Eiszeit (Würm) ergeben sich aus den Funden bei Ausgrabungen in der Bärenhöhle (Medweshja pestschera) am Oberlauf der Petschora (K u z ' m i n a 1971). Die geringe Schneedecke und die Vielfalt an Huftieren der Wald- und Steppenzone schufen hier optimale Nahrungsbedingungen (V e r e š č a g i n 1985). Im nacheiszeitlichen Holozän verschwanden jedoch die Wölfe fast völlig aus dem westlichen Vorland des Urals. So betrug die relative Häufigkeit der Wolfsreste in pleistozänen Schichten 1,6% aller Funde, in den holozänen Schichten dagegen nur 0,8%. Die Arealverschiebungen und Bestandsveränderungen in späterer Zeit vollzogen sich in nicht unerheblichem Maße bereits unter dem Einfluß des Menschen.

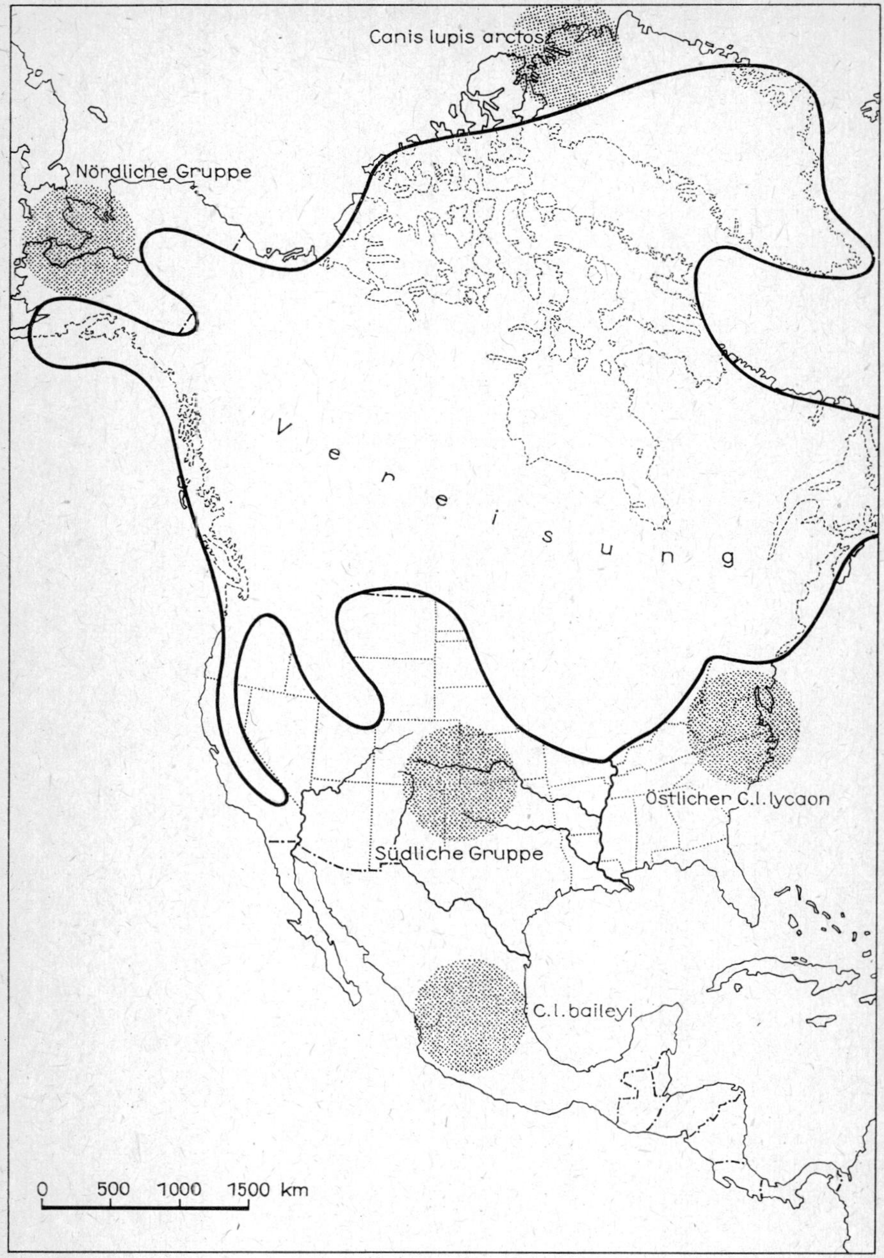

Abb. 6. Wahrscheinliche Rückzugsgebiete des Wolfs während der maximalen Vereisung in Nordamerika. Nach N o w a k 1983

3. Systematik und Veränderlichkeit[1]

3.1. Intraspezifische Veränderlichkeit

Ein Geschlechtsdimorphismus in der Fellfärbung fehlt, doch sind Rüden gewöhnlich größer als weibliche Tiere. Das Durchschnittsgewicht der Weibchen beträgt 80–85% des durchschnittlichen Gewichts der Rüden, die Gesamtkörperlänge der Weibchen 87–98% der von Rüden. Die Geschlechtsunterschiede in den Schädelmaßen sind ziemlich deutlich und betragen 4–7% (Jolicoeur 1959, Rossolimo u. Dolgov 1965.) Bei Wölfen aus der UdSSR liegen die Maße für die wichtigsten Schädelabschnitte bei weiblichen Stücken im Durchschnitt bei 92–97% derjenigen von Männchen. In Nordamerika beträgt das Verhältnis etwa der gleichen Maße bei Weibchen und Männchen ebenfalls 92–97% (Young u. Goldman 1944). Geschlechtsunterschiede in den Schädelproportionen sind gleichfalls sehr ausgeprägt. Bei Weibchen ist der Schädel insgesamt etwas schmaler als bei männlichen Tieren. Die Jochbogenbreite, die Schädelbreite im Bereich der Reißzähne, im Interorbital- und im Postorbitalbereich im Verhältnis zur Condylobasallänge sind bei ihnen geringer.

Die absoluten und relativen Schädelmaße bei Männchen und Weibchen unterliegen geographischen Veränderungen. Von 13 Merkmalen, deren Veränderlichkeit innerhalb der UdSSR untersucht wurde, variieren innerhalb des Verbreitungsgebiets am stärksten die Geschlechtsunterschiede in der Schädelbreite im Interorbitalbereich und in der Jochbogenbreite. Das Verhältnis der Maße dieser Merkmale bei Weibchen gegenüber den Maßen der Männchen variiert zwischen 85–89% und 97–100%.

Individuelle Variabilität. Bei den meisten Populationen herrscht in der Fellfarbe die „graue Phase“ vor. Rein weiße Wölfe gibt es offensichtlich nicht. Tiere der „weißen Phase“ mit Vorherrschen heller und gelblicher Töne sind häufig im Norden des Verbreitungsgebiets in der Neuen Welt zu finden, selten kommen solche Stücke in den westlichen und zentralen Gebieten der USA und im Norden Eurasiens vor. Die „schwarze Phase“ ist durch das Überwiegen braunschwarzer und dunkelbrauner Töne gekennzeichnet, die besonders auf dem Rücken und an den Körperseiten auftreten. In der Alten Welt sind Wölfe der „schwarzen Phase“ ziemlich häufig in den Gebirgen Zentralasiens und in den Pyrenäen, in der UdSSR kommen sie jedoch praktisch nicht vor. In Nordamerika sind dunkle Wölfe weit verbreitet.

Einer beträchtlichen individuellen Veränderlichkeit unterliegen die Körpermaße und das Gewicht. Innerhalb des Verbreitungsgebiets schwankt die Gesamtkörperlänge erwachsener Tiere zwischen 82 und 160 cm, die Schwanzlänge zwischen 29 und 52 cm, die Länge der Hinterpfote zwischen 16 und 25 cm, die Ohrlänge zwischen 9 und 19 cm. Das Körpergewicht bewegt sich zwischen 19 und 80 kg. Zu den am stärksten variierenden Merkmalen des Schädels gehört die Höhe und der Durchmesser der Kronenbasis des oberen Eckzahns, die Schädelbreite im interorbitalen und postorbitalen Bereich und die Länge des Reißzahns.

Territoriale Unterschiede. Die Veränderlichkeit zwischen den Popula-

[1] Dieser Abschnitt wurde auf der Basis des entsprechenden Kapitels von V. E. Sokolov u. O. L. Rossolimo im Sammelband „Volk“ (Der Wolf), Moskau 1985, abgefaßt, gleiches gilt für die Ausführungen im Unterkapitel 10.1.

tionen ist bei der Fellfärbung in der Alten und der Neuen Welt sehr groß. Der Grundton des Fells weist bei den einzelnen Formen ein breites Spektrum auf von fast Weiß im äußersten Norden bis zu kräftigem Graubraun in der Waldzone, stumpfen Fahlbraun in den Steppen- und Wüstenregionen und kräftigem Ocker bei Tieren aus den Hochländern Zentralasiens und den Subtropen im Südwesten Nordamerikas.

Die Unterschiede in den Maßen und im Gewicht sind innerhalb des ausgedehnten Verbreitungsgebiets sehr groß, und sie unterliegen einer gewissen Gesetzmäßigkeit. Die größten Tiere sind sowohl in der Alten als auch in der Neuen Welt im Norden des Areals zu finden, in der Taiga- und Tundrazone. Nach Süden nehmen die Maße ab, und die kleinsten Vertreter besiedeln die Trockensteppen, Halbwüsten und Wüsten der Subtropen und Tropen Asiens und Nordamerikas.

Die Wölfe der Tundra und der Waldtundra der Alten Welt sind die größten. In Serien aus dem Autonomen Bezirk der Nenzen, von der Gydan-Halbinsel, von Taimyr, aus den Tundren Jakutiens und von der Tschuktschen-Halbinsel hatten Rüden eine durchschnittliche Körperlänge von 122,8–132,1 cm und ein Durchschnittsgewicht von 39,5–44,5 kg. Einzelne Exemplare wogen 49–66 kg. Die durchschnittliche Körperlänge der Weibchen lag bei 117,7–124,8 cm, das Gewicht bei 34,0 bis 37,8 kg. In den Körpermaßen und im Gewicht erreichen Tiere aus der Waldzone sogar noch höhere Werte. So beträgt die Durchschnittskörperlänge der Männchen nach Material aus Lettland, Belorußland, aus der Umgebung des Mordwinischen Schutzgebiets und aus der Taiga Jakutiens 126–145 cm, das Durchschnittsgewicht 40–45 kg. Die entsprechenden Werte für weibliche Stücke liegen bei 113,7–128,0 cm und 30–36 kg. Die stärksten Tiere mit einem Gewicht, das weit über den Durchschnittswerten dieser Region liegen, sind aus Lettland (67,7 und sogar 82 kg; Mjating 1965) und Belorußland bekannt (64,5, 75 und 81 kg; Pavlov 1982). Letzteres Stück wurde als Standpräparat auf der Welt-Jagdausstellung in Budapest gezeigt. Sehr große Wölfe wurden auch in den Bez. Kalinin und Wladimir erlegt. So wogen aus einer Serie, die zwischen 1951 und 1963 im Bez. Wladimir geschossen wurde, die stärksten Männchen (n = 6) 65–79 kg, die größten Weibchen (n = 4) 55–62 kg (Sysoev 1970).

In den südlicheren Gebieten des europäischen Teils der UdSSR nehmen die Maße der Wölfe allmählich ab. Im Bez. Woronesh haben erwachsene Rüden eine durchschnittliche Körperlänge von 125 cm und ein Durchschnittsgewicht von 40 kg. In Serien aus der Ukraine und der Moldauischen SSR liegt die durchschnittliche Körperlänge der Männchen bei 121,6 cm und das Gewicht bei 36,6 kg. Ähnliche Werte wie die Wölfe aus den mittleren Gebieten des europäischen Teils der UdSSR erreichen die Tiere aus dem Nordostaltai. Relativ klein sind die Wölfe aus der Waldsteppe Sibiriens. Bei Krasnojarsk erreichen erwachsene Rüden selten ein Gewicht von 40 kg, weibliche Tiere bleiben unter 35 kg (Kozlov 1966). Im Nordkaukasus weisen die stärksten Tiere eine Körperlänge von 164 cm auf, das Höchstgewicht kann bei 48 kg liegen. Tiere aus dem Kaukasus, aus Transkaukasien und wohl auch aus der Nordtürkei und Nordiran wiegen weniger als 50 kg. Bedeutend kleiner sind die Wölfe aus den Wüsten Mittelasiens, aus Südkasachstan und wohl auch aus Iran und Afghanistan, deren Gewicht unter 35–40 kg liegt. Die mittlere Körperlänge der Männchen aus Südostkasachstan beträgt 115 cm. Ebenso klein sind die Wölfe aus

Transbaikalien, dem Ussuri-Gebiet und den Steppen und Wüsten der Mongolei. Die Rüden weisen hier eine Körperlänge von durchschnittlich 115 cm auf und ein Gewicht von maximal 37 kg, im Durchschnitt von 31,3 kg.

Die kleinsten Wölfe mit einer Körperlänge der Rüden von 82 cm leben im Vorderen Orient und auf der Arabischen Halbinsel (H a r r i s o n 1968). In Israel wiegen Männchen von der Küste 23,6 kg (n = 6), aus den ariden Gebieten etwa 19 kg (n = 10). Die Länge des Baculum betrug 81 bzw. 68,6 mm (M e n d e l s s o h n 1983). Die Wölfe aus den nördlichen Provinzen Pakistans, aus Nordindien und Nepal sind nur wenig größer mit einer Körperlänge von 89–98 cm und einem Gewicht starker Rüden von bis zu 24 kg. Ähnliche Maße, nämlich eine Körperlänge von 98 cm, haben Wölfe aus Zentralchina.

Die stärksten Wölfe der Neuen Welt mit einer Körperlänge der Rüden von 140 bis 150 cm leben in Alaska und in den Wäldern der zentralen Provinzen Kanadas. Die Peripherie dieser Zone wird von etwas kleineren Tieren mit 120–130 cm Körperlänge bewohnt, im Südosten Kanadas und im äußersten Osten der USA sind die Wölfe kleiner, und die Männchen erreichen eine Körperlänge von etwa 120 cm. Im Felsengebirge auf dem Colorado-Plateau messen die Männchen 135–145 cm. Die Wölfe aus dem äußersten Südwesten der USA und aus Nordmexiko sind wie in

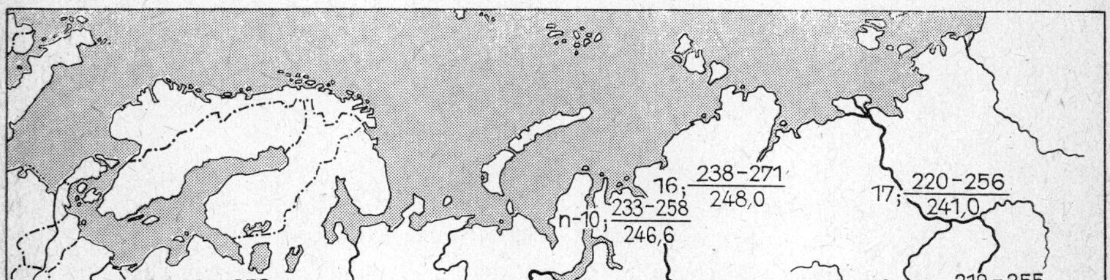

Abb. 7. Condylobasallänge des Schädels ausgewachsener Wolfsrüden aus der Paläarktis:

$$n - 340; \frac{\text{Extremwerte}}{\text{Durchschnittswerte}} \text{ mm}$$

2*

Eurasien mit einer Körperlänge von 100–120 cm am kleinsten. Geographische Unterschiede sind auch gut in den Schädelmaßen festzustellen, und zwar in der am wenigsten variierenden Condylobasallänge. In der Alten Welt leben die nach diesem Merkmal größten Tiere in der Tundrazone und der europäischen Taiga (Abb. 7). In Serien von n = 10 bzw. 16 aus den Tundren der Halbinsel Gydan und Taimyr bzw. der südlichen europäischen Taiga bewegten sich die Mittelwerte bei Männchen zwischen 240 und 248 mm.

Die Wölfe der Waldsteppe und Steppe des europäischen Teils der UdSSR und Kasachstans nehmen in den Schädelmaßen eine Zwischenstellung zwischen den nördlichen Waldwölfen und den Bewohnern der Halbwüsten und Wüsten Mittelasiens ein. In Serien aus den Bez. Woronesh und Saratow sowie aus Nordkasachstan beträgt die durchschnittliche Condylobasallänge des Schädels von Rüden 235,2 bis 237,0 mm. Dieselben Werte weisen auch die Wölfe aus der Nordmongolei auf. Der Schädel der Wölfe aus den Wüsten sind noch kleiner (229,7–233,9 mm). Das Zentralasiatische Hochland wird von Wölfen mit relativ kleinen Schädelmaßen bewohnt. In einer kleinen Serie aus Kaschmir, Nepal, der Südmongolei, Nordchina und den östlichen Gebieten Zentralchinas liegt die Condylobasallänge der Männchen im Durchschnitt bei 220,5–222,0 mm. Ebenso geringe Werte zeigen Stücke aus dem Sichote-Alin mit 224,9 mm (n = 15). Die Schädel der Wölfe aus dem Irak, von der Arabischen Halbinsel, aus Pakistan und Nordostindien sind die kleinsten in der Paläarktis. Drei Rüden aus dem Irak haben eine Condylobasallänge von 211, 214 und 217 mm, bei Männchen aus den Niederungen Indiens und aus Arabien beträgt der Durchschnittswert 206 bzw. 198 mm. In der Paläarktis ist also die allgemeine Tendenz der allmählichen Abnahme der Schädelmaße von Nord nach Süd ziemlich deutlich festzustellen.

In Nordamerika (Abb. 8) haben die größten Schädel die Wölfe aus Alaska, aus den Gebirgstundren am Mackenzie und aus dem Felsengebirge sowie aus den sich östlich des Gebirges erstreckenden Nadelwälder im Zentrum des Kontinents. Hier liegt die durchschnittliche Condylobasallänge in sehr kleinen Serien von Rüden bei 254,7–257,2 mm. Weiter südlich, im Osten des Großen Beckens und des Colorado-Plateaus, sind die Schädelmaße etwas geringer (236,4–243,3 mm). Ebensolche Durchschnittswerte der Condylobasallänge (235,3–242,9 mm) zeigen Wölfe aus dem äußersten Westen an der Südküste des Golfs von Alaska im Norden bis zum Kaskaden-Gebirge im Süden. Die Wölfe der südlichen Ebenen von Norddakota, Texas und Nordostmexiko sind durch noch kleinere Schädelmaße gekennzeichnet (229,9 bis 236,7 mm). Die südlichsten Teile des Verbreitungsgebiets, nämlich die trockenen Subtropen im Westen von Nordamerika im Süden der Staaten Kalifornien, Arizona, Neumexiko sowie die westliche Sierra Madre besiedeln Wölfe mit den kleinsten Schädelmaßen (214,5–225,0 mm bei Männchen).

Die Übersicht über die Veränderungen der Färbung, des Gewichts, der Körpergröße und der wichtigsten Schädelmaße innerhalb des Verbreitungsgebiets zeigt eine ziemlich komplizierte geographische Variabilität. Die große Beweglichkeit des Wolfs, die wahrscheinlich durch die Störung der Populationsstruktur infolge der Einwirkung des Menschen noch verstärkt wird, bringt eine starke Mischung der einzelnen territorialen Gruppierungen mit sich. Das führt einerseits zum Anwachsen der individuellen Variabilität innerhalb jeder einzelnen Population, andererseits

Abb. 8. Condylobasallänge des Schädels ausgewachsener Wolfsrüden aus der Nearktis:
n – 167; $\frac{\text{Extremwerte}}{\text{Durchschnittswerte}}$ mm

werden dadurch die Unterschiede zwischen Populationen nivelliert, die durch die physiko-geographischen Lebensbedingungen bedingt sind. Deshalb ist es nach unserer Auffassung zum gegenwärtigen Zeitpunkt nicht möglich, den morphologischen Status und die territorialen Grenzen zwischen Wölfen aneinandergrenzender landschaftsgeographischer Gebiete exakt anzugeben.

3.2. Taxonomische Struktur der Art

Die Unterartgliederung ist bis heute unbefriedigend. Deshalb faßte die Arbeitsgruppe Wolf der Internationalen Naturschutzorganisation (IUCN, Kanada 1985) den Beschluß, spezielle Untersuchungen mit dem Ziel einer genetischen Revision der Unterarten des Wolfs mittels „Mitochondrial DNA Method" durchzuführen.

Für Nordamerika werden in den Arbeiten des letzten halben Jahrhunderts immer über 20 Unterarten angegeben, d. h. es wird das von Goldman (Young u. Goldman 1944) vorgeschlagene System übernommen. Auch Nowak (1979, 1983) behielt dieses System bei, wies jedoch darauf hin, daß eine Revision der Unterartensystematik mit Hilfe neuer Methoden und eine Verringerung der Zahl der Unterarten bis auf fünf Gruppen oder sogar die völlige Aufgabe der Unterartengliederung notwendig sei. Er begründet dies mit dem clinalen Charakter der Veränderlichkeit, der Vermischung der geographischen Populationen im Zusammenhang mit eiszeitlichen Anomalien in ferner Vergangenheit und der Ausrottung von Populationen einiger Unterarten durch den Menschen in jüngster Zeit sowie der Bastardierung des Wolfs mit Koyoten und Haushunden in einigen Gebieten des Areals.

Für die Paläarktis legen wir die Unterartsystematik zugrunde, die Sokolov u. Rossolimo (1985) auf der Grundlage des Vergleichs geographischer Unterschiede der Condylobasallänge des Schädels und des Fellfärbungstyps aufgestellt haben. Arealgrenzen geben wir für die Unterarten nicht an, denn sie sind fließend, aber das jeweilige ungefähre Verbreitungsgebiet läßt sich aus Abb. 9 ablesen. Für Nordamerika zähle ich nicht die von vielen Autoren angenommenen Unterarten auf, da ein Teil von ihnen im Laufe der letzten zwei Jahrhunderte unwiederbringlich verlorengegangen ist, und beschränke mich auf die vereinfachte Darstellung in Abb. 9. Bei der bevorstehenden Analyse der gegenwärtigen geographischen Veränderlichkeit des Wolfs in der Nearktis wird das System von Nowak (1983) das produktivste sein, das vom Zustand des verbliebenen Areals während der maximalen Vereisung und der wahrscheinlichen Ausbreitungszonen in der Folge des Gletscherrückgangs (Abb. 6) ausgeht.

Die Übereinstimmung der geographischen Veränderlichkeit des Wolfs mit einem globalen Gradienten der natürlichen Faktoren erklärt den gleichlaufenden Charakter der Variabilität in der Alten und Neuen Welt. Am besten lassen sich die Veränderungen der Fellfärbung und der Größe von Nord nach Süd verfolgen. Auf dem Gebiet der UdSSR entsprechen die beschriebenen Unterarten des Wolfs im großen und ganzen den Provenienzen der Pelz- und Rauchwarenhändler. Der Polar- oder Tundrawolf *C. l. albus* mit besonders dichtem, hellem oder dunkelblauem Fell mit graublauer Unterwolle, der Sibirische und Zentrale Wald- oder Taigawolf *C. l. lupus* und *C. l. altaicus* aus der Waldzone vom Baltikum bis zum Fernen Osten, der sich durch dichtes, bläuliches oder dunkelgraues Haar mit graubraunem Schimmer auf dem Rücken auszeichnet, der Kasachische Wolf *C. l. desertorum* und vielleicht *C. l. campestris* (wenn diese Unterart in der Steppen- und Wüstenzone Eurasiens nach den starken Bestandsreduzierungen in den 30er, 50er und 70er Jahren noch weiterbestehen sollte) mit dichtem, hellgrauem Fell mit bläulichem oder graugelblichem Ton und der Südliche Wolf, eine Sammelgruppe aus *C. l. lupus, C. l. campestris, C. l. desertorum* und *C. l. ? cubanensis* (Wölfe der Südukraine, aus der Moldauischen

Abb. 9. Verteilung der Unterarten des Wolfs innerhalb des rekonstruierten Verbreitungsgbiets. 1 *C. l. albus*, 2 *C. l. lupus*, 3 *C. l. cubanensis*, 4 *C. l. campestris*, 5 *C. l. desertorum*, 6 *C. l. pallipes*, 7 *C. l. chanco*, 8 *C. l. hattai*, 9 *C. l. hodophilax*, 10 *C. l. arctos*, 11 *C. l. occidentalis*, 12 *C. l. youngi*, 13 *C. l. fuscus*, 14 *C. l. nubilus*, 15 *C. l. lycaon*, 16 *C. l. baileyi*. Nach Sokolov u. Rossolimo 1985

SSR, aus dem Kaukasus und den meisten mittelasiatischen Sowjetrepubliken), die ein grobes hellgraues oder graugelbliches Fell mit dunkelrostbraunem Rückenstreif besitzt.

4. Arealverschiebungen und Bestandsveränderungen

4.1. Nordamerika

In der Vergangenheit besiedelte der Wolf fast das gesamte Territorium Nordamerikas von den Inseln im Eismeer (Banksinsel, Ellesmereinsel) im Norden bis zum 20.° nördlicher Breite im Süden. Mit wenigen Ausnahmen hatte der Wolf praktisch alle wichtigen Lebensräume des Kontinents erobert. Nach den vorliegenden Einschätzungen war der Bestand in der Vergangenheit sehr hoch (Young u. Goldman 1944, Aulerich 1966, Mech 1970). Am weitesten verbreitet war die östliche Unterart *C. l. lycaon.* In den USA kam sie auf einem Drittel des Territoriums vor und besiedelte ganz oder teilweise 26 Staaten (Jorgensen 1970, Naddy 1970).

Das gegenwärtige Verbreitungsgebiet des Wolfs in den USA umfaßt etwa die Hälfte der ursprünglich besiedelten Fläche (Abb. 10). Seit den 70er Jahren dieses Jahrhunderts erfolgt in vielen Gebieten eine Bestandszunahme und eine Wiederherstellung des ehemaligen Areals. In Kanada kommt der Wolf bei unterschiedlicher Bestandsdichte in 70–80% des Territoriums vor. Vor der Ausrottung stand noch vor kurzem die Population auf Vancouver; in den Küstenprovinzen des Ostens wurde der Wolf bereits im vorigen Jahrhundert ausgerottet (Theberge 1973). Jetzt hat der Bestand auf Vancouver wie überall in der Provinz British Columbia mit Ausnahme des südöstlichen Zipfels wieder zugenommen (Tompa 1983).

Der Wolfsbestand in Kanada wird mit 17 000–25 000 Tieren beziffert (Mech 1970). Die kopfstärkste Population mit 10 000–12 000 Tieren lebt in der Provinz Ontario. Man nimmt an, daß der Bestand in dieser Provinz seit Beginn der Besiedlung durch Europäer keine nennenswerten Veränderungen erfahren hat (Pimlott 1963). In Alberta lebten nach Angaben aus dem Jahre 1969 2550 Wölfe (Stelfox 1969), 10 Jahre später 4000 (Fuller u. Keith 1980), in Manitoba 1500–2000, heute etwa 4000 (Stardom 1983).

In den USA macht in den 48 kontinentalen Staaten (ohne Alaska) das gegenwärtige Verbreitungsgebiet des Wolfs nur etwa 1% des ursprünglichen aus. Die einzige Unterart ist hier *C. lupus lycaon.* Sie hat sich halten können im Nordosten des Staates Minnesota auf einer Fläche von rund 30 000 km^2. In einem Gebiet von etwa derselben Ausdehnung, das an das Stammgebiet grenzt, tauchen regelmäßig herumstreifende Wölfe auf. Die hier vorkommenden Wölfe sind ein Teil der Population von Ontario (Mech u. Rausch 1975). Der angenommene Wolfsbestand in Minnesota beträgt 500–1000 Tiere. Im Winter 1972/73 lebten im Nationalen Waldschutzgebiet Superior, das mit einer Fläche von 11 000 km^2 den Kern des Vorkommensgebiets bildet, 338 $\pm$ 14 Wölfe. Man nahm an, daß der Wolfsbestand in Minnesota wie auch in den östlichen Gebieten Kanadas wegen der durch Überalterung der Wälder verursachten Abnahme des Weißwedelhirsches *(Odocoileus virginianus)*

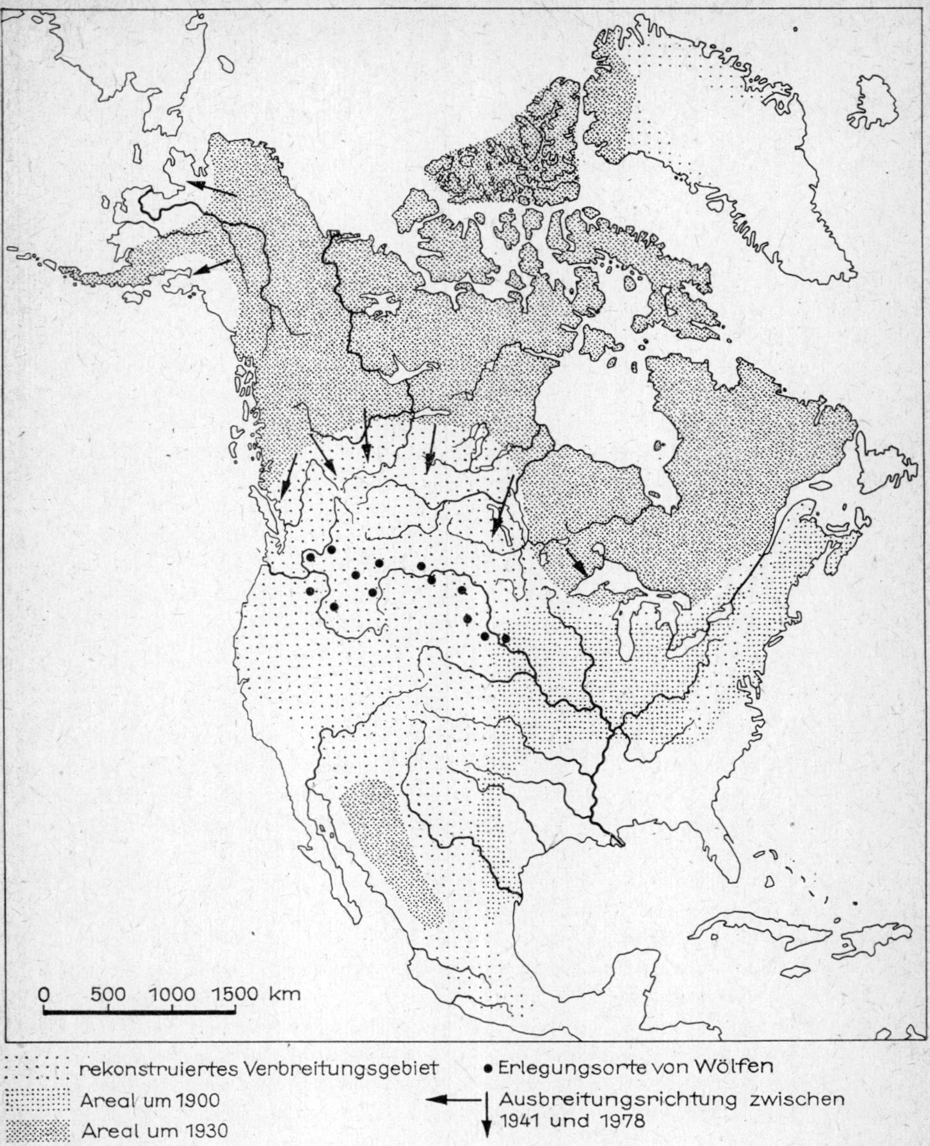

Abb. 10. Veränderungen des Verbreitungsgebietes des Wolfs in Nordamerika in historischer Zeit. Nach N o w a k 1983

zurückgehen werde (M e c h u. R a u s c h 1975). Mitte der 70er Jahre belief sich der Bestand jedoch im Durchschnitt auf 1000–1200 Tiere.

Im Staat Michigan leben im Nationalpark Isle Royale auf der gleichnamigen Insel im Oberen See mehrere Wolfsrudel. Auf dem Festland des Staates sind jedoch Einzeltiere und Paare nur im Norden am Oberen und am Michigan-See anzutreffen.

Aus den letzten Jahren wird das Auftreten des Wolfs aus dem Yellowstone- und Glacier-Nationalpark sowie aus den Waldschutzgebieten in den Staaten Wyoming, Montana und Idaho gemeldet. Es handelt sich vor allem um Einzeltiere oder Paare, im Yellowstone-Park wurde allerdings auch ein Rudel aus 5 Tieren gesichtet. Sie könnten aus British Columbia stammen. Es ist jedoch nicht auszuschließen, daß es sich um Überreste einer lokalen Population handelt.

Seit 1968 gibt es Nachweise aus einigen Gebieten von Texas und aus dem äußersten Süden von Arizona. Diese Wölfe gehören möglicherweise zu der hier ursprünglich lebenden Unterart *C. l. baileyi,* denn es läßt sich nicht mit Sicherheit sagen, ob es sich um zugewanderte Tiere aus Mexiko handelt (M e c h u. R a u s c h 1975).

In Alaska hat sich das Areal des Wolfs praktisch nicht verändert. Bestandsschätzungen liegen nicht vor, aber nach ungefähren Berechnungen leben hier 10 000 bis 15 000 Tiere.

In Mexiko ist das ehemals zusammenhängende Areal des Wolfs in drei isolierte Vorkommensgebiete in den Bergen der Östlichen Sierra Madre, in den Gebirgsregionen im Osten des Staats Chihuahua und im Westen des Staates San Luis Potosi. Der Bestand liegt unter 50 Tiere und steht vor dem Aussterben (M e c h 1970, 1982).

4.2. E u r o p a

Das rekonstruierte Areal umfaßt ganz Europa und Asien außerhalb der Tropen mit Ausnahme des Südens des indischen Subkontinents und Indochinas. Außerhalb der UdSSR gehört dazu Japan (hier ist der Wolf heute ausgerottet), die Koreanische Halbinsel, China südwärts bis zum Jangtse, die Mongolei, Belutschistan, Afghanistan, die Länder des Nahen und Mittleren Ostens und ganz Europa (G e p t n e r u. a. 1967). In Europa ist das Verbreitungsgebiet des Wolfs durch den Menschen besonders stark reduziert worden, der die Art in Irland, England, Frankreich und fast ganz Mitteleuropa einschließlich der Alpenländer ausgerottet hat. Der Wolf existiert nur noch in den Gebirgsregionen der Pyrenäen, Apenninen, des Balkans, der Karpaten und des Kaukasus (Abb. 11).

Der gegenwärtige Bestand in den meisten Ländern Westeuropas wird von P i m l o t t (1975) als kritisch bezeichnet. Wo noch Populationen existieren, sind sie vom Aussterben bedroht. Nur in Griechenland, Rumänien und Jugoslawien gibt es noch ausreichend kopfstarke und lebensfähige Populationen mit 2000, 2000 bzw. 3000 bis 4000 Tieren (M e c h 1982). In all diesen Ländern wird der Bestand vom Staat kontrolliert, der für den Abschluß von Wölfen Prämien zahlt. Der Bestand und das Areal nehmen ab, doch ist der Verlauf dieses Prozesses bisher unzureichend verfolgt worden.

In dem Zeitraum nach dem I. Wolfssymposium (1973–1985) sind die Bestände der Art in den meisten Ländern in Europa nicht weiter zurückgegangen, trotz der den Schutz und die Erhaltung komplizierenden Umstände, vor allem die weite Ver-

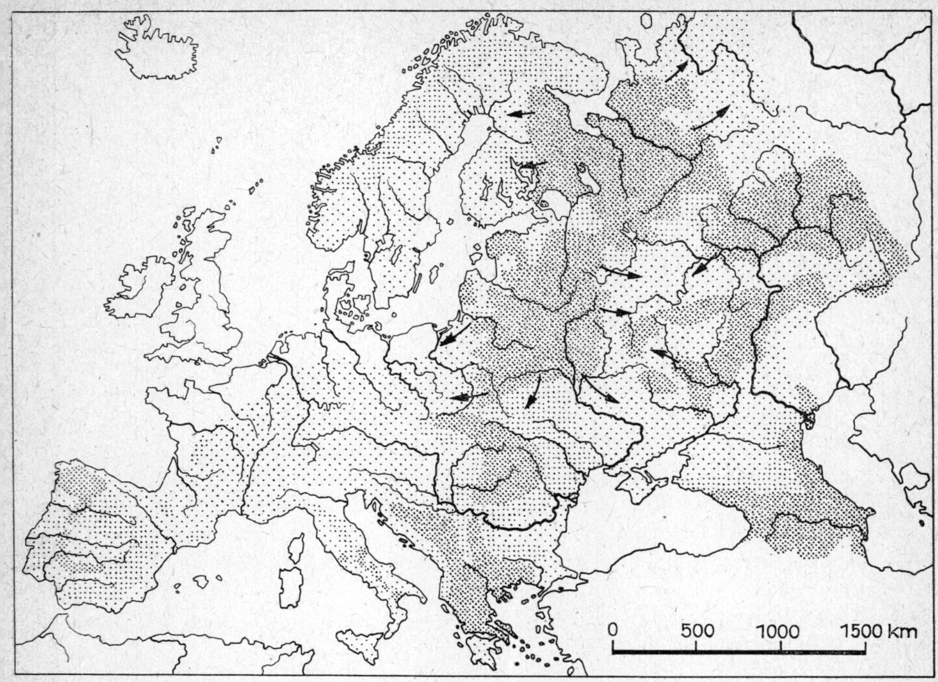

Abb. 11. Veränderungen des Verbreitungsgebietes des Wolfs in Europa in historischer Zeit. Nach Zimen u. Boitani 1982, ergänzt

breitung von streunenden Hunden und Bastardwölfen. In Spanien, Italien sowie Polen, Finnland und der Slowakei (ČSSR) ist seit 1975 ein Anwachsen der Wolfspopulationen festzustellen, wobei in den drei zuletzt genannten Ländern die Einwanderung von Wölfen aus der UdSSR eine gewisse Rolle spielt (s. Pfeile in Abb. 11).

Norwegen. Von allen skandinavischen Ländern wurde der Wolf zuerst in Norwegen ausgerottet. Seit 1971 ist ein Gesetz zum Schutze des Wolfs in Kraft, das für die Erlegung keine Prämien mehr vorsieht, dafür aber einen finanziellen Ausgleich für die Besitzer bei Viehverlusten (Haglund 1975). Anfang der 70er Jahre pflanzten sich in Norwegen keine Wölfe mehr fort, aber am Ende des Jahrzehnts gab es Anzeichen für das Auftreten von Einwanderern, und 1983 wurde nahe der Grenze zu Schweden ein Wurf nachgewiesen.

Schweden. Anfang des 19. Jhs. war die Art in Schweden verbreitet und häufig, doch dann setzte eine intensive Verfolgung ein. Im Süden wurden die letzten Wölfe 1920 ausgerottet (Haglund 1975). Die letzten Refugien waren die Gebirgsregionen von Schwedisch-Lappland. Die Abschußstatistik für die Provinz Norrbotten für die Jahre 1921–1965 weist jeweils 2–20 Tiere pro Jahr aus (im Schnitt 8), so daß sich die Population nur auf einem sehr niedrigen Stand halten konnte. In diesen Jahren betrug der Gesamtbestand des Wolfs in Norwegen und Schweden wahrscheinlich kaum mehr als 40 Tiere, und wohl nicht mehr als 2 oder 3 Würfe wurden aufgezogen.

Nach Schätzungen aus den Jahren 1945, 1957 und 1965 lebten auf einer Fläche von 50 000 km² 18, 35 bzw. 10 Wölfe. 1973 lag der Gesamtbestand in Schweden und Norwegen bei 6 Tieren. Seit 1965 ist der Wolf in Schweden durch das Gesetz geschützt (H a g l u n d 1975), und sein Bestand beläuft sich wieder auf etwa 10 Tiere (M e c h 1982). Bedingungen für die Erhaltung einer lebensfähigen Population bestehen im Grenzgebiet zwischen dem westlichen Mittelschweden und Südostnorwegen (Bjärvall 1983, M i l l s 1987).

Finnland. Zu Beginn des 19. Jhs. kam der Wolf auf dem gesamten Territorium des Landes vor. Die Reduzierung des Areals und die Bestandsabnahme begann auf den Åland-Inseln, wo 1884 der letzte Wolf erlegt wurde. In den 80er Jahren des vorigen Jahrhunderts war der Wolf auf dem Festland noch häufig, doch dann ging der Bestand rapide zurück (P u l l i a i n e n 1980). Im Laufe eines Jahrzehnts sank die jährliche Abschußzahl von 400 auf 200 Stück (H a g l u n d 1975). 1973 wurden im Lande 16 Wölfe gezählt, von denen viele wiederholt die Grenze zur UdSSR überschritten. Das letzte Wurflager wurde in Finnland 1963 gefunden. Im Winter 1972/73 wurden zwei Jungtiere im ersten Jahr nahe der finnisch-sowjetischen Grenze erlegt. Im gleichen Winter drangen mehrere Tiere nach Südfinnland vor. Insgesamt wurden in diesem Winter etwa 10 Wölfe erlegt (H a g l u n d 1975).

Seit dem 2. Weltkrieg wurden zwei Expansionen des Wolfs aus der UdSSR nach Finnland registriert: in den Jahren 1959–1963 (die meisten Einwanderer wurden abgeschossen), die zweite 1973 und in den darauffolgenden Jahren. Grenzpatrouillen registrierten das Einwandern von Wölfen nach Finnland seit 1968. Von 4023 Fällen einer Überquerung der Grenzen zwischen 1968 und 1978 betreffen 4007 (99,6%) die Grenze zur UdSSR (14 (0,3%) die Grenze zu Norwegen und 2 (0,1%) die zu Schweden. Von 1968–1972 wurden jährlich 70–115 Fälle einer Überquerung der Grenze registriert, 1973 schon 192, danach steigt die Zahl stark an: von 129 im Jahre 1974 auf 1259 im Jahre 1977. Die Wanderungen waren besonders intensiv im Norden von Finnisch-Karelien und in dessen südlichem Teil. 1977 war offensichtlich der Höhepunkt der Einwanderung von Osten, denn 1978 ging die Zahl der Grenzüberschreitungen durch Wölfe zurück. Diese Tendenz blieb auch in den ersten fünf Monaten des Jahres 1978 bestehen. Andererseits wurde entlang der finnischen Grenze zu Norwegen und Schweden keine merkliche Zunahme der Bewegungen des Wolfs festgestellt, wenn auch einige Tiere aus Finnisch-Lappland nach Schwedisch-Lappland überwechselten (P u l l i a i n e n 1980). Wölfe zeigten sich auch im Innern des Landes. Es wurde festgestellt, daß die Einwanderer bestimmten Wegen folgen. Die Gesamtzahl betrug im Januar 1979 etwa 100 Wölfe oder einige mehr (P u l l i a i n e n 1980), 1985 etwa 200 (M e c h mdl. Mitt.).

Zu den Beutetieren gehört in Nordfinnland das halbdomestizierte Rentier *(Rangifer tarandus)*, der Elch *(Alces alces)*, Rinder, Katzen, Hunde, kleineres Wildgeflügel, Nager und Aas. In den mittleren und westlichen Teilen des Landes gehörten zu Beginn der 60er Jahre Haustiere, der Elch und kleines Geflügel zur Beute. In den letzten Jahren hat mit der Reduzierung der Waldweide des Viehs und durch die Bestandszunahme des Elchs und des eingebürgerten Weißwedelhirsches *(Odocoileus virginianus)* die Rolle dieser letzten beiden Arten als Beutetiere stark zugenommen (P u l l i a i n e n 1980).

Polen. In der Vergangenheit war der Wolf in den stärker bewaldeten östlichen Landesteilen am zahlreichsten. Während des 2. Weltkrieges und bald nach seinem Ende hat der Bestand stark zugenommen. Er kam in fast allen Landesteilen vor. Der höchste Bestand mit rund 800 Tieren wurde 1954 verzeichnet, 1963 gab es etwa 226 Wölfe, 1967 noch 196 und im Frühjahr 1972 waren nur noch 58 übrig. 1972 wurden 26 Wölfe abgeschossen (S u m i ń s k i 1975).

Die Hauptbeutetiere des Wolfs sind in Polen der Rothirsch *(Cervus elaphus)*, das Reh *(Capreolus capreolus)*, das Wildschwein *(Sus scrofa)* und der Feldhase *(Lepus europaeus)*. In den letzten Jahren wurden keine Überfälle auf Pferde und Rinder gemeldet, dafür reißen die Wölfe oft Haushunde. Nach 1973 wurde die bedingungslose Bekämpfung durch eine Bestandsregulierung mittels der Jagd abgelöst. Der Bestand erhöhte sich bis 1982 auf 200 Tiere, bis 1985 auf etwa 600 (M e c h mdl. Mitt.).

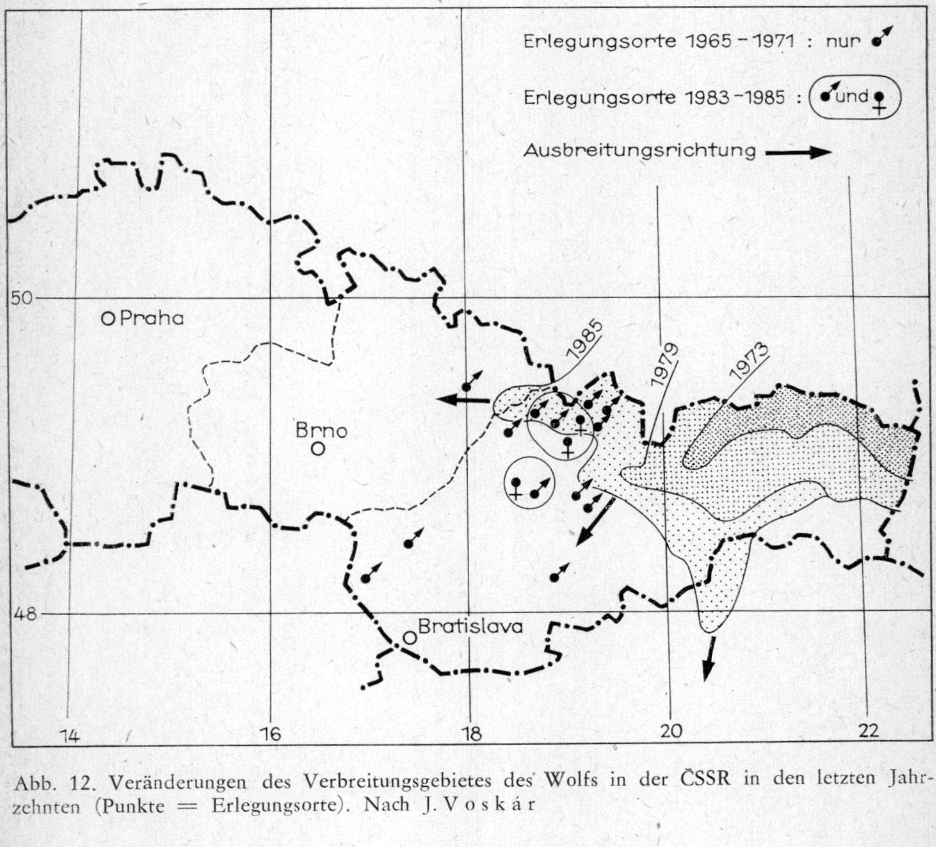

Abb. 12. Veränderungen des Verbreitungsgebietes des Wolfs in der ČSSR in den letzten Jahrzehnten (Punkte = Erlegungsorte). Nach J. V o s k á r

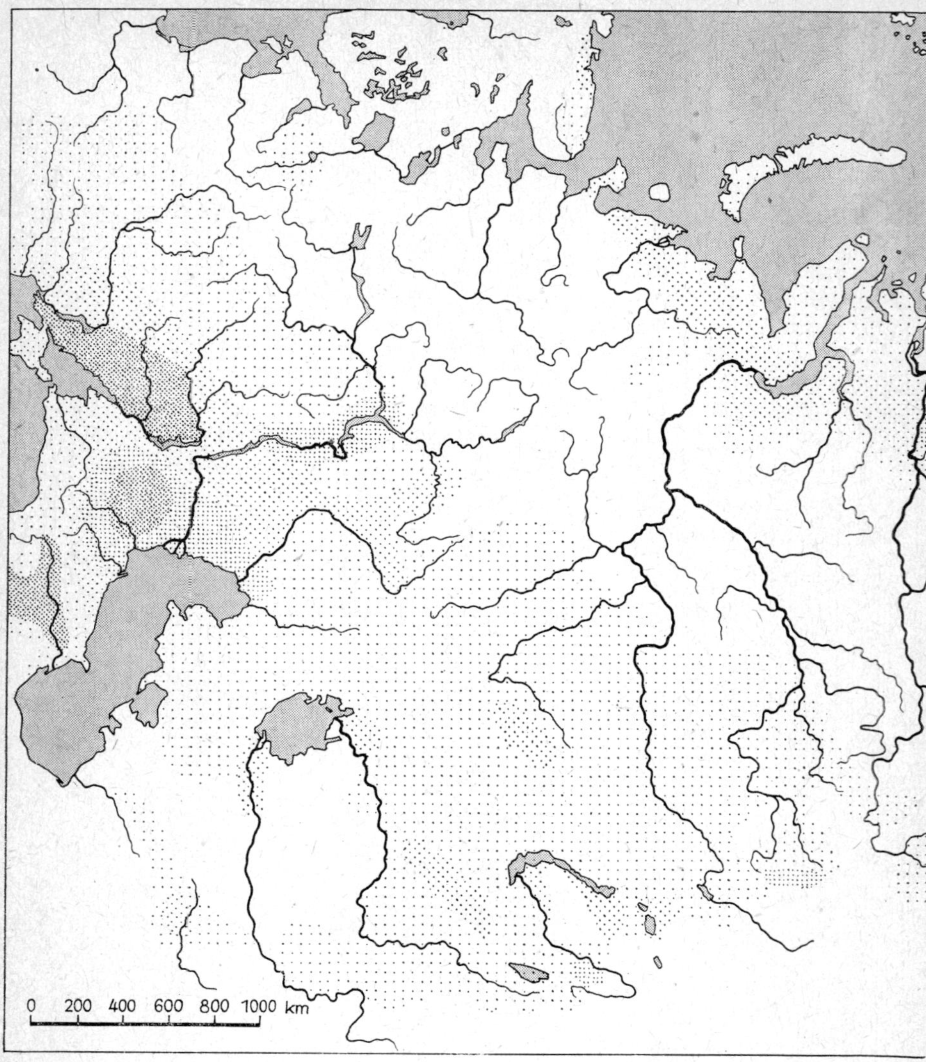

Abb. 13. Verbreitung des Wolfs vor etwa 1000 Jahren (theoretische Rekonstruktion, ungefähre Bestandsdichte auf 1000 km²). Nach Rejmers u. Bibikov 1985

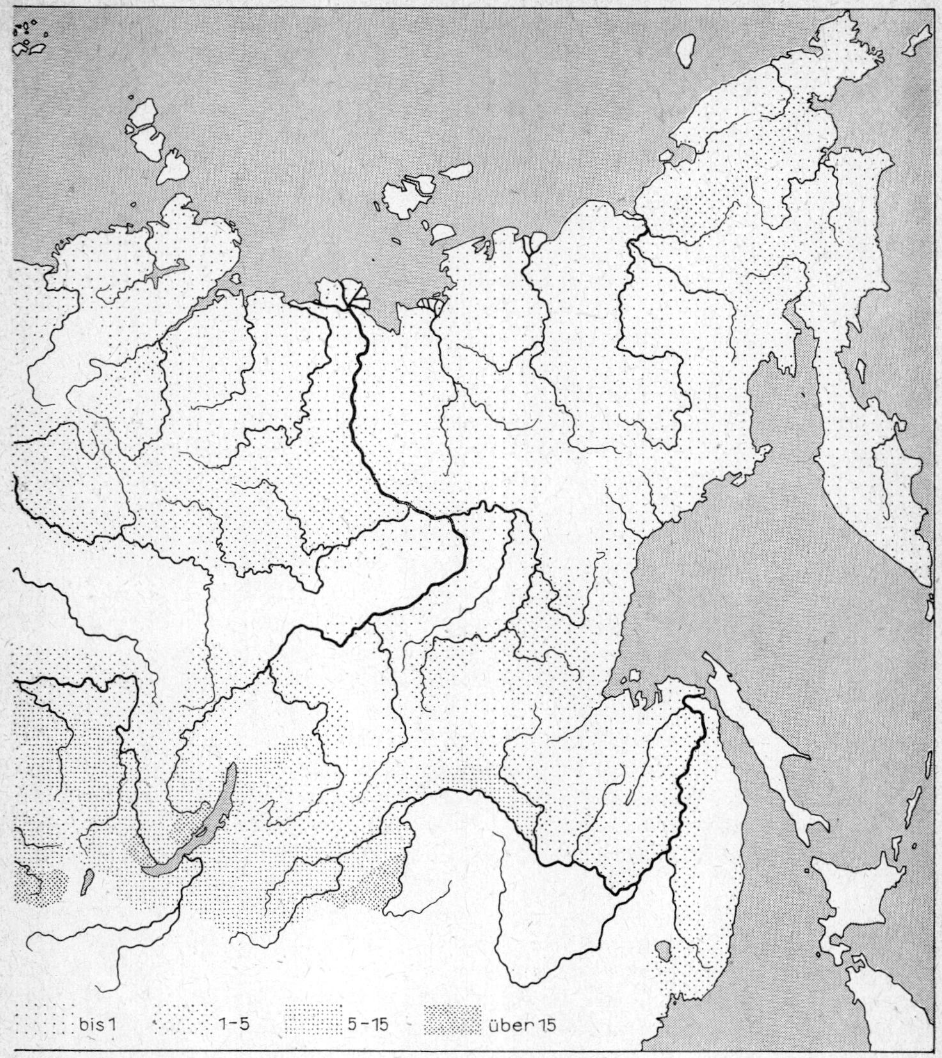
bis 1
1-5
5-15
über 15

ČSSR. Auf dem Gebiet der heutigen Tschechischen Republik wurde der Wolf bereits vor über 100 Jahren völlig ausgerottet, er gehört aber noch zur Fauna der Karpaten in der Slowakei. Intensive Bejagung und Vergiftung hat den Bestand stark zusammenschmelzen lassen. Einzelne Tiere oder Rudel sind wiederholt aus der UdSSR oder aus Polen in die Slowakei vorgedrungen, aber sie sind entweder wieder zurückgewandert oder abgeschossen worden.

Nach dem 2. Weltkrieg erfolgte wieder eine Bestandszunahme und Arealausweitung, und 1954 wurden Prämien für die Erlegung eines Wolfs ausgesetzt (300 bis 1000 Kčs). Die Höhe wurde in den folgenden Jahren wiederholt verändert. 1960/61 wurden 83 Tiere erlegt. Während der 60er Jahre blieben die Abschußzahlen etwa in der gleichen Höhe, was zur völligen Ausrottung der Population entlang der Grenze zu Polen sowie aller Tiere in der Südslowakei im Grenzgebiet zu Ungarn führte.

Unter den Beutetieren (n = 165; B r t e k u. V o s k á r 1985) dominieren in den Slowakischen Karpaten Frischlinge (*Sus scrofa* – 45,5%), dann folgen Rothirsch (*Cervus elaphus* – 23,0%), Fuchs (*Vulpes vulpes* – 10,3%) Reh (*Capreolus capreolus* – 5,5%). An Haustieren wurden nachgewiesen Haushund (3,6%) und Schaf (0,6%).

Zu Beginn der 70er Jahre gingen die Abschußzahlen zurück, der Anteil an Jungtieren nahm ab. In der Slowakei einschließlich des Tatra-Nationalparks wurden am 1. Oktober 1963 207 Tiere gezählt, am 1. März 1966 222. Ende der 70er Jahre waren noch etwa 90 Tiere übrig (V o s k á r 1979). 1976 wurde in der Slowakei die Jagd auf den Wolf vom 1. März bis 15. September verboten, und es wurden keine Abschußprämien mehr gezahlt. 1982 wurden in der Slowakei 18 sich fortpflanzende Rudel gezählt, jedes im Durchschnitt aus 7 Tieren bestehend. Außerdem gab es noch einige Einzeltiere und kleinere Rudel (V o s k á r 1983).

In den folgenden Jahren erhöhte sich der Bestand nach Auskunft von V o s k á r auf rund 300 Wölfe, das Areal dehnt sich weiter aus (Abb. 12). Es wird von nach Ungarn ins Bükk-Gebirge übergewechselten Tieren berichtet. Nach Westen hin breitete sich der Wolf schon in den 60er Jahren aus; dieser Prozeß hält gegenwärtig noch an.

Rumänien. Der Wolf kommt in wenig gestörten und dünn besiedelten Gebieten des Berglandes und im Gebirge auf einer Fläche von etwa 40 000 km² vor. Nach dem 2. Weltkrieg war der Bestand angestiegen, der des Rothirsches dagegen zurückgegangen. Die Regulierung des Wolfsbestandes war zu dieser Zeit eine Methode zur Bestandslenkung des Schalenwildes. Für den Abschuß wurden Prämien gezahlt. Die Zahl der erlegten Wölfe bewegte sich zwischen 2400 im Jahre 1950 und 1030 im Jahre 1972, und dennoch fügt der Wolf weiterhin den Viehbeständen Schäden zu. In den letzten Jahren wurde der Verwendung von Giftködern zur Wolfsbekämpfung eingestellt (Commission on Nature Monuments 1975).

Bulgarien. Anfang der 70er Jahre lebten sich vermehrende Rudel in den Ausläufern des Balkans im Nordwesten und Südwesten des Landes. Die Abschußzahlen sind von etwa 1000 im Jahre 1954 auf 100–200 am Ende der 60er Jahre zurückgegangen. Es wird angenommen, daß der jährliche Abschuß von etwa 125 Tieren dem Bestand im Lande entspricht. Es ist sehr wahrscheinlich, daß die Population in Bulgarien

Abb. 14. In Mitteleuropa seltene Ausnahme: ein Wolf in freier Wildbahn. Aufn. S. V. Marakow

Abb. 15. Lebensraum von Wolf, Murmeltier und Reh in der sowjetischen Dshungarei. Die Landschaft ähnelt der in der Mongolei. Aufn. V. N. M a z i n

Abb. 16. Lebensraum von Wolf und Schnee- oder Dickhornschaf auf der Tschuktschen-Halbinsel. Aufn. N. K. Ž e l e z n o v

Abb. 17. Lebensraum des Wolfs in Turkmenien: Pistazienhain im westlichen Badchys. Aufn. H. Lewenstein

Abb. 18. Lebensraum von Wolf, Archar und Steinbock im Zentralen Tienschan in einer Höhe von 3200 m. Im Vordergrund ein Murmeltierbau. Aufn. D. I. Bibikow

Abb. 19. Lebensraum der Saigaantilope und des Wolfs im Vorland des Ustjurt-Plateaus. Aufn. V. N. M a z i n

Abb. 20. Die Saigaantilope ist das Hauptbeutetier des Wolfs in den nördlichen Wüsten Kasachstans und Mittelasiens. Aufn. K. R u d l o f f (im Tierpark Berlin)

Abb. 21. Lebensraum des Wolfs in der Saxaul-Sandwüste im Gebiet des Balchasch-Sees. Aufn. V. N. M a z i n

Abb. 22. Lebensraum des Wolfs in der Federgras-Salzkraut-Steppe in Zentralkasachstan. Aufn. V. N. M a z i n

Abb. 23. Aufsammeln von Wolfskot. Aufn. J. Voskár

Abb. 24. Wolfskot (aus dem Winter?). Aufn. J. Voskár

Abb. 25. Lebensraum von Reh, Maral und Wolf in der subalpinen Zone des Zentralen Tienschan. Aufn. V. N. M a z i n

Abb. 26. Der Westkaukasische Steinbock gehört zu den regelmäßigen Beutetieren des Wolfs. Aufn. V. A. K o t o v

Abb. 27. Wolfshabitat in der nördlichen Taiga: parkartige Lärchenwälder. Aufn. G. G. Sobanskij

Abb. 28. Lebensraum des Wolfs in den slowakischen Karpaten. Aufn. J. Voskár

Abb. 29. Ein typischer mittelrussischer Wolf. Aufn. H. Lewenstein

Abb. 30. Jungwölfe am Köder in der turkmenischen Wüste. Aufn. H. Lewenstein

Abb. 31. Durch sein dichtes Fell schaden dem Wolf auch extreme Kältegrade nicht. Aufn. S. V. Marakow

Abb. 32. Fährte eines Vielfraßes, die einer Wolfsfährte (links) folgt. Im Vordergrund teilt sich die Fährte, als der Vielfraß einen kleinen Bogen der Wolfsfährte abkürzt, um ihr dann wieder zu folgen. Aufn. E. N. Matjuškin

Abb. 33. Wolfsrudel des Alpenzoos Innsbruck. Aufn. Bild-Frischauf

Abb. 34. Mittagsruhe. Aufn. M. Barz (im Tierpark Berlin)

Abb. 35. Gemeinsamkeit, auch beim Wandern, ist typisch für das Wolfsrudel. Aufn. M. Barz (im Tierpark Berlin)

Abb. 36. Sozialspiel: Vorgestellte Ohren als Zeichen der sozialen Überlegenheit. Aufn. M. Barz (im Tierpark Berlin)

Abb. 37. Soziale Auseinandersetzungen: Zähnezeigen und Nasenkräuseln als Drohverhalten. Aufn. M. B a r z (im Tierpark Berlin)

Abb. 38. Sozialverhalten: Darbieten der empfindsamsten Körperregionen als eine der Demutsgebärden. Aufn. M. B a r z (im Tierpark Berlin)

Abb. 39. Drohverhalten verhindert ernsthafte Kämpfe in einem normalen Wolfsrudel. Aufn. M. B a r z (im Tierpark Berlin)

Abb. 40. Heulen dient dem Zusammenrufen der Familie. Aufn. M. B a r z (im Tierpark Berlin)

Abb. 41. Drohen mit gekräuseltem Nasenrücken bei Verteidigung des Futters. Aufn. M. Barz (im Tierpark Berlin)

Abb. 42. Der Stammvater der Familie, das Alpha-Männchen. Aufn. M. Barz (im Tierpark Berlin)

Abb. 43. Schlafender Wolf. Aufn. M. Barz (im Tierpark Berlin)

durch Zuwanderer aus Jugoslawien, Griechenland und Rumänien aufgefüllt wird (P i m l o t t 1975).

Italien. Nach der Klassifizierung von P i m l o t t (1975) gehören in der Mittelmeerregion Europas Italien, Spanien und Portugal zu den Ländern, in denen die Art im Aussterben begriffen ist. Mitte der 70er Jahre betrug der Wolfsbestand höchstens 100 Tiere, jetzt werden allerdings wieder 200 angegeben (B o i t a n i 1983). Das Verbreitungsgebiet in den Zentralapenninen ist aufgesplittert. Es macht höchstens 5% des ursprünglichen aus und besteht aus vier Teilarealen mit einer Gesamtfläche von etwa 8650 km^2. Die größte Gefahr für die Wolfsbestände sind hier streunende und verwilderte Haushunde, deren Zahl die des Wolfs um das Hundertfache übertrifft (s. Kapitel 10, Abb. 68).

Spanien. P i m l o t t (1975) gibt nach Valverde an, daß der Arealschwund und die Bestandsabnahme auf 10% des ursprünglichen Bestandes besonders rapide in den 50er und 60er Jahren vor sich ging. Heute ist der Wolf noch im Nordosten des Landes sowie in isolierten Gebieten in Salamanca und in der Sierra Morena verbreitet. Der Gesamtbestand wird mit etwa 200 Tieren angesetzt (M e c h mdl. Mitt.).

Portugal. Der gegenwärtige Zustand der anwachsenden Population im Norden und Nordosten des Landes ist unklar. Die Gesamtzahl wird mit etwa 100 Wölfen angegeben, die mit den spanischen Vorkommen Kontakt haben. Es wird auf große Schäden unter dem Vieh hingewiesen, doch ist nicht klar, welche Rolle hierbei der Wolf spielt, denn auch verwilderte Haushunde können die Übeltäter sein.

4.3. U d S S R

4.3.1. *Dynamik des Verbreitungsgebiets*

Die Grenzen des Areals umschließen in der UdSSR den gesamten Norden mit Ausnahme einiger Inseln (Solowezki-Inseln, Franz-Joseph-Land, Nordteil von Nowaja Semlja, Sewernaja Semlja, die Wrangel-Insel und andere Inseln östlich von Nowaja Semlja, wo die Wölfe nur unregelmäßig längere Zeit leben oder nur vorübergehend auftauchen). Im Osten des Landes fehlt der Wolf nur auf der Karaginski-Insel, den Kommandeur-Inseln, den Kurilen und den Schantar-Inseln. Im Süden reicht das Verbreitungsgebiet des Wolfs überall über die Landesgrenzen hinaus.

Auf Abb. 13 (R e j m e r s u. B i b i k o v 1985) wurde der Versuch unternommen, das Areal des Wolfs in der UdSSR auf der Grundlage von Karten über die ursprüngliche Vegetation und Fauna zu rekonstruieren. Die zugrunde gelegten Bedingungen existierten auf dem Gebiet der UdSSR seit etwa 1000 Jahren. Auf der Karte ist berücksichtigt, daß Flußtäler nicht nur für den Menschen Transport- und Verbindungswege waren, sondern auch den Tieren als Wanderwege dienten. Die Berechnung der durchschnittlichen Bestandsdichte erfolgte aufgrund der Annahme, daß die Wölfe zur damaligen Zeit dieselbe offene, mäßiggegliederte Steppen- und Waldsteppenlandschaft bevorzugten wie im wesentlichen auch heute. Dabei wurden natür-

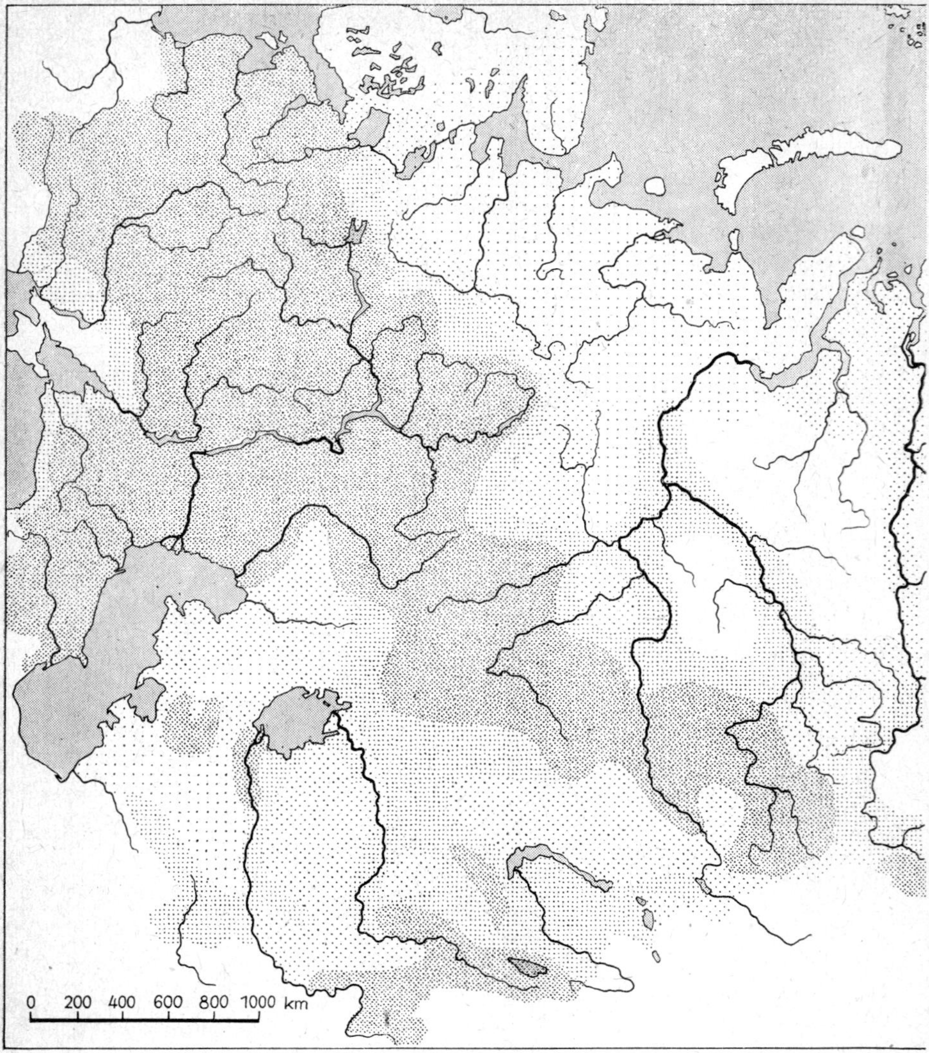

Abb. 44. Verbreitung des Wolfs zur Zeit der maximalen Bestandsdichte in den 40er Jahren des 20. Jhs. (Schraffur wie Abb. 13). Nach Rejmers u. Bibikov 1985

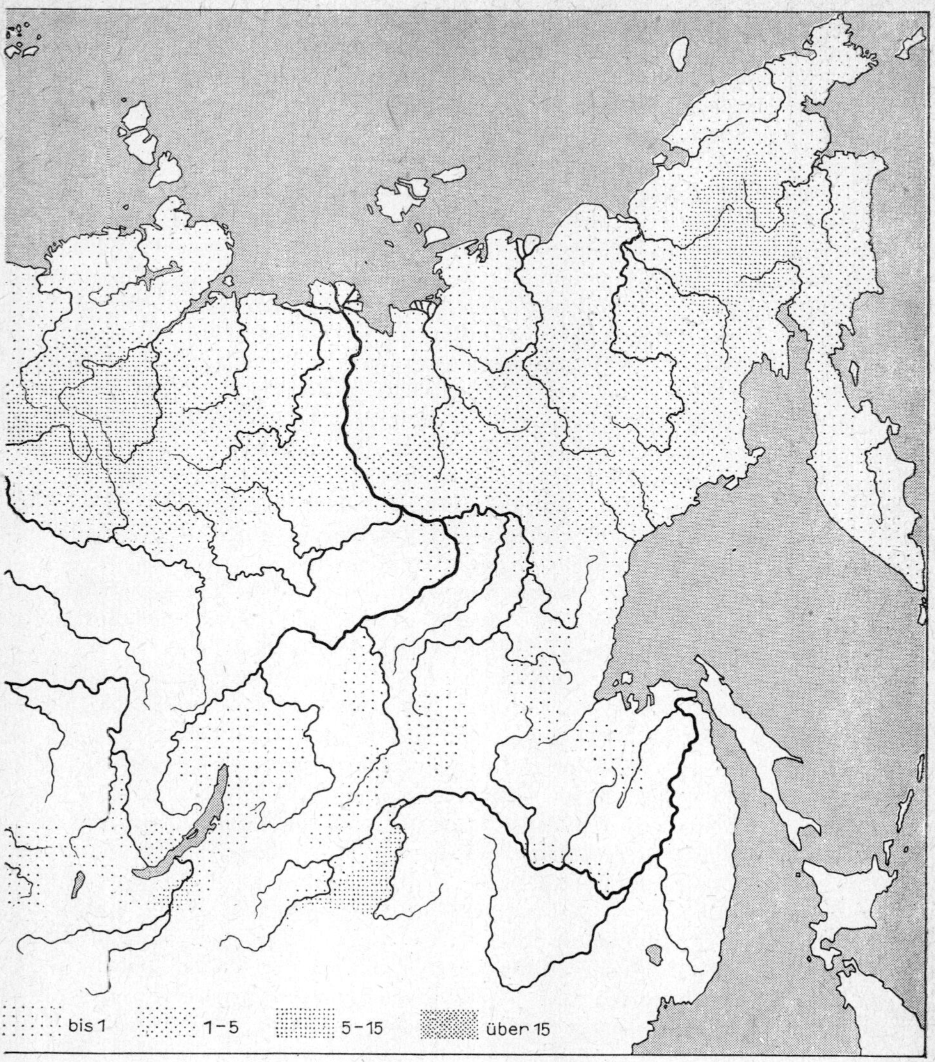
bis 1
1–5
5–15
über 15

lich Korrekturen notwendig aufgrund der ökologischen Differenzierung der Populationen in Richtung einer Synanthropisierung, die sich besonders intensiv in den letzten 300–500 Jahren vollzogen hat. Es ist auch in Betracht zu ziehen, daß auf Abb. 13 und der ihr entsprechenden Abb. 44 die Verteilung der Bestandsdichten nur näherungsweise dargestellt werden kann.

Auf der Kola-Halbinsel war die Zahl der Wölfe gering und nahm wie das Hauptbeutetier, das Ren *(Rangifer tarandus)*, von West nach Ost ab. Die Siedlungsdichte der Tundrawölfe lag im Süden der Tundrazone und in der Waldtundra höher. In Sibirien kann man zwei Gebiete mit höherer Bestandsdichte annehmen – Taimyr und das Gebiet an der oberen Jana und Kolyma, wo sich die Rentiere konzentrierten und Schneeschafe *(Ovis nivicola)* lebten. Wölfe kamen wahrscheinlich auch auf Kamtschatka vor, wenn auch in geringer Dichte. Im Ostsibirischen Bergland lebte der Wolf dort, wo seine Beutetiere vorkamen, nämlich Schalenwild, Schneehasen und Murmeltiere *(Marmota* spec.). Im fernöstlichen Primorje-Gebiet war der Wolfsbestand offensichtlich gering, denn die schwerzugängliche Ussuri-Taiga und der relativ häufige Tiger setzten der Ausbreitung des Wolfs Schranken.

Wie heute auch war der Wolf zahlreich in Trans- und Cisbaikalien, wo sich in der inselartigen Waldsteppe viele Huftiere aufhielten und Hirtenstämme lebten. Dasselbe gilt für das heutige Tuwa. Außer den Huftieren ermöglichten im Sommer auch die großen Murmeltierkolonien die Existenz der Wölfe.

Der Wolf war häufig im Gebirgsvorland und in den Hochgebirgssystemen Kasachstans und Mittelasiens. In den Wüsten dagegen fehlte er wahrscheinlich völlig, lebte jedoch in ziemlich hoher Dichte im Gebiet des Balchasch-Sees, in den Flußtälern des Tschu und Talass, in den Galeriewäldern des Amudarja und Syrdarja sowie im Süden Turkmeniens, wo Kropfgazellen *(Gazella subgutturosa)* und Kulane *(Equus hemionus)* reichlich vorkamen. Wie auch heute noch konzentrierten sich die Wölfe im Vorkommensgebiet der Saigaantilope *(Saiga tatarica)*, die ehemals weiter verbreitet war und westwärts bis zum Dnepr vordrang. Wölfe kamen auch in den mittelasiatischen Oasen vor, wenn auch kaum in großer Zahl, denn landwirtschaftlich genutzte Flächen sind hier gering, die Bevölkerungsdichte hingegen sehr hoch. Raubtiere wurden vermutlich stark verfolgt.

Die Bestandsdichte des Wolfs war sehr wahrscheinlich hoch im Südural, in der Waldsteppe des Gebirgsvorlandes. Dasselbe gilt sicher auch für die mittlere Wolga, ein Gebiet, das mit Ackerbauern dicht besiedelt war. Die heutige europäische Waldsteppe und die Laubwaldzone war vom Wolf nur sporadisch bewohnt. Hier gab es große Gebiete schwer zugänglicher Wälder und wenig Schalenwild. Das kommt daher, daß sich die wichtigsten russischen Fürstentümer im Süden – Kiew – bzw. im Norden befanden – Nowgorod, Susdal, Wladimir. Die dazwischen liegenden Gebiete, nämlich der Südrand der Waldzone und die Waldsteppe südlich der Oka, waren dünn besiedelt, was wahrscheinlich damit zusammenhängt, daß diese Gebiete von der Naturausstattung her relativ arm waren.

Gute Nahrungsbedingungen bestanden für den Wolf am Unterlauf der Wolga, wo sich nomadisierende Völker konzentrierten. Hier gab es wie zwischen Don und Dnepr viele Steppenhuftiere (im Osten die Saigaantilope, im Westen den Tarpan *Equus caballus)*. Am Südrand der Waldsteppe lebten in reicher Zahl Reh *(C. capreolus)*, Elch *(A. alces)*, Wildschwein *(Sus scrofa)* und Steppenmurmeltier *(Mar-*

mota bobac). Wahrscheinlich gab es deshalb hier auch viele Wölfe. Unter den Nomaden gab es erfahrene Jäger, die das Wolfsgeheul imitieren konnten. Ein solcher Jäger war der Polowzerchan B o n j a k. Im Jahre 1097 verließ der Chan das Heerlager, als sich die Streitmacht zur Ruhe begeben hatte, heulte wie ein Wolf, worauf ihm Wölfe antworteten (Hypatius-Chronik, nach K i r i k o v 1959).

In vielen historischen Akten wird vermerkt, daß Wölfe sowohl in der Waldsteppe als auch in der Steppenzone zahlreich waren. Als z. B. 1389 der Metropolit P i m e n seine Reise begann und mit dem Boot den Don abwärts fuhr, wurden an den Ufern zahlreiche Tiere gesichtet, darunter auch Wölfe.

Die europäische Steppe unterschied sich in damaliger Zeit erheblich von der heutigen. Nach unserem Verständnis ähnelte die Steppe damals (gemeint ist nicht die Trockensteppe, sondern die Wiesensteppe) viel eher der Waldsteppe, denn die Fluß- und Bachtäler und viele feuchte Wiesenflächen waren mit Bäumen und Sträuchern bewachsen. Steppencharakter trugen eigentlich nur die sogenannten Plakory (d. h. höher gelegene, grundwasserferne Gebiete), und auch sie waren vielfach savannenartig, denn überall in der Steppe standen Gebüschgruppen.

Der Wolf kam damals an der vom Menschen besiedelten Ostseeküste im Gebiet der heutigen Baltischen Sowjetrepubliken vor. Östlich davon war vor tausend Jahren undurchdringliche Taiga.

Die Nordhänge des Kaukasus mit ihren hohen Schneelagen und geschlossenen Waldungen waren kaum ständig vom Wolf besiedelt. Der relativ schmale Waldgürtel ermöglichte es jedoch dem Wolf, zumindest im Sommer dorthin vorzudringen. Im Ostkaukasus und besonders in Transkaukasien gab es zweifellos viele Wölfe, und die Ackerbauvölker führten einen jahrhundertelangen Kampf gegen sie. In der europäisch-sibirischen Taiga fehlte der Wolf offenbar gänzlich. Er konnte zwar den Flüssen folgend in sie eindringen und sich dort festsetzen, doch waren die Wiesenauen der Flüsse, die vom Menschen vom Wald gerodet worden waren, zu jeder Zeit recht schmal. Bis an die Flußläufe reichten dichte Fichtenwälder und undurchdringliche Erlen- und Weidendickichte. Die Rekonstruktion läßt den Schluß zu, daß auf dem heutigen Territorium der UdSSR und der angrenzenden Länder damals drei große, relativ isolierte Wolfsvorkommensgebiete existierten: das Gebiet in der Tundra, das europäische Steppen- (Waldsteppen-)Gebiet und das zentralasiatische an der Südgrenze des Landes, das in die Waldsteppe der Gebirge Südsibiriens, in die Gebirgssteppen und die zonalen Steppen sowie die Wüsten Kasachstans und Mittelasiens reichte. In jedem dieser Gebiete war der Wolf an bestimmte Beutetiere gebunden – in der Tundra an das Ren, teilweise an das Schneeschaf, in der Waldsteppe an das Schalenwild dieses Gebiets und in Zentralasien hauptsächlich an die Huftiere der Halbwüsten, Wüsten und Hochgebirge.

Im 20. Jh. wurde die Dynamik des Verbreitungsgebiets bereits in stärkerem Maße durch den Menschen bestimmt. Die konkrete Einwirkung auf die Umwelt wirkte sich unterschiedlich auf die Wolfspopulationen der UdSSR aus. Die Erschließung neuer Flächen, die Rodung der Wälder, die Bestandshebung bestimmter Schalenwildarten trugen zur Bestandszunahme des Wolfs und zu seiner Ausbreitung bei. Andererseits setzten die intensive Bekämpfung des Wolfs, die Anwendung effektiverer Jagdmethoden und die von Grund auf andere Viehhaltung in der vergesellschafteten Tierproduktion der Zunahme des Wolfs Grenzen.

Vor der Oktoberrevolution bildeten die Vorkommen des Wolfs im europäischen Rußland kein zusammenhängendes Gebiet; in der wenig veränderten Taigazone war die Art spärlich. In der landwirtschaftlich genutzten Waldsteppe und Steppe waren für den Wolf wegen des relativ hohen Bewaldungsgrades gute Unterschlupfmöglichkeiten vorhanden (bis 30% in der Waldsteppe und 2–3% in der Steppe). Durch die extensive Viehhaltung war der Wolf ausreichend mit Nahrung versorgt. Zuverlässige Zahlen über den Wolfsbestand liegen nicht vor. Zu Beginn des 20. Jhs. gab es bei einem jährlichen Abschuß von 15 000 Tieren (Turkin u. Satunin 1900) in Rußland wohl höchstens 50 000 Wölfe. Mehrere Jahrzehnte lang befand sich vor der Revolution der Bestand unter ständiger Kontrolle durch die Jäger. Die Wolfsjagd mit Barsoi-Hunden sowie mit Flinte und Hund war weit verbreitet. In jedem Gouvernement in Mittel- und Südrußland gab es Dutzende Koppeln zur Wolfsjagd abgerichteter Jagdhunde, waren Jagdgesellschaften aktiv, in denen Hunderte qualifizierter Wolfsjäger tätig waren, die nicht nur die Methoden der Wolfsjagd hervorragend beherrschten und die Wurflager in ihrem Revier kannten, sondern auch den Wolfsbestand in einem großen Territorium des Europäischen Teils Rußlands ständig unter Kontrolle hatten.

Der lange Bürgerkrieg und der damit verbundene wirtschaftliche Niedergang, Dürrejahre und Mißernten in den 20er und 30er Jahren hatten eine starke Zunahme der Wolfsbestände zur Folge. Es wurden große Anstrengungen unternommen, um die Zahl der Wölfe zu reduzieren, und im Laufe eines Jahrzehnts konnte Mitte der 30er Jahre die weitere Zunahme unterbunden werden, doch wurde dabei das Verbreitungsgebiet noch nicht verkleinert. Mehr noch, bereits in den Jahren vor dem 2. Weltkrieg zeichnete sich eine Tendenz zur Arealerweiterung in der Taigazone und im asiatischen Teil der UdSSR im Zusammenhang mit der Zunahme der menschlichen Besiedlung und der Erhöhung des Holzeinschlags ab.

Der 2. Weltkrieg (1939–1945) war von einer neuerlichen starken Zunahme der Wolfsbestände und einer noch nicht dagewesenen Ausbreitung begleitet. Man vermutet, daß die Gesamtzahl der Wölfe 150 000 erreichte (Postnikov u. Teplov 1960). Die starke Zunahme in den Nachkriegsjahren ließ sich erst Ende der 50er Jahre eindämmen, und erst Mitte der 60er Jahre schrumpfte das Areal in den dichtbesiedelten und waldarmen Bezirken des europäischen Teils der UdSSR erstmalig auf ein Drittel zusammen. Der Wolf wurde in Dutzenden Bezirken in Mittelrußland, Belorußland, in der Ukraine und im Südural praktisch vollständig ausgerottet. Außerhalb des genannten Raumes, also im Kaukasus, in Mittelasien und Sibirien, gab es keine nennenswerten Gebietsverluste, wenn man einmal von der Kola-Halbinsel und der europäischen Tundra absieht, wo fast keine Wölfe übrigblieben. Andererseits gab es zu Beginn der 70er Jahre im europäischen Teil der UdSSR über 30 lokale Vorkommensherde mit erhöhter Bestandsdichte (über 10 Wölfe/1000 km^2), die sich in schwer zugänglichen und nicht erschlossenen Gebieten im Grenzbereich der Bezirke befanden. Diese Herden ermöglichten Anfang der 70er Jahre die Ausbreitung des Wolfs und die Wiederherstellung des ehemaligen Areals (Abb. 45; Bibikov u. Filimonov 1974).

Wenn man die Arealveränderungen in der UdSSR in der Nachkriegsperiode darstellt, muß man in den Grundzügen die anthropogenen Veränderungen der Natur betrachten, vor deren Hintergrund spontan ein grandioses und teures Experiment durchgeführt wurde (insgesamt über 1 000 000 Wölfe abgeschossen). In dieser Periode des Wiederaufbaus der Volkswirtschaft nahm von Jahr zu Jahr die Nutzung der natürlichen Ressourcen zu, vor allem von gerodeten Waldflächen, neuerschlossenen landwirtschaftlichen Nutzflächen, meliorierten Ödländern und Sümpfen in der Waldzone. Es wurden Straßen angelegt, in zuvor menschenleeren Gebieten Siedlungen gegründet. Diese Umgestaltung der Natur in großem Maßstab war insgesamt für den Wolf von Vorteil. Die noch nicht dagewesene Bestandszunahme des Elches, die Ausbreitung des Wildschweins nach Norden und Osten und die Regeneration der Saigapopulationen schufen dem Wolf unbegrenzte Nahrungsmöglichkeiten. Das Vordringen menschlicher Siedlungen in die Taiga und in die Weiten der Neulandgebiete ermöglichten dem Tier die unbekümmerte und sorgenfreie Existenz in gewaltigen Räumen.

Die für den Wolf günstigen Landschaftsveränderungen vollzogen sich unter den Bedingungen des unerbittlichen Kampfes gegen den Wolf, und es besteht kein Zweifel darüber, daß ein beträchtlicher Teil der Tiere in dieser Periode nicht nur in die erwähnten Rückzugsgebiete einwanderte, sondern auch über weite Entfernungen gewandert ist, so nach Karelien, in den europäischen und westsibirischen hohen Norden, in den Kaukasus, Altai und nach Südsibirien. Der von Postnikov u. Teplov (1960) beschriebene Prozeß der Herausbildung von Populationen von „Waldwölfen" in den 50er und 60er Jahren verstärkte sich beträchtlich. Der Wolf, der sich an die Verfolgungen gut anzupassen verstand, fand einen Ausweg: Er zog sich vorübergehend in die Taiga und die Gebirge zurück. Es ist sehr wahrscheinlich, daß ein Teil der Tundrawölfe in diesen Jahren in die Waldtundra und die Taiga abgewandert ist.

Es muß noch einmal gesagt werden, daß das sich ständig erweiternde Netz von Straßen einschließlich von Forstwegen für den Holztransport das Vordringen des Wolfs in die Taiga begünstigt hat, wo ausreichend Beutetiere – Elche, stellenweise auch Wildschweine – zur Verfügung standen. In der Nachkriegsperiode sind dann auch durch die Ausbreitung des Wolfs die Areale der Tundra- und der Waldform im Norden des Bez. Archangelsk (Rukovskij u. Kuprijanov 1972) und wohl auch in Karelien zusammengestoßen.

Die bis zu den 70er Jahren erreichte Reduzierung des Wolfsareals war von kurzer Dauer. Es weitete sich wieder aus, teils durch die Vergrößerung der Rückzugsräume, teils aber auch durch Zuwanderung aus der Taiga und aus den Gebirgen der zuvor dorthin abgedrängten Tiere. Es gibt nur fragmentarische Beobachtungen, die die Bedeutung der Fernwanderung in diesem Prozeß nicht völlig zu erklären vermögen. Dennoch gibt es aus Karelien, einigen Bezirken Mittelrußlands (Bez. Moskau, Wladimir), Weststibiriens (Bez. Kurgan, Nowosibirsk) und aus dem Altaigebiet derartige Beobachtungen.

Wenn man das vermutliche Areal des Wolfs von vor 1000 Jahren (Abb. 13) mit den besser dokumentierten, aber dennoch nur annährungsweise genauen Karten des Maximums der 40er Jahre (Abb. 44) und des Bestandsminimums um 1970 (Abb. 45) vergleicht, sind folgende Prozesse zu berücksichtigen, die zu verschiedenen Zeiten und mit unterschiedlicher Intensität abliefen: 1. die Synanthropisierung, die Anpassung des Wolfs an Haustiere als Beute; 2. das Eindringen in Waldregionen im Gefolge des Menschen, begünstigt durch die Bestandszunahme der Schalenwildarten;

3. die Verdrängung des Tieres aus der europäischen und westsibirischen Steppenzone; 4. die mit diesen Prozessen in Zusammenhang stehende Verlagerung der Zonen mit erhöhter Bestandsdichte aus den südlichen Gebieten in nördlichere, aus der Ebene in die Gebirge.

Im Zuge der Entwicklung entstanden Gebiete mit erhöhter Wolfsdichte in Gegenden, in denen der Wolf früher praktisch nicht vorkam, in den Karpaten, im Quellgebiet der Wolga, in der Polessje, in den Waldgebieten im Bez. Wjatka. Gleichzeitig blieb die Tendenz bestehen, in günstigen Perioden in „traditionellen" Gebieten – in der europäischen Waldsteppe, im Südural, in Kasachstan und in der Waldsteppe Westsibiriens – einen erhöhten Bestand zu halten.

In Mittelasien bewahrte der Wolf die historische Tendenz zur Ausbreitung, die in den letzten Jahrzehnten durch die Bewässerung der Wüsten gefördert wird, andererseits aber durch die intensive Bekämpfung und das Absinken der wilden Huftierbestände in Grenzen gehalten wird. In Sibirien hat sich das Areal erweitert. In der Tundra und Waldtundra besteht wahrscheinlich die gleiche Situation wie vor 1000 Jahren, doch wird heute die Populationsdichte durch den Einsatz von Flugzeugen unter Kontrolle gehalten.

4.3.2. *Gegenwärtiger Bestand*

Um 1970 wurde im europäischen Teil der UdSSR der wahrscheinlich niedrigste Stand in der Geschichte registriert: Pilitovič (1972), der die Zahlen erfaßter Wolfsfelle zwischen 1900 und 1971 analysiert hat, kommt zu dem Schluß, daß in den Jahren 1966–1969 in der UdSSR jährlich 14 000–18 000 Tiere erlegt wurden, d. h. die geringste Zahl in der Periode von über 70 Jahren. Während des Bestandsminimums konnten sich die Populationen in der Waldzone des europäischen Teils der UdSSR (im Westen und Nordwesten), in den Bezirken westlich des Urals, in der Polessje und im Wolgagebiet am besten halten (Abb. 45). Gleichzeitig wurde in der Tundra und Taiga die niedrigste Siedlungsdichte registriert. Eine relativ hohe Dichte gab es im Uralvorland, in den nordwestlichen Bezirken sowie in abgelegenen und wenig erschlossenen Gebieten der Bezirke in der Waldsteppe. Wie auch schon früher überlebte der Wolf während der für ihn schweren Zeit in den waldreichen Bezirken (Postnikov u. Teplov 1960).

Nach Regionen aufgegliedert ergibt sich für die Bestandsdichte folgendes Bild: In den westlichen Regionen (I) lebten etwa 1500 Wölfe (im Baltikum 200, in Belorußland 800, in der Ukraine 450). Etwa die Hälfte der Kreise war frei von Wölfen. Gebiete mit einer Dichte von mehr als 10 Tieren/ 1000 km^2 liegen vorwiegend in Belorußland. Im Kaukasusvorland und im Kaukasus (II) wurden etwa 4500 Wölfe gezählt. Der Wolf fehlt in den Steppen und Halbwüsten des Vorlandes, im Bez. Rostow verblieb ein Rest von 50 Tieren, in der Kalmückischen ASSR ganze 20. Im Kaukasus ist die Wolfsdichte am höchsten in Ostgeorgien, Dagestan und Aserbaidshan, sie liegt im Durchschnitt über 10 Tiere/ 1000 km^2, in einzelnen Gebieten auch höher bis zu 30 Tieren/ 1000 km^2. Im Wolgagebiet (III) leben etwa 600 Wölfe. Die Population ist aufgesplittert, das Areal zusammengeschrumpft. Gebiete mit erhöhter Dichte sind von nur geringer Größe. In den zentralen Bezirken (IV) des europäischen Teils der UdSSR besiedelt der Wolf hauptsächlich die Peripherie der Region im Westen und Nordwesten. Der Bestand beträgt etwa 1150 Tiere. In den nördlichen und nordöstlichen Bezirken des europäischen Teils (V) sind 1300 Wölfe vorhanden. In der Region Ural (VI) wurden 800 Wölfe registriert, über die Hälfte lebt im Nordwesten (im Bez. Perm 400, in der Udmurtischen ASSR 140).

Um 1972/73 waren also praktisch frei von Wölfen die mittlere und südliche Ukraine, das Kaukasusvorland, große Teile des Zentralen Schwarzerdegebiets und die zentralen Bezirke Mittelrußlands (Abb. 45), d. h. der Wolf ist auf fast einem Drittel seines Areals im europäischen Teil der UdSSR verschwunden.

Im asiatischen Teil der UdSSR hat sich der Wolfsbestand mit Ausnahme der Steppen und der Waldsteppen Westsibiriens, des Altai und der Gebirge Südsibiriens in den Nachkriegsjahren nicht merklich verändert. Um 1970 war der Bestand hier genauso stark reduziert wie im europäischen Teil.

Für die asiatischen Gebiete haben wir die Bestandszahlen hauptsächlich auf der Grundlage der aufgekauften Felle errechnet, die in der Regel etwa ein Drittel der Population ausmachen. In Kasachstan lebten etwa 30 000 Wölfe. Eine nennenswerte Bestandsminderung hat es in dieser Unionsrepublik nicht gegeben, obgleich in den Nachkriegsjahren jährlich bis zu 10 000 Tiere erlegt wurden. In Mittelasien hat der jährliche Abschuß von 1500–2000 Tieren in den 60er Jahren zu keiner Abnahme des Bestandes geführt, der mit etwa 6000–8000 beziffert werden kann. Westsibirien besiedelten zu dieser Zeit etwa 800 Wölfe. Ein beträchtlicher Teil dieser Region ist frei von Wölfen oder sein Bestand ist stark dezimiert. Eine hohe Bestandsdichte war in den Gebirgsrevieren des Altai an der Grenze zur Mongolei vorhanden. In Ostsibirien lebten rund 3500 Wölfe. Der jährliche Abschuß lag bei 1500 Tieren. Eine hohe Dichte mit über 10 Tieren/1000 km^2 gab es im Süden in der Gebirgssteppe an der Grenze zur Mongolei. Im Fernen Osten gab es nach ungefähren Schätzungen 2000 Wölfe, von denen alljährlich etwa 800 erlegt wurden. Der Bestand ist in der Tundra in kleinen landwirtschaftlich genutzten Gebieten im Süden der Region reduziert. In den übrigen Gebieten ist der Bestand stabil oder nimmt zu. Eine hohe Dichte wurde für Tuwa (im Durchschnitt über 10 Tiere/1000 km^2) und die südlichen Gebiete von Cisbaikalien ermittelt.

Nach den vorliegenden Angaben läßt sich also der Gesamtbestand des Wolfs in der UdSSR um 1970 mit 50 000 Tieren angeben: etwa 10 000 im europäischen Teil und im Kaukasus, über 5000 im asiatischen Teil der RSFSR, ebenso viele in Mittelasien und etwa 30 000 in Kasachstan (Bibikov u. Filimonov 1974).

Die Wiederauffüllung der Wolfspopulationen in den 70er Jahren verlief in den Gebieten intensiver, in denen der Bestand stärker reduziert worden war, d. h. in den dicht besiedelten Bezirken im europäischen Teil und im Süden Westsibiriens. In weniger als einem Jahrzehnt (bis 1978) war der Bestand nach Zahlen, die mit der zuverlässigsten Methode, der Linientaxierung im Winter, ermittelt wurden, in 40 Bezirken im europäischen Teil der UdSSR von 2500 auf 8000 Tiere angestiegen. Im Zeitraum von 1971–1976 nahmen hier die Populationen alljährlich um 20% zu (Priklonskij 1983). Insgesamt hatte sich der Bestand in der UdSSR bis auf 67 000 erhöht (Visjaščev 1978).

In den Republiken in Transkaukasien und Mittelasien, in Kasachstan und im asiatischen Teil der RSFSR gab es diese explosionsartige Bestandszunahme der 70er Jahre offensichtlich nicht. Wenn der Wolfsbestand in diesen Jahren auch hier und

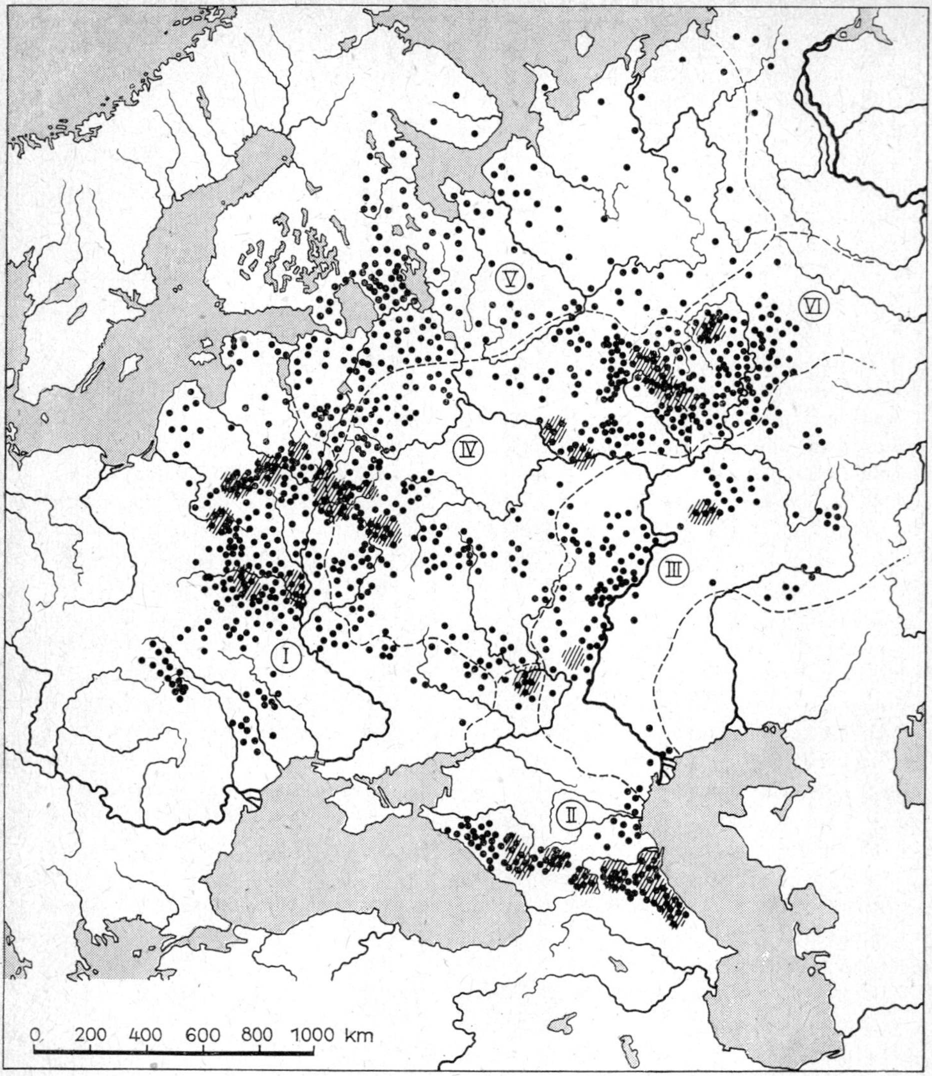

Abb. 45. Verbreitung und Bestandsdichte des Wolfs im europäischen Teil der UdSSR während des Bestandsminimums um 1970. Ein Punkt entspricht 5 Tieren; schraffiert = Vorkommensgebiete mit erhöhter Bestandsdichte von 10 und mehr Tieren/1000 km². Regionen: I westliche, II Kaukasusvorland und Kaukasus, III Wolgagebiet, IV zentralrussische Region, V nordwestliche Region, VI Ural

dort zugenommen hat, so handelte es sich doch nur um lokale Herde, wie etwa in einem Teil von Taimyr und Jakutien oder in der Burjat-Mongolei, im Amur-Bezirk u. a. Die Ursache für den stabileren Bestand in den asiatischen Gebieten der UdSSR liegt in der hier nur geringfügig gestörten räumlichen Struktur der Populationen infolge der niedrigen Bevölkerungsdichte und der geringeren Verfolgung durch den Menschen. In großen Gebieten, insbesondere in den Gebirgsregionen, lag der jährliche Abschuß nicht über dem jährlichen Zuwachs (in Kirgisien betrug er z. B. höchstens 10–15%; Vyrypaev 1985).

Die Bestandregulierung des Wolfs am Ende der 70er Jahre wurde am erfolgreichsten im europäischen Teil der RSFSR, in der Ukraine und in Belorußland durchgeführt. Innerhalb weniger Jahre verdoppelte sich die Zahl der jährlich erlegten Wölfe (Tab. 1). In Kasachstan wurde die Zunahme der Wolfsbekämpfung erst 1979 und 1980 spürbar, die Zunahme setzte sich 1983 und 1984 fort. In den Unionsrepubliken des Kaukasus und Mittelasiens wurde der Wolf nicht stärker verfolgt, so daß der Bestand im Gebirge weiterhin stabil ist, jedoch in den landwirtschaftlich genutzten Tälern abnimmt.

Bis 1980 wurde der Bestandszuwachs des Wolfs im ganzen Lande gestoppt. In den Bezirken der RSFSR mit der höchsten Wolfsdichte (Kirow, Smolensk, Kalinin) hat sich der Abschuß 1980/81 stabilisiert oder etwas verringert. Eine gründliche Analyse des Abflauens der explosionsartigen Zunahme der 70er Jahre wurde für den Bez. Perm vorgenommen (Smirnov u. Neganov 1985). Bei einem Abschuß von durchschnittlich 380 Wölfen (ohne Welpen) in den Jahren 1978–1984 sinkt der Bestand nicht wesentlich und schwankt im Herbst in den einzelnen Jahren zwischen 817 und 943 Tieren aller Altersstufen. Der aufgrund der Alterszusammensetzung beschriebene jährliche Bestandsverlust bewegte sich zwischen 29,4 und 48,7%. Die Auffüllung der Population erfolgte durch eine erhöhte Nachwuchsrate. Man kann vermuten, daß außer durch die Veränderungen der Reproduktionsrate die Aufrechterhaltung und Zunahme des Bestandes im Bez. Perm sowie im benachbarten Bez. Swerdlowsk (Boriskin 1985) vor allem durch die Wanderungen der Wölfe zu den Stellen erfolgt, wo sich in Gebieten mit großflächigem Holzeinschlag die Elche konzentrieren.

Die Abnahme der Wolfspopulationen begann nach allen Kennziffern einschließlich der Zahl der aufgekauften Felle in Belorußland und in der Ukraine. Wenn die Anstrengungen zur Bestandskontrolle nicht nachlassen – Anzeichen für ein solches Nachlassen gibt es bereits –, wird wahrscheinlich in wenigen Jahren, etwa Ende der 80er Jahre, das Verbreitungsgebiet des Wolfs wieder auf den Stand von 1970 zusammengeschrumpft sein. Die Analyse der Anstrengungen zur Lösung des „Wolfsproblems der 70er Jahre“ (Gusev 1978) führt zu dem Schluß, daß diese rasche Zunahme des Wolfs innerhalb von 5–6 Jahren eingedämmt werden konnte, d. h. das Ausmaß dieser Zunahme war in keiner Weise vergleichbar mit dem der Nachkriegsjahre, denn für die Liquidierung dieses Prozesses waren immerhin 15 Jahre erforderlich. Andererseits entspricht das Mitte der 80er Jahre entstandene relative Gleichgewicht dem höheren allgemeinen Bestandsniveau der Population, als dies während des Bestandsminimums um 1970 der Fall war.

Der gegenwärtige Bestand des Wolfs in der UdSSR auf Abb. 46 gilt für 1980. Etwa ebenso hoch war er 1985, wenn auch in den dazwischen liegenden fünf Jahren

Tabelle 1. In der Sowjetunion erfaßte Wolfsfelle

Unionsrepublik	1976	1977	1978	1979	1980	1981	1982	1983	1984
RSFSR	7 515	8 472	10 528	14 956	14 675	14 039	18 602	15 270	14 949
Ukrainische SSR	496	587	703	856	1 023	969	1 223	974	956
Belorussische SSR	1 043	1 163	1 745	1 793	2 330	2 072	2 187	1 962	1 436
Usbekische SSR	318	315	396	375	277	274	56	260	248
Kasachische SSR	8 293	8 518	9 643	11 395	14 232	13 294	12 844	14 245	15 312
Georgische SSR	510	366	412	347	470	338	—	570	550
Aserbaidshanische SSR	824	901	875	893	840	721	701	708	623
Litauische SSR	8	20	23	19	16	21*)	109	180	17*)
Moldauische SSR	1	—	—	186	1	—	—	—	—
Lettische SSR	160	134	162	—	257	206	206	225	158
Kirgisische SSR	360	312	283	360	500	460	985	623	700
Tadshikische SSR	494	494	384	480	511	421	696	488	456
Armenische SSR	200	300	300	273	343	307	417	381	329
Turkmenische SSR	281	280	326	262	306	307	724	306	335
Estnische SSR	77	57	53	39	52	46*)	109	51	35
	20 580	21 919	25 833	32 234	35 733	33 475	38 861	36 087	36 104

*) In Litauen und Estland wird ein erheblicher Teil der Wolfsfelle nicht erfaßt, da sie den Jägern als Trophäe überlassen werden. In den letzten 2–3 Jahren zeichnet sich eine ähnliche Entwicklung auch in anderen Gebieten ab.

in den dicht besiedelten Gebieten des europäischen Teils bestimmte Populationen gewisse Einbußen erlitten haben, wodurch jedoch das Gesamtbild nicht beeinflußt wird. Die ökologisch nicht gerechtfertigte Abstufung (1 Punkt = 25 Tiere) mußten wir wählen, um technische Schwierigkeiten beim Unterbringen einer großen Zahl von Punkten zu vermeiden.

Bei einem flüchtigen Blick auf Abb. 46 entsteht der Eindruck, daß der Wolf praktisch das gesamte Territorium der UdSSR besiedelt. Die Verteilung der Bestandsdichten widerspiegelt jedoch einerseits die anthropogenen Einwirkungen, andererseits bestätigen sie die Bindung der Zonen mit verstärktem Vorkommen an bestimmte Landschaftsformen. Beide Faktoren wirkten fast überall gleichzeitig, doch kommt der menschlichen Tätigkeit in der Regel die Priorität zu. So ist gegenwärtig das Verbreitungsgebiet des Wolfs in der Waldsteppen-, Steppen- und Halbwüstenzone im europäischen Teil der UdSSR, in West- und Südsibirien reduziert; stark vermindert ist der Bestand in der Tundrazone, wo der Wolf von jeher spärlich vorkam. Als Gebiete mit hoher Bestandsdichte heben sich die Gegenden mit extensiver Viehwirtschaft im Kaukasus, in den Gebirgen Mittelasiens, Kasachstans, des Altai und Tuwas sowie die wenig besiedelten Wüsten und Halbwüsten Kasachstans im Verbreitungsgebiet der Saigaantilope ab. Die Verteilung der gemittelten Dichtewerte für die UdSSR für 1983 ist in Abb. 47 dargestellt.

Gegenwärtig ist die Wolfsdichte im europäischen Teil der UdSSR am höchsten im Flußgebiet der Kama und Wjatka, im mittleren Wolgagebiet sowie am Oberlauf von Wolga und Dnepr, wo sich diese Zone etwas erweitert und zum Norden von Beloruß land hin verschoben hat. In der Ukraine (außer der Polessje) hält sich die hohe Bestandsdichte in den Karpatenkreisen und im Transkarpatengebiet. Im Kaukasus und besonders in Transkaukasien ist die Wolfsdichte weiterhin sehr hoch, wobei jedoch zu berücksichtigen ist, daß innerhalb des Gebiets mit einer Dichte von 20 Tieren/1000 km^2 die Art auf der Hälfte der Fläche gänzlich fehlt. In Sibirien ist ein Gebiet mit hoher Dichte nach wie vor Tuwa. In Kasachstan kommt die Hauptmasse der Wölfe im Areal der Saigaantilope vor, in Mittelasien in den Gebirgen.

Im Tempo der Bestandsveränderungen sind im letzten Jahrzehnt in den einzelnen Regionen der UdSSR deutliche Unterschiede erkennbar, die offensichtlich nicht mit der Intensität und Effektivität der Bekämpfungsmaßnahmen zusammenhängen. Eine unbestreitbare Rolle spielen die beträchtlichen, jedoch im wesentlichen nicht berücksichtigten Wanderungen der Wölfe sowie wahrscheinlich die natürliche Bestandsfluktuation.

4.4. Asien außerhalb der UdSSR

Zuverlässige Verbreitungsangaben liegen nur aus wenigen Ländern vor. Im Nahen Osten kommt der Wolf auf der Arabischen Halbinsel, im Irak, im südlichen Sinai, in Jordanien, Syrien vor, doch haben die Angaben über das Verbreitungsmuster und den Bestand nur fragmentarischen Charakter: In Jordanien leben 200 (?) Wölfe, in Ägypten (Sinai) 30, in Israel 100 (Mech 1982). Die Wölfe in Israel sind am besten erforscht, sie sind in 60% des ehemaligen Areals verbreitet, vor allem in der Wüste und Halbwüste (Mendelssohn 1983). Sie fallen Schafe und Ziegen an, be-

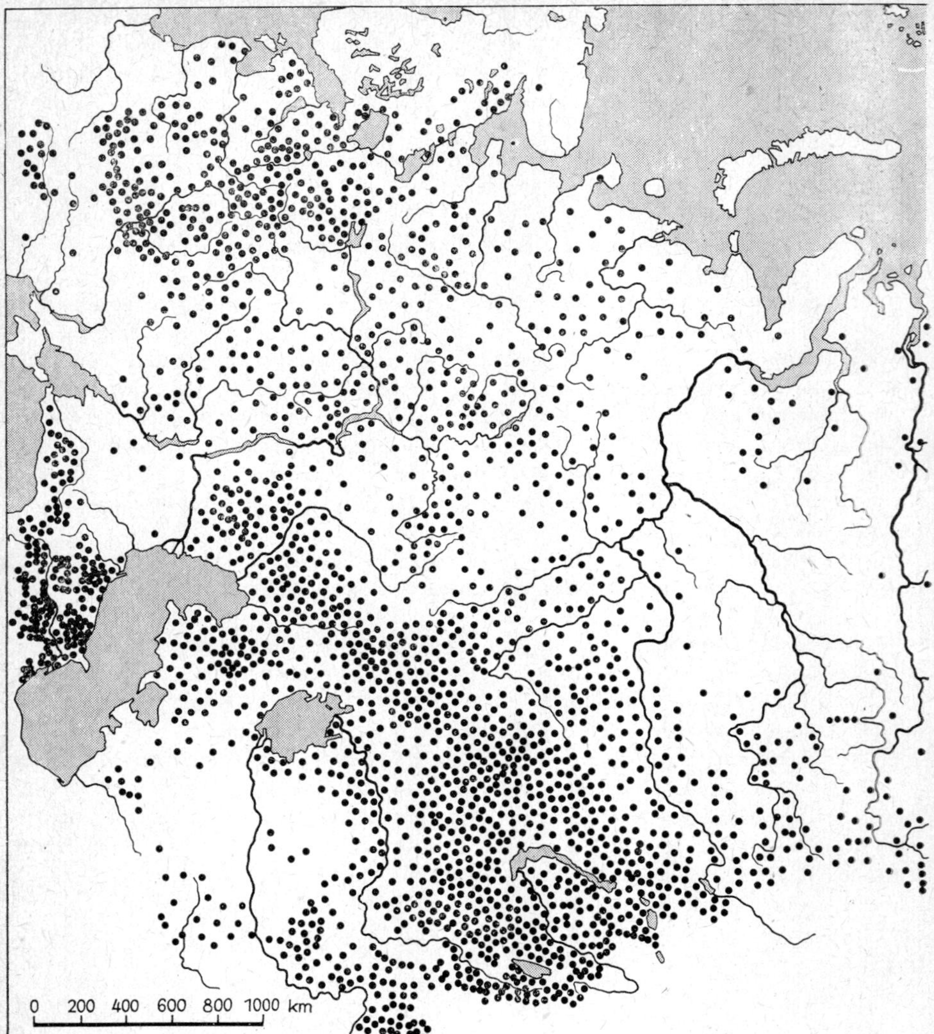

Abb. 46. Verbreitung des Wolfs in der UdSSR 1980 (Punkt = 25 Tiere)

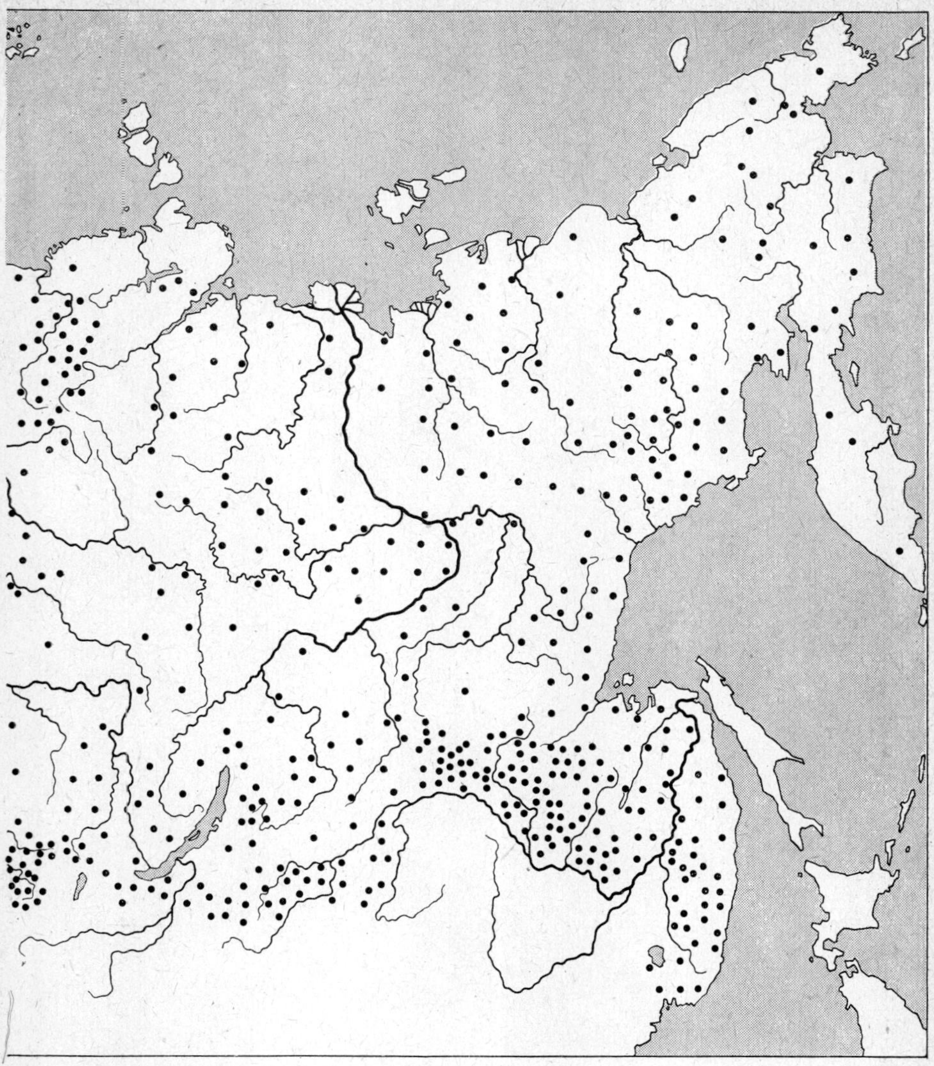

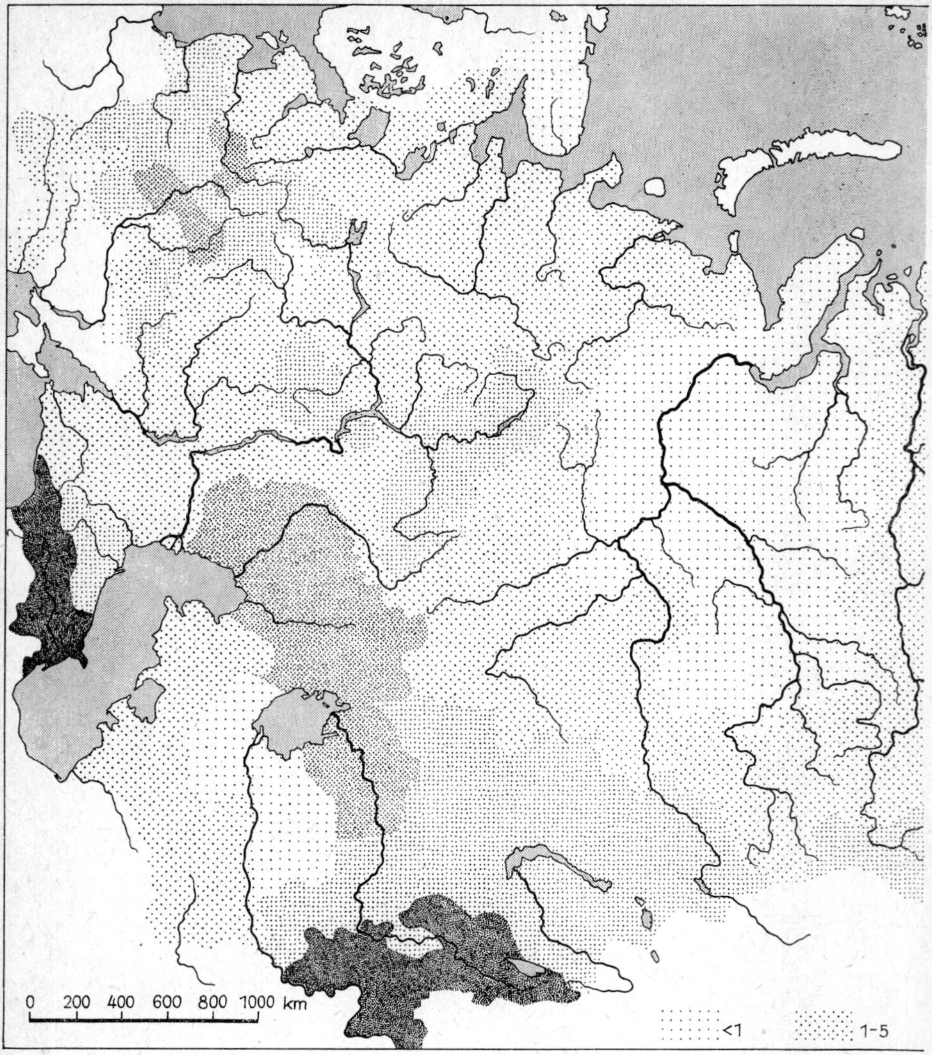

Abb. 47. Bestandsdichte des Wolfs in der UdSSR 1983 (Anzahl der Wölfe/1000 km²). Nach A. N. Filimonov

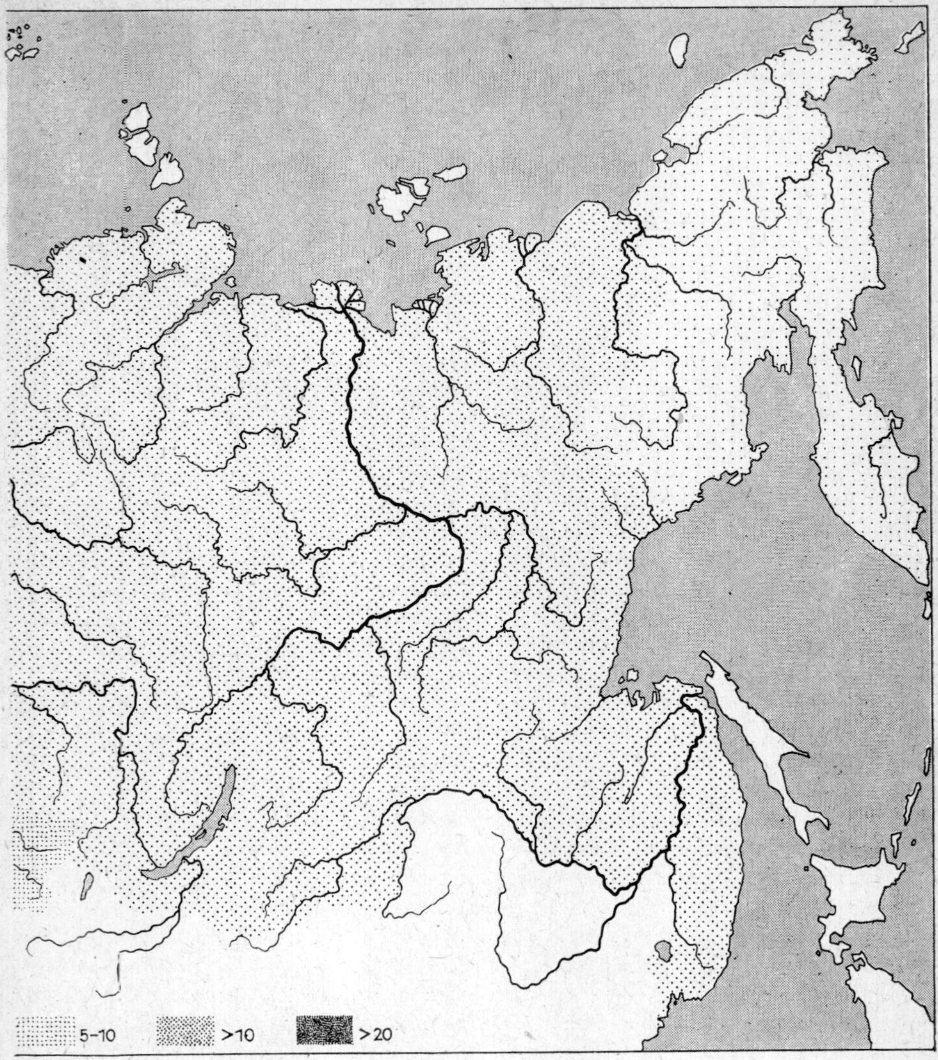
5–10
>10
>20

gnügen sich jedoch auch mit Aas. Die Farmer legen vergiftete Köder aus, doch ist die Form noch nicht vom Aussterben bedroht. Beunruhigender ist der Zustand der anderen nahöstlichen Form infolge der Konkurrenz mit verwilderten Haushunden.

Aus der Türkei, dem Iran und Afghanistan liegen keine zuverlässigen Angaben über den Grad der Arealschrumpfung vor. Die Arealabnahme ist, wenn sie überhaupt stattgefunden hat, minimal in Afghanistan, etwas größer in der Türkei, während im Iran der Wolf nach Mech (1982) noch auf 80% der ursprünglich besiedelten Fläche vorkommt. Der Bestand wird für den Iran mit 1500 (?) angegeben. In der Türkei und in Afghanistan mit stärker gegliedertem Relief, relativ gleichmäßiger Bevölkerungsverteilung und extensiver Viehzucht leben mindestens doppelt so viele Wölfe, d. h. jeweils mindestens 3000 Tiere. Grundlage für diese Überlegung ist der Vergleich mit den nördlich angrenzenden Sowjetrepubliken Transkaukasiens, mit Turkmenien und Tadshikistan. Die Berechtigung für einen solchen Vergleich ergibt sich aus der gleichen Lebensweise der Bevölkerung (Weideviehwirtschaft) und der Ökologie des Wolfs, der sich auf Vieh, Aas und in den abgelegenen Gebirgsregionen außerdem auf wildlebende Huftiere spezialisiert hat.

Über den Bestand und das Verbreitungsgebiet des Wolfs in Pakistan und in der VR China gibt es keine Angaben. In Pakistan liegt der Bestand vermutlich nicht höher als im Iran. Eine unbedeutende Zahl lebt in Nepal und Bhutan. In China gibt es im Osten des Landes (mit Ausnahme der Inneren Mongolei und der Mandshurei) wegen der starken Landnutzung und der hohen Bevölkerungsdichte wahrscheinlich keine Wölfe. Der Westen Chinas mit Ausnahme der für den Wolf wenig geeigneten Wüsten Takla-Makan und Gobi weist offensichtlich recht kopfstarke Populationen auf, besonders zahlreich dürfte der Wolf in der Dshungarei sein.

In Indien besteht das Verbreitungsgebiet aus mehreren isolierten Teilarealen (Abb. 48) in den ariden Gebieten der Unionsstaaten Radschastan und Gudscherat und in den Subtropen von Bihar und Orissa (Shahi 1983). Kleinere Gruppierungen existieren in Karnataka, Madhja Pradesh und Uttar Pradesh. Ziegen, Schafe, Schweine und Aas bilden die Hauptnahrung des Wolfs. Wo es möglich ist, jagt er Hasen und wildlebende Huftiere. Die Dorfbewohner verwenden zur Bekämpfung vergiftete Köder. Man rechnet in Indien mit 500–800 Wölfen (Shahi 1983).

In den 20er und 30er Jahren dieses Jahrhunderts gab es in der Mongolei ein jährliches Aufkommen an Wolfsfellen von 8000–9000 (Bannikov 1954). In den 40er Jahren und 50er Jahren wurden jährlich zwischen 4000 und 10 000 Wölfe erlegt (Sumiński 1975). Ende der 60er Jahre und zu Beginn der 70er Jahre stabilisierte sich der Abschuß bei einem Durchschnittswert von 3900 Tieren pro Jahr (Chobotov u. Boržonov 1974). Nach anderen Angaben (Daš u. Chrustalev 1978) wurden von 1932 bis 1951 jährlich im Durchschnitt in jeweils Fünfjahresperioden 7480, 7400, 6000 bzw. 8600 Wölfe erlegt, in der Periode von 1952 bis 1975 entsprechend 4000, 3800, 4300 und 3700, wobei Welpen nicht berücksichtigt sind. Zieht man die Stabilisierung des Abschusses in Betracht, so kann man annehmen, daß der Gesamtbestand des Wolfs in der Mongolei am Ende des Winters mindestens 7000–8000 Tiere beträgt.

Gegenwärtig ist der Bestand des Wolfs in der offenen Landschaft der Steppen und Wüsten zurückgegangen, doch ist er noch relativ hoch in der Gebirgstaiga im Norden, im Mongolischen Altai, Changai und Chentei (Abb. 15). Gehalten hat sich

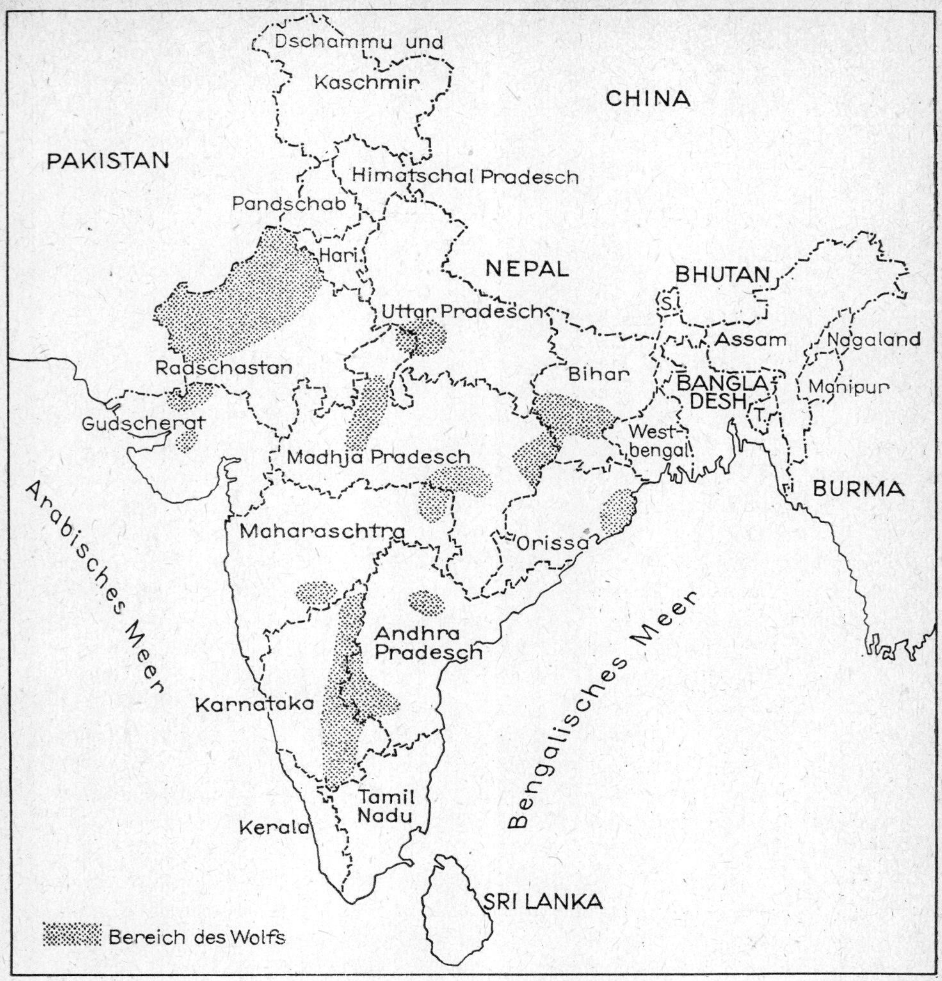

Abb. 48. Verbreitung des Wolfs in Indien. Nach Shahi 1983

der Wolf im Südwesten in der Gobi – so ist bei den wenigen Brunnen gewöhnlich eine Familie zu finden – und im Südwesten im Gebiet Dariganga-Matad, wo die dort noch zahlreich vorkommende Mongolische Kropfgazelle *(Gazella gutturosa)* die Nahrungsgrundlage bildet. Dennoch ist der Wolf noch am häufigsten in den Grenzgebieten zur UdSSR. So zählten Zoologen Anfang der 70er Jahre am Oberlauf der Mensa an der Grenze der Aimaks Selenga und Chentei auf einer Fläche von 7650 km^2 332 Wölfe, d. h. über 40 Tiere/ 1000 km^2.

Nach von uns durchgeführten Umfragen hat der Wolf in den 70er Jahren überall abgenommen. Nur in einzelnen Somonen (Kreisen) werden jährlich bis zu 100 Tiere erlegt, in den meisten jedoch unter 20. Erfahrene Wolfsjäger aus verschiedenen Gegenden des Landes, die früher die Jungen aus 3–5 Wolfslagern fingen, müssen sich heute mit dem „Ertrag“ von einem, selten zwei Wolfslagern begnügen. In der Steppe und Wüste sind die Fälle, daß Wölfe Junge werfen, spärlich. Als wir 1979 und 1980 in für Wölfe geeigneten Gebieten über 10 000 km mit dem Kraftfahrzeug zurückgelegt haben, trafen wir nur einen Wolf. Nach dem Jagdgesetz kann der Wolf in der MVR das ganze Jahr über gejagt werden, es werden auch Prämien gezahlt, doch sind vergiftete Köder verboten. Im Januar und Mai finden im Lande in großem Maßstab Treibjagden auf Wölfe statt.

5. Lebensraum in den verschiedenen Landschaftsformen

Das riesige Areal und das Vorkommen in verschiedenen natürlichen Zonen waren nur möglich, weil die Art hinsichtlich des Lebensraums ungewöhnlich anpassungsfähig ist und sich an so völlig verschiedene Landschaften wie die Tundra, die Gebirgstaiga oder die Wüste anpassen kann. Außerdem stehen die Möglichkeiten der Besiedelung dieser oder jener Landschaft im Zusammenhang mit der Fähigkeit des Wolfs, innerhalb des Lebensraums und über diesen hinaus weitreichende Wanderungen auszuführen.

Die Reviergröße eines Rudels variiert in den einzelnen Regionen sehr stark, von einigen Dutzend km^2 in Lenkoran (Transkaukasien) bis zu 500 oder gar 1000 km^2 in der offenen Landschaft der Tundra, Steppe oder Halbwüste (Rausch 1967, Stenlund 1955, Mech 1970, Filimonov 1980 a, b, Železnov 1983). In der Waldzone und besonders im Gebirge, wo die Ortsbewegungen der Tiere durch das Relief begrenzt sind, ist das Revier kleiner (Gurskij 1978, Vyrypaev u. Vorob'ev 1983, Kudaktin 1979 b). Ähnliche Gesetzmäßigkeiten sind bei den Reviergrößen in Nordamerika ermittelt worden: von 175–260 km^2 in Minnesota und Manitoba, 585–788 km^2 in den Gebirgen Alaskas und Albertas, bis zu 1250 km^2 in der Tundra und Waldtundra den Nordwest-Territorien Kanadas (Carbyn 1980).

In jeder Landschaftsform wird die Reviergröße durch die Populationsdichte, die Nahrungsressourcen, die Unterschlupfmöglichkeiten und den Jagddruck durch den Menschen bestimmt. Bei einer Verringerung der Siedlungsdichte der Wölfe auf ein Drittel vergrößerten sich die Reviere auf das Vierfache (Kaleckaja 1973). Die Territorien der Wolfsrudel im Nordosten von Minnesota sind kleiner in den Wintereinstandsgebieten des Weißwedelhirsches *(Odocoileus virginianus)* – im Durchschnitt 110,4 km^2 – als in den angrenzenden Gebieten – hier im Durchschnitt 175,3 km^2 (Van Ballenberghe u. a. 1975). In Jakutien besiedelte eine Wolfsfamilie in Jahren mit einer hohen Dichte des Schneehasen *(Lepus timidus)* – 170 Ex./km^2 – eine Fläche von 100–120 km^2. Bei niedrigem Hasenbestand war das Revier der Wölfe um ein Mehrfaches größer (Labutin 1965).

Auch die jahreszeitlichen Schwankungen der Reviergröße hängen eng mit dem Nahrungsangebot zusammen, weshalb in den offenen Landschaften, wo die Huftiere weite Wanderungen unternehmen und im Winter die Beute für die Wölfe knapp wird, eine beträchtliche Zunahme des von den Wölfen genutzten Territoriums zu beobachten ist (Abb. 49). Als Beispiele können die ebenen Gebiete des Altai, die Tundren Taimyrs und der Tschuktschen-Halbinsel genannt werden. Dasselbe ist in der Ukraine zu beobachten, doch ist dies hier weniger durch den Nahrungsmangel als durch den Mangel an Unterschlupfmöglichkeiten bedingt (Abb. 49). In den Gebirgen, wo es viele kleinere Einstandsgebiete von überwinternden Huftieren gibt, konzentrieren sich die Wölfe in deren Nähe (Kudaktin 1979), und das Winterrevier verringert sich gegenüber dem Sommerrevier. In der Waldzone ist sowohl in der UdSSR als auch in Nordamerika die Erweiterung der Winterreviere nicht erheblich (etwa 10%), was sicherlich mit den geringfügigen Unterschieden im Nahrungsangebot in den einzelnen Jahreszeiten zusammenhängt.

In den Gebirgsregionen Nordostasiens, d. h. auf der Tschuktschen-Halbinsel östlich der Kolyma, ist deutlich eine engere Bindung des Wolfs an Waldbiotope festzustellen – an lichte Lärchenwälder, an Wälder aus Pappel und Chosen-Weide und Bruchwälder entlang der Flußtäler, aus denen etwa die Hälfte der Registrierungen stammt ($n = 274$) sowie an die Strauchtundra, die hüglige Bergtundra („Golzy") und an Tallagen, wo Rentiere *(Rangifer tarandus)* und Schneeschafe *(Ovis nivicola)* häufig sind. Auf diese Gebiete entfallen rund 42% der Registrierungen (Železnov 1983). In der schneefreien Zeit halten sich die Wölfe in abgelegenen Nebentälern im Gebirge auf, wo sie ihre Jungen aufziehen. Während der Polarnacht im Winter suchen sie häufiger offene Ebenen auf, besonders die Weideplätze des Hausrens (Abb. 16).

In der Zone der osteuropäischen Taiga im Nordwesten der RSFSR bevorzugen die Tiere landwirtschaftlich erschlossene Gebiete im waldreichen Karelien, in den stärker besiedelten südlichen Bezirken Pskow und Nowgorod dagegen kommen sie mehr im Wald vor. Zur Fortpflanzungszeit im Frühjahr sind die Tiere standorttreu und halten sich in abgelegenen Waldgebieten, an den Ufern kleiner Flüsse und Bäche, in dichten Fichtenwäldern, bewaldeten Trockentälern und schwer zugänglichen Waldinseln in Sümpfen auf (Danilov u. a. 1979). Im Herbst sind die Familien an Waldrändern, auf Kahlschlägen und in Strauchdickichten zu finden (54,4% der Registrierungen in der schneefreien Zeit), weiterhin an Gewässerufern (2,3%) und an den Rändern von Mähwiesen und Feldern (15,5%). Eine noch engere Bindung des Wolfs an Waldbiotope ist in den Baltischen Sowjetrepubliken (Prusajte u. a. 1985) und in Belorußland zu beobachten, wo die bevorzugten Wolfshabitate geschlossene Waldkomplexe sind, besonders wenn schwer zugängliche Stellen existieren, also vom Menschen selten aufgesuchte versumpfte Revierteile, die reich an Schalenwild sind (Kozlo u. Banad 1985). In der offenen Landschaft der Steppen und Wüsten nimmt die Bedeutung der Biotope, die Unterschlupfmöglichkeiten bieten, stark zu. Selbst unbedeutende Waldinseln, schwer zugängliche Dickichte am Rande von Gewässern, kleine Bodenerhebungen, mit Gebüsch bewachsene Erosionstäler oder Trockenschluchten werden ständig von Wölfen aufgesucht oder sind Einstandsplätze. So wird in der fast waldfreien Südukraine das Territorium nicht regellos genutzt, sondern es ist in Gebiete aufgegliedert, die jeweils eine bestimmte Bedeutung haben. An den am meisten Deckung bietenden Stellen befinden sich die Wurfbaue und die Lager für den Tageseinstand, hier wird nicht gejagt (Gurskij 1978).

In der Wüste nördlich des Aralsees gibt es in der offenen und ebenen Landschaft fast keine Wölfe, und wenn sie auftauchen, dann nur für kurze Zeit im Gefolge der

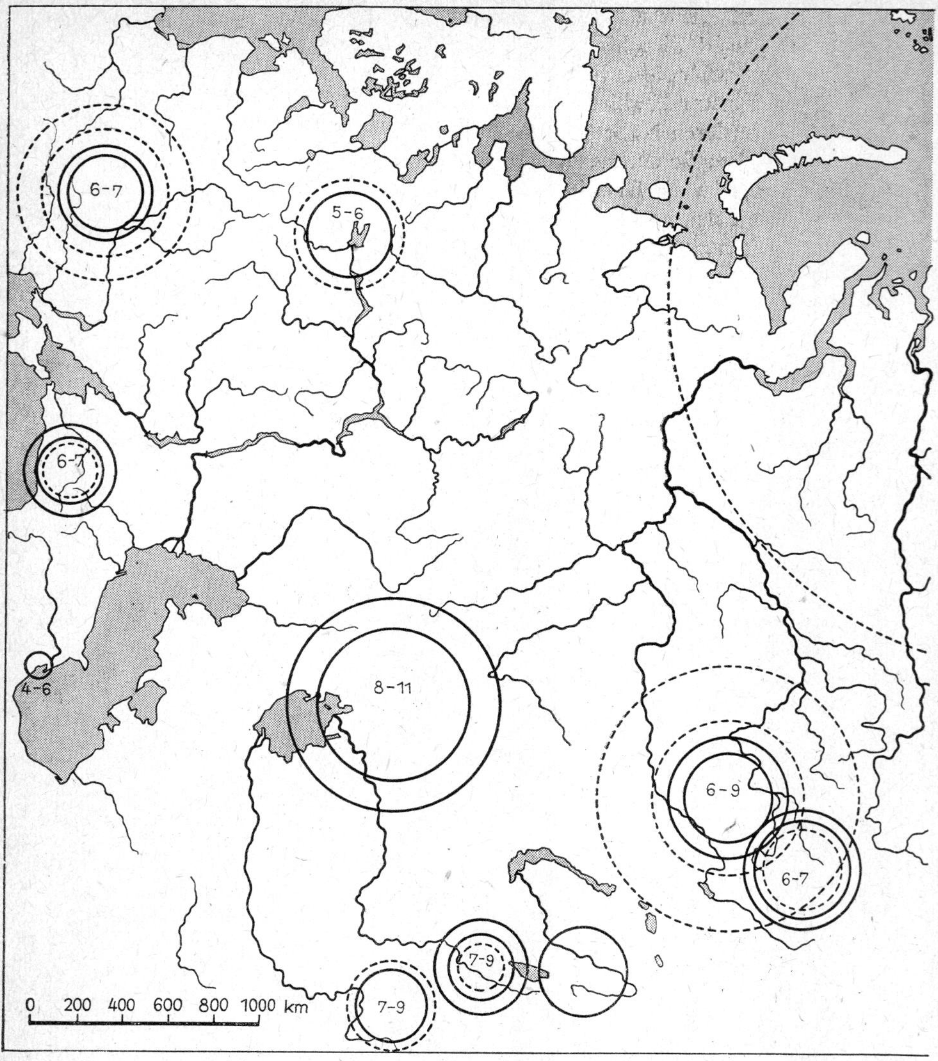

Abb. 49. Größe der Familienreviere des Wolfs in verschiedenen Landschaftszonen der UdSSR, die Zahlen geben die durchschnittliche Größe der Rudel an. 1 Fläche des Sommerreviers, 2 Fläche des Winterreviers

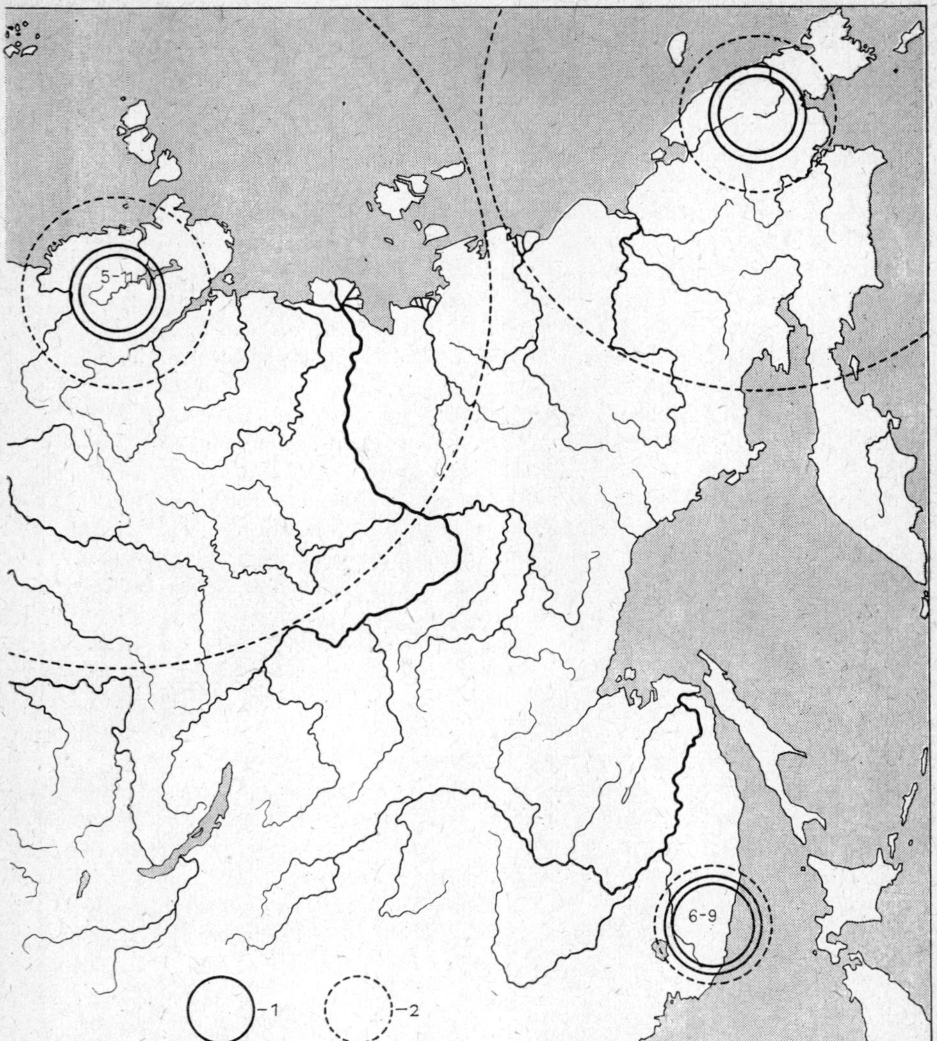
5-11
6-9
-1
-2

wandernden Saigaantilopen. In den durch Wasserläufe stark zergliederten Hanglagen am Unterlauf des Irgis und Turgai, am Ust-Urt-Plateau oder in Badchys halten sich die Wölfe hingegen ständig in hoher Dichte auf (Abb. 17). In der Wüste wird das Vorzugshabitat natürlich auch durch die Verteilung der von Hirten nicht aufgesuchten Wasserstellen und Brunnen bestimmt. Wenn solche für den Wolf zugänglichen Quellen vorhanden sind oder sich an einzelnen Stellen Regenwasserlachen („Chaki") lange Zeit halten, dringt der Wolf sogar in die Karakum vor. Die Zugänglichkeit der Wasserquellen ist außerordentlich wichtig. Entlang der Emba z. B. haben Zoologen keine Wurfbaue gefunden, denn alljährlich wird hier in großer Menge Vieh geweidet und folglich konzentrieren sich hier viele Jurten und Hirtenhunde. Es muß deshalb noch einmal betont werden, daß überall in der warmen Jahreszeit, in der der Wolf keinen Hunger leidet und sich von kleinen Tieren ernähren kann, die Furcht vor dem Menschen der wichtigste Faktor ist, der das Vorkommen des Wolfs bestimmt.

In den letzten Jahrzehnten erobert der Wolf mit Erfolg neue Lebensräume, z. B. kleine Oasen, die in der Wüste um artesische Brunnen entstanden sind. Schwer zugängliche Pflanzendickichte an den Einleitungsstellen des Wassers für Bewässerungszwecke und an Ausbuchtungen von Kanälen erweitern auch die Möglichkeiten der intraarealen Ausbreitung vieler Tiere, u. a. des Wildschweins *(Sus scrofa)*, des Schakals *(Canis aureus)* und des Wolfs. Interessante Besonderheiten wiesen die Habitate des Wolfs im Gebirge auf. Als erstes ist hier zu nennen die starke Abhängigkeit des Schalenwildes und des Viehs und somit auch des von diesen abhängenden Wolfs von der Tiefe und der Verteilung des Schnees auf den unterschiedlich exponierten Hängen und in den verschiedenen Höhenlagen (Abb. 18). Die vertikalen Bewegungen des Wolfs in niedrigere Lagen im Gefolge der Huftiere oder des von den Sommerweiden abgetriebenen Viehs sind aus dem Kaukasus, den Gebirgen Mittelasiens und Sibiriens bekannt. Doch solche Wanderungen sind nicht immer deutlich ausgeprägt. In Tadshikistan z. B., wo es auch im Hochgebirge viele schneearme Gebiete gibt, stammen die meisten Registrierungen von Wölfen oder Wolfsfährten (75,3%; n = 121; Sokov 1985) von Berghängen in mittleren Höhenlagen und aus dem Hochgebirge. In den Galeriewäldern („Tugai") und im niederen Bergland zwischen 300–1100 m ü. NN ist der Wolf spärlich vertreten, weil es hier zu viele Menschen gibt und er ständig verfolgt wird.

6. Nahrung

Der Wolf ist ein Raubtier mit außerordentlich breit gefächerten Nahrungsbindungen. Die Grundnahrung bilden jedoch fast überall wildlebende und/oder domestizierte Huftiere sowie Aas. Gebietsweise spielen Hasen (*Lepus* spec.) und große Nagetiere wie Biber (*Castor* spec.) und Murmeltiere (*Marmota* spec.) eine beträchtliche Rolle. Überall fressen die Wölfe auch Kleinsäuger, z. B. Mäuseartige. Die Frequenz des Auftretens in der Nahrungsration kann 10% erreichen. In „Mäusejahren" haben Wühlmäuse (*Microtus* spec.) und Lemminge eine große Bedeutung, da sie die erfolgreiche Jungenaufzucht und die Anlage von Fettreserven ermöglichen.

Vögel, vor allem viele Wasser- und Hühnervögel, gehören zu den sekundären Beutetieren, Amphibien, Reptilien und Fische sind eine seltene Zusatznahrung, die lokal und jahreszeitlich bedingt eine gewisse Bedeutung erlangen kann.

Die heranwachsenden Jungwölfe fangen mit Eifer verschiedene Insekten, besonders Käfer, und fressen sie gern. In den Steppen Aserbaidshans suchten die Wölfe Gebiete auf, wo sich Heuschrecken vermehrten und fraßen sich wie auch die Wildschweine an ihnen satt. Formozov u. Golov (1975) geben für den Bez. Uralsk an, daß der Wolf zwar Eidechsen, Schlangen sowie große Käfer, Heuschrecken und Maulwurfsgrillen frißt, doch spielen diese Beutetiere keine wesentliche Rolle in der Nahrung.

Für die Beurteilung der Nahrungsbindungen des Wolfs ist es wichtig zu wissen, daß die Tiere dazu neigen, sich auf bestimmte Beutetiere zu spezialisieren. So schreibt Pavlov (1982), daß einzelne Tiere oder Familien entweder als harmlose Aasfresser auftreten oder als geschickte Spezialisten für Haushunde, Hausgeflügel, Schafe und andere Haustiere, andere für Hasen (*Lepus* spec.) oder Biber (*Castor canadensis, C. fiber*). Die Spezialisierung auf die am leichtesten erreichbare Beute während der Bestandszunahme des Schalenwildes in den Wäldern des europäischen Teils der UdSSR war bestimmend dafür, daß etwa seit den 60er Jahren für viele Wölfe der Elch *(A. alces)*, stellenweise das Wildschwein *(Sus scrofa)*, das Reh *(C. capreolus)* oder der Rothirsch *(Cervus elaphus)* die Hauptbeutetiere wurden. In der Halbwüste der Kalmückischen ASSR und Kasachstans ist die Saigaantilope *(Saiga tatarica)* die Hauptnahrungskomponente (Abb. 19, 20), bei den waldbewohnenden ostsibirischen und fernöstlichen Populationen war und ist es das Reh *(C. c. pygargus)* und der Rothirsch *(C. e. sibiricus, C. e. xanthopygus* = Maral bzw. Isubra).

Die notwendigen Vitamine und Spurenelemente erhält der Wolf über die pflanzenfressenden Beutetiere. Aber er nimmt auch selbst pflanzliche Nahrung auf. Im Magen und im Kot von Wölfen (Abb. 23, 24) findet man neben Resten tierischer Herkunft auch grüne Pflanzenteile, unverdaute Schalen von Früchten und Beeren, Kerne und Samen. Manchmal besteht der Kot vollständig aus pflanzlicher Substanz. Eine Reihe von Pflanzen sind für den Wolf vollwertige Nahrung. Dazu gehören Heidelbeeren, Preißelbeeren, Brombeeren, Früchte der Eberesche, Heckenrose, Ölweide und Wildobst, Beeren des Schneeballs, Weißdorns und Maulbeerbaums, Bucheckern u. a. Nicht selten findet man in dem Magen Blätter von Seggen und Gräsern, die der Wolf wie auch andere Hundeartige als Heilmittel aufnimmt. In den nördlichen Regionen beträgt die Häufigkeit des Auftretens pflanzlicher Nahrung, vor allem Beeren von Zwergsträuchern, höchstens 5–6% (Rukovskij u. Kuprijanov 1972, Kaleckaja 1973 u. a.). Im Kaukasus und in Mittelasien ist die pflanzliche Nahrung vielfältiger. Sie wird häufiger und in größeren Mengen aufgenommen. So treten im Kaukasus-Naturschutzgebiet Beeren und Früchte in 12% der Fälle auf (Teplov 1938), im Süden Usbekistans, wo der Wolf im Winter in Mengen die Früchte der Ölweide frißt, oft ganze Trauben mit den Zweigen, steigt die Häufigkeit des Auftretens bis auf 85–88% (Išunin 1966). Es sind Fälle bekannt, daß ukrainische Wölfe die Beeren von Faulbaum, Nachtschatten (9082 Samen in einem Magen), Maiglöckchen, Birnen (140 Kerne in einem Magen), Maiskörner und Sonnenblumenkerne in großen Mengen aufnehmen (Korneev 1950). Im Süden des Landes suchen die Wölfe in der zweiten Sommerhälfte die Wasser- und Zuckermelonenfelder auf. Wie bei anderen weit verbreiteten Raubtieren ist also auch beim Wolf von Nord nach Süd eine Zunahme des pflanzlichen Anteils an der Nahrung festzustellen.

6.1. Geographische Unterschiede in der Nahrungszusammensetzung

Im Prinzip stimmt das Grundschema der Nahrungszusammensetzung nordamerikanischer und eurasischer Wölfe überein. In der Neuen Welt sind die häufigsten Beutetiere der Weißwedelhirsch *(Odocoileus virginianus)*, der Maultier- oder Schwarzwedelhirsch *(O. hemionus)*, der Elch *(A. alces)*, der Karibu *(Rangifer tarandus)*, der Wapiti *(Cervus canadensis)*, das Weiße Dickhornschaf *(Ovis dalli)*, das Dickhornschaf *(O. canadensis)* und der Kanadische Biber *(Castor canadensis)* (s. Tabelle 2).

Tabelle 2. Hauptbeutetiere in Nordamerika, Nach Mech 1970

		Frequenz (%)							
Gebiet	Zahl der Nachweise	Weißwedelhirsch	Maultierhirsch	Elch	Karibu	Rothirsch	Wildschafe	Biber	Sonstige
Alaska, McKinley	1174	—	—	—	43	—	26	—	31
Westkanada	420	—	75	7	3	47	7	7	14
Wisconsin, USA	435	59	—	—	—	—	—	—	41
Michigan, Isle Royale	438	—	—	76	—	—	—	11	13
Ontario, Algonkin	1435	80	—	8	—	—	—	7	5

Aus der Tabelle 2 ist ersichtlich, daß in jeder Region 1–2 Beutetiere die Hauptnahrung bilden – im Osten der USA und Kanadas der Weißwedelhirsch (der Elch ist mit Ausnahme der Isle Royale von zweitrangiger Bedeutung), in der Tundra der Karibu usw. Untersuchungen von Cowan (1947) in Alberta haben eine gute Übereinstimmung zwischen dem Anteil des Wapitis, der anderen Hirsche und des Elchs in der Nahrung des Wolfs und der jeweiligen Bestandsdichte der betreffenden Beutetiere ergeben. Dickhornschafe und Schneeziegen dagegen wurden vom Wolf bedeutend seltener gerissen, wobei der Anteil an der Nahrung und die Bestandsdichte dieser Arten nicht korrelierten (Mech 1970).

Der Schneehase *(Lepus timidus americanus)* wird oft als Beutetier genannt, doch finden sich in den Exkrementen nur vereinzelt Reste dieser Art. Anders ist es mit dem Biber, dessen Reste in einigen Gebieten und in bestimmten Jahreszeiten Dutzende Male häufiger auftreten. Die Jagd auf den Biber ist dann erfolgreich, wenn der Nager das Wasser verläßt.

Wenn zeitweilig Huftiere knapp sind, spielen in einigen Gebieten Alaskas Eisgraue Murmeltiere *(Marmota caligata)* und Ziesel (*Citellus* spec.) in der Nahrung eine größere Rolle.

In der Tundra und Waldtundra Eurasiens überwiegt in der Nahrung des Wolfs überall das wilde oder domestizierte Ren *(Rangifer tarandus;* s. Tabelle 3).

Tabelle 3. Hauptbeutetiere des Tundrawolfs in Eurasien. Nach Makridin u. a. 1985

Beutetierart	Nat. Kreis der Nenzen (n = 114)		Nat. Kreis d. Jamal-Nenzen (n = 33)		Gydan (n = 71)		Taimyr (n = 66)	
	Nachweise	%	Nachweise	%	Nachweise	%	Nachweise	%
Ren	106	92,9	33	100	58	81,7	66	100
Elch	8	7,5	3	9	2	2,8	—	—
Polarfuchs	—	—	—	—	6	7,9	—	—
Rotfuchs	3	2,6	1	3,3	—	—	—	—
Schneehase	2	1,89	—	—	3	4,2	—	—
Mäuseartige	6	5,3	1	3,3	1	1,4	—	—
Moorschneehuhn	4	3,77	—	—	2	2,8	—	—
Alpenschneehuhn	—	—	—	—	1	1,4	—	—

Unter den Tieren ist eine Nahrungsspezialisierung festzustellen. Die Wölfe, die sich in der Nähe von Rentierherden aufhalten, ernähren sich ausschließlich von Rentierfleisch, andere dagegen, vor allem Tiere im 2. Lebensjahr, die oft in Flußauen und an der Meeresküste leben, fressen Schneehühner *(Lagopus lagopus, L. mutus),* Schneehasen *(Lepus timidus),* Auswurf aus dem Meer, reißen Robben *(Phoca* spec. u. a.), nehmen von Fischern zurückgelassene Fische auf, vergreifen sich an Ködern für Polarfüchse und oft auch an in Fallen geratenen Säugetieren und Vögeln. Makridin (1959) beobachtete Wölfe, die gegen Drähte geflogene Schneehühner fraßen. Sie suchten zu diesem Zweck regelmäßig die Telefonleitung bei Narjan-Mar ab. Im Ural jenseits des Polarkreises lebten zwei Wölfe ausschließlich von Schneehasen, denn andere Beutetiere gab es dort nicht. In Nordostasien dienen im Frühjahr und zu Beginn des Sommers, wenn die Jungen aufgezogen werden, Nagetiere als Nahrung – Ziesel *(Citellus parryi),* Kappenmurmeltiere *(Marmota camtschatica),* Wühlmäuse (*Microtus* spec.), Lemminge (*Lemmus* spec.), Pfeifhasen *(Ochotona hyperborea),* Schneehasen *(Lepus timidus)* – sowie verschiedene Vögel (Železnov 1983). Im Herbst halten sich die Wölfe ständig in der Nähe der Rentierschlachtplätze auf. Im Laufe des Jahres fallen bei der Rentierhaltung aus verschiedenen Gründen eingegangene Tiere an. Manchmal sind die Abgänge erheblich, so daß die Nahrung nicht nur für den Wolf, sondern auch für andere Raubtiere bis zum Frühjahr gesichert ist. Auf der Tschuktschen-Halbinsel und bei Salechard im Frühjahr in der Nähe von Hausrenherden erlegte Wölfe hatten eine durchgehende Fettschicht von bis zu 10 mm (bei ♀) bzw. 15 mm (bei ♂).

Im großen und ganzen bildet auf der Tschuktschen-Halbinsel das Hausren die Hauptnahrung des Wolfs, doch bedeutet dies keine enge Spezialisierung. In manchen Orten ist eine individuelle Anpassung an die Jagd auf Elche oder Schneeschafe zu beobachten, daneben fressen sie auch aus den unterschiedlichsten Gründen gefallenes Wild, also Aas. Es wurde z. B. ermittelt, daß in der Zeit, wenn sich auf den Gewässern eine geschlossene Eisdecke gebildet hat, 2,6% der Elche in Waken umkommen (Železnov 1983). Die toten Tiere werden dann von Wölfen und anderen Raubtieren gefressen. Zum Schneeschaf ist zu sagen, daß, nach den gefundenen Resten zu urteilen, 68,4% der aus verschiedenen Gründen umgekommenen Tiere (n = 19, Anadyr-Plateau) vom Wolf gerissen wurden. Oft wird das Schneeschaf in niederen Berglagen ein Opfer des Wolfs, wenn sich im Gebüsch lockere Schneewehen bilden.

Wir wollen nun einmal am Beispiel der natürlichen Zonen und der Wirtschaftsregionen der UdSSR die geographischen Besonderheiten der Wolfsnahrung betrachten. Nach der Spezifik der Nahrungsbedingungen, den Jagdmethoden und der Nutzung von Haustieren lassen sich im Areal des Wolfs etwa sechs Regionen unterscheiden – die bereits behandelte Tundrazone, die nördliche Taiga, die südliche Taiga, die westliche Waldsteppe, die Wüste und die montanen Wälder (Abb. 50). Die nördliche Taigazone zieht sich als schmaler Streifen entlang der Waldtundra von der Weißmeerküste bis nach Zentraljakutien einschließlich. Schalenwild ist hier selten wegen der nur spärlich vorhandenen Winternahrung und des tiefen Schnees. Elche wandern in der Regel südwärts. Die relativ wenigen Wölfe halten sich in den Tälern großer Flüsse, an den Rändern von Sümpfen, Brand- und Rodungsflächen und anderem offenen Gelände mit verfestigter Schneedecke auf (Abb. 27). Das Hauptbeutetier während des ganzen Jahres ist der Schneehase (s. Tabelle 4).

Tabelle 4. Hauptbeutetiere des Wolfs (in %) in der nördlichen Taiga

Gebiet, Autor, Zahl der Nachweise	Huftiere	Schneehase	Rauhfußhühner	Wühlmäuse
Bez. Archangelsk (Rukovskij u. Kuprijanov 1972) n = 57	24,5	70,0	10,4	3,5
Jakutische ASSR (Egorov u. Labutin 1964) n = 145	10,3	89,6	4,8	0,7

In einigen Gebieten der Region sind Reste des Schneehasen in 100% der Exkremente zu finden (Labutin 1972). Schalenwild (Elch, Ren, Schneeschaf) sind zweitrangige Beutetiere, doch erhöht sich durch den zunehmenden Holzeinschlag der Bestand des Elchs und damit dessen Bedeutung für den Wolf. Zur Sommernahrung gehören außerdem Rauhfußhühner und Wasservögel, die Bisamratte *(Ondatra zibethica),* Fische und Mäuseartige. Haustiere spielen wegen der nur schwach entwickelten Viehwirtschaft (von der Rentierhaltung einmal abgesehen) und der nur kurzen Weideperiode als Beutetiere für den Wolf eine untergeordnete Rolle.

Zur südlichen Taigazone gehört die Unterzone der mittleren und südlichen Taiga des europäischen Nordens und die gesamte Waldzone Sibiriens vom Altai ostwärts entlang der Landesgrenze mit Ausnahme der Steppen Transbaikaliens. Im europäischen Teil der Region ist das Hauptbeutetier des Wolfs der Elch, im asiatischen außerdem der Maral *(C. e. sibiricus)* und der Isubra *(C. e. xanthopygus)*. Wildschwein, Reh und Moschustier *(Moschus moschiferus)* sind in den meisten Gebieten nur von zweitrangiger Bedeutung. So ist z. B. in Südjakutien, wo Elch und Isubra in 78,3% der Proben auftreten, das Ren nur in 1,9% nachgewiesen worden, Reh und Moschustier in 4,8% und der Schneehase in 16,8% der Proben (Labutin 1972). Im Frühjahr und Sommer ist das Nahrungsspektrum des Wolfs breiter und umfaßt Junghasen, Mäuse, Vögel, in einigen Gebieten Fische sowie Heidel- und Preißelbeeren. Ab Juli reißt der Wolf dann Ziegen, Schafe und Hausgänse, im August auch Fohlen und Kälber. Für die südliche Taiga ist charakteristisch, daß das Vieh lange im Stall gehalten wird, so daß die Periode, in der Haustiere zur Verfügung stehen, verhältnismäßig kurz ist.

Die westliche Waldsteppenregion umfaßt die Baltischen Sowjetrepubliken, Belorußland, die Ukraine, die Moldauische SSR, die mittleren und südlichen Bezirke des europäischen Teils der RSFSR bis zum Kaukasus und zur Wolga. Die Nahrungszusammensetzung ist in dieser Region außerordentlich vielfältig. Wichtigste Beutetiere sind das Reh (Ostseerepubliken, Ukraine, Moldauische SSR), das Wildschwein (Belorußland) und der Rothirsch. Die Rolle des Elchs ist in manchen Gegenden recht bedeutend, ist jedoch in vielen Bezirken zweitrangig. In den südlichen, weniger bewaldeten Gebieten nimmt die Bedeutung der Haustiere zu. In der Moldauischen SSR, z. B. ist der Anteil des Rehs und des Schafs gleich. Außer Huftiere jagt der Wolf hier noch Feldhasen *(L. europaeus)*, kleine Nager und Ziesel, Insekten, die Bisamratte und Vögel. Insgesamt sind in der Region wegen der längeren Weideperiode und der mosaikartigen Verteilung der vom Wolf besiedelten Flächen Haustiere vom Wolf eher zu erbeuten, die dann oft die Hauptnahrung darstellen.

Zur Steppen- und Wüstenregion gehören die Steppen Kalmückiens, der gesamte Steppenteil des Südurals, Westsibiriens und Kasachstans, die Steppen Transbaikaliens und die mittelasiatischen Wüsten. In den verschiedenen Teilen dieses Gebiets überwiegen in der Wolfsnahrung bald wildlebende Huftiere, bald Hausvieh. In einem großen Territorium nimmt die Saigaantilope *(Saiga tatarica)* den ersten Platz in der Wolfsnahrung ein, auf dem Ust-Urt-Plateau außerdem der Archar *(Ovis ammon)*, in Badchys die Kropfgazelle *(Gazella subgutturosa)*, der Kulan *(Equus hemionus)* und der Archar, am Mittel- und Unterlauf des Amudarja das Wildschwein und im Ilidelta das Reh (Abb. 21, 22). Stärker als in anderen Regionen sind die Wölfe auf Aas angewiesen. Die Verluste unter den Saigaantilopen sind selbst bei nicht extremen Bedingungen, zieht man die hohe Populationsdichte in Betracht, recht groß. Die im Herbst verendeten Antilopen und die Jagdabfälle liefern den Wölfen Nahrung für den ganzen Winter. Überall spielen in der Nahrung Nagetiere eine große Rolle, besonders im Sommer. Das Verhältnis der einzelnen Nahrungskomponenten zueinander wechselt von Jahr zu Jahr, in den verschiedenen Jahreszeiten und lokal. Der Dauerweidebetrieb, durch den das Vieh ständig als Beute zur Verfügung steht, bedingt die außerordentliche Bedeutung des Viehs, besonders der Schafe, als Beutetiere des Wolfs. Mit der Abnahme der Bestände wildlebender Huftiere verstärkt sich der Druck des Wolfs auf das Vieh.

Abb. 50. Geographische Unterschiede in der Ernährung des Wolfs in der UdSSR (nach den dominanten Nahrungstieren). Regionen: I Tundra, II nördliche Taiga, III südliche Taiga, IV westliche Waldsteppe, V Wüste, VI Gebirgswälder. Nach Rukovskij 1985

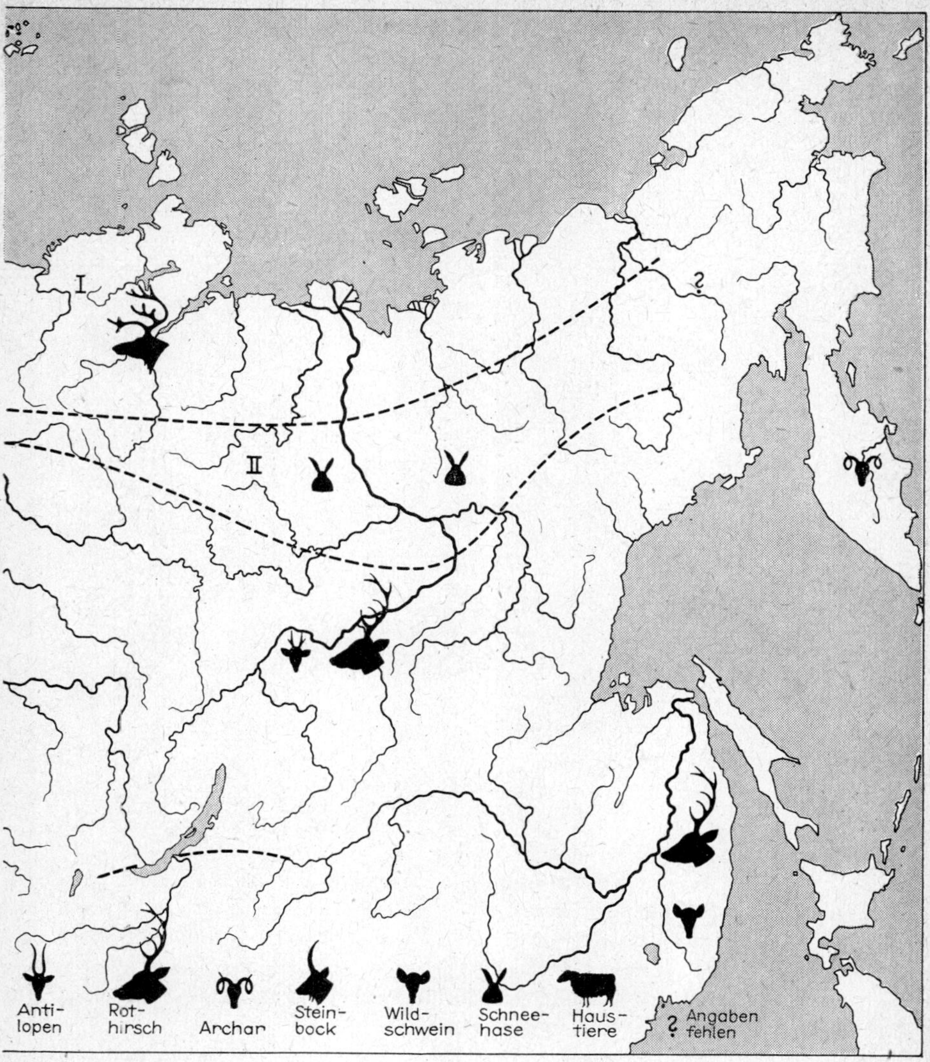
I
II
?
Anti-
lopen
Rot-
hirsch
Archar
Stein-
bock
Wild-
schwein
Schnee-
hase
Haus-
tiere
Angaben
fehlen

Tabelle 5. Hauptbeutetiere des Wolfs (in %) in den Gebirgen Mittelasiens und Kasachstans (montane Waldregion)

Gebiet, Quelle, Zahl der Nachweise	Huftiere					
	Rothirsch	Wild-schwein	Reh	Steinbock	Archar (Argali)	Insges.
Ramit-Naturschutzg. (Sokov 1985) n = 220	2,7	10,9	—	3,6	5,4	22,7
Dshungar. Alatau (Fedosenko u. a. 1978) n = 571	42,0	8,7	4,5	11,5	—	67,2
Zentr. Tienschan (Vyrypaev u. a. 1983) n = 529	—	—	—	12,7	25,1	37,8

	Tolai-hase	Murmel-tiere	Klein-säuger	Vögel	Insekten	Haus-tiere	pflanzl. Nahrung
Ramit-Naturschutzg. (Sokov 1985) n = 220	16,2	15,0	4,5	6,8	4,5	14,0	5,8
Dshungar. Alatau (Fedosenko u. a. 1978) n = 571	5,8	5,3	8,5	1,2	—	12,2	2,9
Zentr. Tienschan (Vyrypaev u. a. 1983) n = 529	4,7	40,7	2,3	0,7	—	16,2	0,2

Die Region der Montanwälder umfaßt den Kaukasus und die Gebirge Mittelasiens. Die Lebensbedingungen des Wolfs sind hier durch ein anderes Angebot an Beutetieren und durch spezielle Formen der Viehwirtschaft bestimmt. Im Kaukasus ist das Hauptbeutetier der Rothirsch *(Cervus elaphus)* und der Tur *(Capra caucasica, C. cylindricornis*; Abb. 26). Das Wildschwein und kleinere Huftiere (Reh, Gemse – *R. rupicapra)* spielen eine untergeordnete Rolle.

In den mittelasiatischen Gebirgen gehört zu den Hauptbeutetieren außer Maral und Wildschwein der Archar und der Sibirische Steinbock *(Capra sibirica;* Sludskij 1962; Vyrypaev u. Vorob'ev 1983). Im Winter nimmt die Bedeutung der wildlebenden Huftiere zu, wenn nämlich der Schnee die Tiere zwingt, in mittlere Höhenlagen abzusteigen (Abb. 25). Im Sommer erbeuten die Wölfe kleinere Säugetiere wie Hasenartige *(Lepus tolai, Ochotona* spec.), Mäuseartige, Murmeltiere *(Marmota caudata, M. menzbieri, M. baibacina)* und Vögel. In beträchtlicher Menge fressen sie Wildäpfel, Wildbirnen, die Früchte der Ölweide, Brombeeren und Hagebutten (Tabelle 5). Haustiere gewinnen mit der Abnahme der wildlebenden Huftiere immer stärker an Bedeutung.

In den verschiedenen Teilen des Verbreitungsgebiets des Wolfs trägt die Trophik jeweils spezifische Züge, die letzten Endes die ökologischen und durch diese die noch ungenügend untersuchten morphologischen Unterschiede der geographischen Populationen bestimmen. Gleichzeitig ist die weitestgehende Übereinstimmung der Nahrung im Frühjahr und Sommer bei den verschiedenen Populationen – unabhängig von der geographischen Verbreitung – beachtlich. In der Wurfzeit und während der Jungenaufzucht gehen die Wölfe überall zu kleineren Wirbeltieren über, obgleich in den Revieren die größeren Säugetiere, die in anderen Jahreszeiten die Hauptnahrung liefern, nicht abnehmen (Rukovskij 1985). So fressen die Wölfe in der Tundra von Mai bis September hauptsächlich Lemminge, Wühlmäuse und Vögel. Sie greifen selten Rentiere an, obgleich letztere zu dieser Zeit Jungtiere führen. In der Waldzone sind in der Nahrung im Frühjahr und Sommer Hasen, Rauhfußhühner, Wasservögel, Bisamratten, Fische und Kleinsäuger zu finden. Dieselbe Erscheinung ist in den südlicheren Gebieten zu beobachten. Wenn das Hauptbeutetier in den Ostseerepubliken und in der Ukraine das Reh ist, in Belorußland und in den Deltagebieten der großen Flüsse das Wildschwein, in Kasachstan die Saigaantilope, im Kaukasus und in den Gebirgen Mittelasiens Rothirsch, Wildschwein, Archar und Steinbock und von den Haustieren Schafe und Ziegen, so ist der Anteil dieser Arten im Frühjahr und Sommer geringer. Außer den oben aufgezählten kleineren Tieren frißt der Wolf Murmeltiere, Ziesel, Springmäuse (Gattungen *Allactaga, Dipus* u. a.), Pfeifhasen, Reptilien, Amphibien, Insekten – und häufiger als in anderen Jahreszeiten – pflanzliche Nahrung.

Die Umstellung des Wolfs zur Wurfzeit und während der Jungenaufzucht von großen Beutetieren auf kleinere Nahrungsobjekte hat nach Rukovskij (1985) verschiedene Ursachen. Erstens lebt die Wolfsfamilie im Frühjahr und Frühsommer, da sie an den Bau gebunden ist, seßhaft, so daß der Aktionsradius erheblich eingeschränkt ist. Es ist klar, daß der Wolf, wenn er auf kleineren Flächen ausreichend Nahrung beschaffen muß, auch zweitrangige Beutetiere zu nutzen gezwungen ist. Zweitens sind für den außerhalb eines Rudels lebenden und allein jagenden Wolf große Beutetiere bedeutend schwerer erreichbar, andererseits sind kleinere Säugetiere wie Wühlmäuse, Ziesel und Rennmäuse der Gattungen *Rhombomys, Gerbillus, Meriones* u. a. geeignete Objekte, an denen die Jungtiere die Jagdmethoden erlernen können. Drittens, und das ist vielleicht der wichtigste Grund, hat die Wölfin während der Laktationsperiode und der Aufzuchtzeit einen höheren Bedarf an abwechslungsreicher und vollwertiger Nahrung, die reich an Spurenelementen, Mineralstoffen und Vitaminen ist. Eine derartige Nahrung stellen kleinere Tiere dar. Letzteres gilt allgemein für alle Landraubtiere und ist kein spezielles Charakteristikum für den Wolf.

6.2. Nahrungsbedarf

Die Jagdliteratur ist voll von Mitteilungen über die ungewöhnliche Gefräßigkeit des Wolfs. Selbst bekannte Zoologen folgen offensichtlich übertriebenen Einschätzungen der aufgenommenen Nahrungsmenge und kommen dann bei darauf fußenden Berechnungen zu überhöhten Angaben über die Verluste unter den wildlebenden Huftieren. So schreiben Mantejfel' u. Larin (1949), daß ein hungriger Wolf, der einen Kadaver gefunden hat, mit einem Mal gleichsam als Vorrat anderthalb Pud (24 kg) verschlingen kann. Ein ausgehungertes Tier kann nun aber bei einer Nahrungsaufnahme eine solche Menge zu sich nehmen, die nicht nur weit über der Norm liegt, sondern auch die physiologischen Möglichkeiten des Organismus übersteigt. Diese Erscheinung ist auch bei Haustieren wie Hunden und Katzen zu beobachten. Es handelt sich dabei um den erfolglosen Versuch des Tieres, die durch längeres Hungern entstandenen Verluste des Organismus möglichst schnell wieder auszugleichen.

Die überhöhten Angaben über die Gefräßigkeit des Wolfs entstanden dadurch, daß Jäger bei der Beurteilung von den Beuteresten ausgingen. Dabei wurde jedoch nicht berücksichtigt, daß ein Teil der Beute vom Wolf versteckt oder von Kommensalen gefressen wurde. In Betracht zu ziehen ist auch die bewegliche Lebensweise des Wolfs, die sich nur schlecht mit der Überlastung des Organismus durch große Nahrungsmengen verträgt. Wägungen des Mageninhalts bei amerikanischen und europäischen Wölfen haben gezeigt, daß nirgends das Durchschnittsgewicht über 2 kg lag. Nur in Einzelfällen kann das Gewicht einmal 6 oder gar 9 kg erreichen. Wenn man die langen Hungerperioden im Winter in Betracht zieht, liegt der jährliche Nahrungsbedarf des Wolfs bei 500–800 kg (Vyrypaev u. Vorob'ev 1983, Fedosenko u.a. 1978, Rukovskij 1985). Priklonskij (1983) hat 813 Protokolle analysiert, die von Januar bis März 1966–1981 beim vollständigen Abgehen der Fährten während eines ganzen Tages (also über 24 Stunden) angefertigt wurden, und kommt zu dem Schluß, daß ein Wolf am Tage im Durchschnitt 2 kg Nahrung aufnimmt (bei Berücksichtigung der Tage, an denen keine Beute gemacht wurde).

Die geringste aufgenommene Nahrungsmenge haben Einzeltiere aufzuweisen, die fast ein Viertel weniger als die Tagesnorm bekommen und die Ration durch kleinere Tiere, Aas oder Haushunde auffüllen.

Es ist bekannt, daß der Wolf alle Körperteile eines großen Beutetieres verwerten kann, einschließlich der Innereien, des Fells und fast des ganzen Skeletts. Eine solche vollkommene Verwertung der Beute kommt jedoch selten vor, da die Reste des Kadavers – oft ist es ein großer Teil davon – durch andere Raubtiere oder Vögel verschleppt werden, die übrigens auch die versteckten Vorräte des Wolfs plündern. Der Kadaver eines großen Tieres wird oft bereits am ersten Tag von Menschen gefunden. Wenn es sich um Haustiere handelt, ist das sogar die Regel. In diesem Falle kehren die Wölfe nicht wieder zu ihrer Beute zurück.

Dennoch können hungrige Wölfe durchaus in der ersten Nacht sehr große Mengen Fleisch verschlingen, möglicherweise durchschnittlich 10 kg pro Tier. Entsprechende Angaben sind zahlreich in der Literatur zu finden (Sokolov 1951, Naumov 1967). Auf der Isle Royale fraß ein Rudel von 15–16 Tieren innerhalb eines Tages bei mehreren Nahrungsaufnahmen ein Elchkalb mit einem Gewicht von etwa 135 kg vollständig auf (Mech 1970). In Westkanada vertilgten vier Wölfe einen großen Teil einer Schwarzwedelhirschkuh innerhalb von 4 Stunden, im Laufe von 5 Tagen fraß ein Rudel aus drei Wölfen zwei Schwarzwedelhirsche und ein Wapitikalb (Cowan 1947).

Wenn das Tier nicht beunruhigt und gestört wird, hält es sich tagsüber in der Nähe der Beute auf, und ein großes Rudel kann innerhalb weniger Tage einen ausgewachsenen Elch vollständig auffressen. Wie groß der Teil der Beute ist, den die Tiere verschleppen und als Vorrat verstecken, ist jedoch unbekannt.

In welchen Fällen legen die Tiere Vorräte an? Angaben hierzu liegen kaum vor. Mertc (1953) fand neben der Wolfsfährte, die vom nächtlichen Mahl wegführte, ausgewürgte Fleischstücke. Hungrige Tiere stopften sich den Magen übermäßig voll und würgten das heruntergeschlungene Fleisch bald wieder aus. Nach Beobachtungen von Semenov (1979) nutzen die Wölfe diese Fähigkeit für den portionsweisen Transport der Beute an andere Stellen. Beim Fressen an einer großen Beute laufen die Tiere wiederholt bis zu 200 m weit weg, würgen das verschlungene Fleisch aus und verscharren es. Das Gewicht der ausgewürgten Portionen liegt zwischen 2,5 bis 6 kg. Wenn also jemand einen Kadaver untersucht, an dem Wölfe gefressen haben, erhält er eine falsche Vorstellung von der Gefräßigkeit des Tieres.

Nach Beobachtungen im Kaukasus-Naturschutzgebiet verschleppten Wölfe innerhalb einer Nacht nach und nach eine Hirschkuh mit einem Gewicht von mindestens 100 kg. An der Stelle, an der das Tier gerissen worden war, blieben nur Reste des Mageninhalts, Fellfetzen und der Schädel zurück. Beim Abgehen der Fährten wurden acht von den Wölfen angelegte Vorräte gefunden. Im März 1981 fraßen im Bez. Kalinin drei vorjährige Wölfe an einem Köder jeweils 1,5–2 kg Fleisch und verschleppten die Reste über eine Entfernung von 1–2 km. Diese fand man erst im Mai mit Hilfe eines Laika-Hundes (den Unterschenkel eines Vorderbeins eines erwachsenen Elchs, zwei Hinterläufe eines einjährigen Elchs, vier Fleischbrocken von 1–3 kg und den Schwanz eines Kalbs).

Bei allen Berechnungen über die Verluste an Wildtieren durch den Wolf muß man natürlich auch berücksichtigen, daß ein nicht geringer Teil der in den Magen und Exkrementen gefundenen Reste nicht zwangsläufig von Tieren stammen muß, die vom Wolf gerissen worden sind. Eine wichtige Nahrungsquelle des Wolfs ist ja Aas. Durch Abgehen der Fährten (813 Protokolle aus den Monaten Januar bis März 1966–1981; Priklonskij 1983) wurde festgestellt, daß im europäischen Teil der RSFSR in der Hungerperiode Aas und Abfälle über die Hälfte der Beute ausmachen und das frisch gerissene Schalenwild gewichtsmäßig erheblich übertreffen. Dieses Verhältnis gilt besonders für Einzelgänger, etwas weniger für paarweise jagende Tiere und bedeutend abgeschwächt für Gruppen oder Rudel.

Aas fällt in den Revieren durch die natürlichen Verluste unter Wildtieren an, durch das Anlegen von Vorräten durch die Wölfe selbst in Zeiten leicht erreichbarer Beute und schließlich unbeabsichtigt durch die Tätigkeit und das Wirken des Menschen. Natürliche Abgänge unter den Wildtieren sind gesetzmäßig; Verluste durch Alter, Krankheiten und Verletzungen sind bedeutend größer, als man gemeinhin annimmt. Sie treten besonders in der für die Tiere schwersten Zeit des Winters auf. Die nach der Schneeschmelze freigelegten Kadaver im Winter eingegangener Tiere bringen einen Überfluß an diesem spezifischen Futter und bestimmen die frühe Wurf- und Brutzeit bei Arten, die vor allem Aasfresser sind (Vielfraß, Kolkrabe, Unglückshäher u. a.). Im Spätwinter und Frühjahr ist für den Wolf vor dem Auftreten von Jungtieren und vor dem Weideauftrieb des Viehs Aas die Hauptnahrung. Außer dem zufälligen Auffinden von Kadavern gefallener Tiere, bei dem ihnen Vögel behilflich sein können, suchen die Wölfe auch wiederholt Stellen auf, an denen sie früher Beute gerissen haben. Dort fressen sie die Reste, die sie, als Futter im Überfluß vorhanden war, liegengelassen hatten. Man nimmt an, daß die Wölfe bewußt Vorräte anlegen, indem sie bei Harschschnee oder bei einem erfolgreichen Überfall auf Vieh mehr Tiere töten, als sie sofort verwerten können. Derartige Vorräte fressen sie später als Aas. Das wird durch Beobachtungen in der Natur bestätigt. Ferner nutzen die Wölfe sehr aktiv solches Aas, das in den Revieren als Jagdabfall oder Kadaver von waidwund geschossenem Schwarzwild sowie als verendetes Vieh anfällt.

7. Stellung des Wolfs in der Biozönose

Als ein sehr aktives Raubtier, das einen Platz an der Spitze der Nahrungspyramide einnimmt, geht der Wolf komplizierte Beziehungen zu Tieren und Pflanzen in der Biozönose ein, die nicht nur auf der Nahrungsebene liegen. Betrachten wir einmal die biozönotischen Wechselbeziehungen zwischen Wolf und Huftieren, den Grad der Kontakte, der Konkurrenz mit anderen Raubtieren und Vögeln, die gegenseitige Unterstützung durch und für diese Tiere sowie einige wenig untersuchte Seiten der Rolle des Wolfs bei der Verbreitung von Seuchen.

Sowohl in Amerika als auch in der UdSSR wurden die Wechselbeziehungen in der Triade Wolf – Huftiere – Weideflächen untersucht. Die Bindung im letzten Kettenglied wurde jedoch zu wenig beachtet. Man kann deshalb nur zwei Hauptaspekte der Wechselbeziehungen herausstellen: 1. Die Bestandsregulierung der als Beutetiere dienenden Huftierpopulationen und 2. die Ausmerzung nicht vollwertiger Beutetiere.

7.1. Bestandsregulierung der als Beute dienenden Huftiere

Reguliert denn eigentlich der Wolf den Bestand der Huftiere? Eine einheitliche Auffassung hierzu besteht nicht, und eine Antwort in allgemeiner Form kann auch nicht gegeben werden. Der Wolf hat ohne Zweifel wesentlichen Einfluß, doch hängt das Ergebnis von vielen Umständen ab. Sehen wir uns einige Beispiele an:

Moskvin (1978) hat den Einfluß des Wolfs auf den Elch im Darwin-Naturschutzgebiet analysiert und bringt eine Graphik der Bestandsdynamik zwischen 1970 und 1975, die eine Abnahme des Elchs bei gleichzeitiger Zunahme des Wolfs zeigt. Analysiert man jedoch die Daten für einen längeren Zeitraum (1948–1979), so ergibt sich eine kompliziertere Abhängigkeit (Abb. 51). In der Anfangsperiode hat trotz des hohen Wolfsbestandes der Elch rasch zugenommen. Als ein Bestandsmaximum erreicht war und sich die Nahrungsressourcen erschöpften, verringerte sich die Elchpopulation. Dies geschah in einer Periode, in der auch der Wolfsbestand im Naturschutzgebiet zurückging. Danach nahm die Zahl der Elche weiterhin geringfügig ab, während der Wolfsbestand wieder anstieg.

Die Hauptursache für die fortschreitende Bestandsabnahme des Elchs im Darwin-Naturschutzgebiet war wohl vor allem die Erschöpfung der Nahrungsbasis, was durch die im Vergleich zur vorangegangenen Periode geringe Fortpflanzungsrate der Population in den 70er Jahren bestätigt wird. Das Zusammenwirken dieser Faktoren –

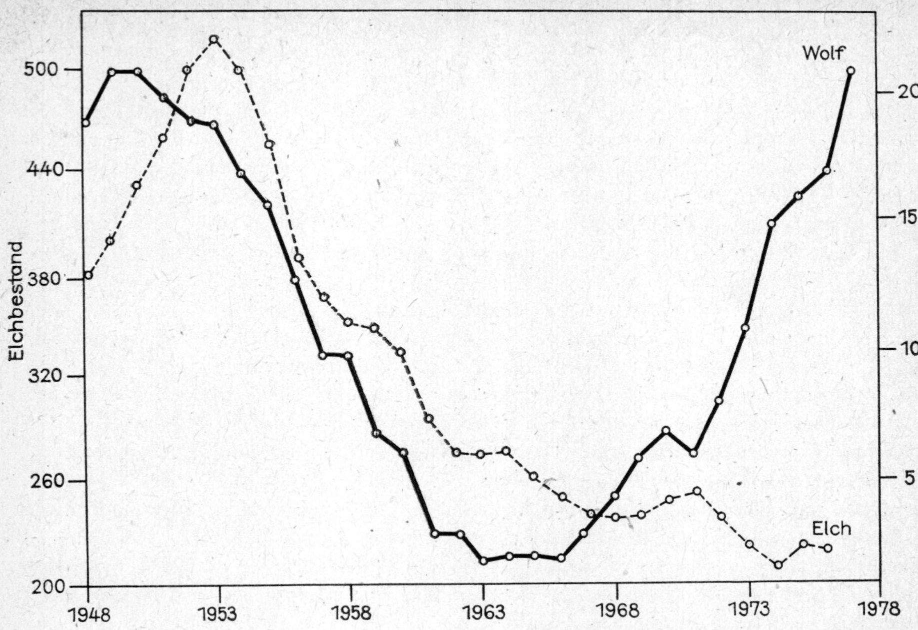

Abb. 51. Bestandsveränderungen des Elchs und des Wolfs im Darwin-Schutzgebiet von 1948 bis 1978. Nach Filonov u. Kaleckaja 1985

Erschöpfung der Nahrungsressourcen und zunehmender Wolfsbestand – hielten die Elchpopulation auf einem niedrigen Niveau.

Die Beziehung Wolf – Elch stand im Mittelpunkt langjähriger gründlicher Untersuchungen im Nationalpark Isle Royale im Staat Michigan (Mech 1970, Peterson u. Page 1983). Die Wölfe besiedelten die Insel etwa 1948/49, und als 1959 mit den jährlichen Zählungen begonnen wurde, lebten auf der Insel 20 Wölfe und mindestens 600 Elche. Die Häufigkeit von Zwillingsgeburten bei den Elchen zu Beginn der 60er Jahre (34%) läßt die Annahme zu, daß eine produktive Elchpopulation vorhanden war, die durch den Wolf reguliert wurde (Mech 1966). Die Wölfe entnahmen dem Bestand Kälber und Alttiere, an deren Resten oft pathologische Veränderungen festgestellt wurden. Die dominante Gruppe war zu dieser Zeit ein großes Rudel aus 15–16 Tieren, das die gesamte Insel durchstreifte. Während der 60er Jahre blieb der Wolfsbestand stabil bei 20–25 Tieren, während der Elchbestand in dieser Zeit auf 1200 Tiere anstieg. In den 60er Jahren begannen sich die Nahrungsvorräte für den Elch zu erschöpfen. Die Geburtenzahl ging zurück, und der Anteil der Zwillinge verringerte sich. Bei den meisten Kälbern wurde Fettmangel im Knochenmark festgestellt.

Von 1969 bis 1972 waren die Winter strenger als normal, und die Schneedecke erreichte für Isle Royale Rekordhöhen. Bei dem tiefen Schnee nahm die Zahl der von Wölfen gerissenen Kälber rapide zu. Die Geburtenzahl und die Überlebensrate der Kälber war sehr gering. Durch die Anfälligkeit der Elche und die Zunahme des Biberbestandes war die Nahrung für den Wolf das ganze Jahr über gesichert. Der Nahrungsüberfluß führte zur Verkleinerung des Reviers des einzigen seßhaften Rudels, das 1971 weniger als die Hälfte der Insel nutzte. Auf der nicht beanspruchten anderen Hälfte bildete sich ein zweites Rudel, und die Wolfspopulation nahm schnell zu. In den folgenden Jahren entstand ein drittes und viertes Rudel. 1976 lebten auf der Insel 44 Wölfe, 1980 war das Maximum mit 50 Tieren in fünf Rudeln erreicht. Der Bestand nahm 1981 jedoch um 40% ab und sank 1982 weiter. Die Zoologen stellten fest, daß die Tiere durch Konkurrenz und Entkräftung eingingen (P e t e r - s o n u. P a g e 1983).

Der Elchbestand verringerte sich zweimal – Anfang und Mitte der 70er Jahre. Die Verluste durch den Wolf waren in der ersten Hälfte der 70er Jahre besonders hoch, die Zuwachsrate war zu dieser Zeit negativ. Ende des Jahrzehnts erreichte der Elchbestand infolge der Abnahme des Jagddrucks durch den Wolf wieder einen Stand von 500–600 Tieren, doch bis 1981 blieb die Reproduktionsrate niedrig (Abb. 52).

Aus der Sowjetunion und aus anderen Ländern sind genügend Fälle bekannt, wo der Bestand der Schalenwildpopulation trotz hoher Populationsdichte des Wolfs angewachsen ist, der das hohe Vermehrungstempo der Beutetiere nicht aufhalten konnte. So war es beim Elch (K a l e c k a j a 1961, Z a b l o c k a j a 1967, Č e r - v o n n y j 1975 u. a., L e o p o l d u. D a r l i n g 1953, P i m l o t t 1961), beim Reh (S e v e r c o v 1940, F i l o n o v 1974), bei der Saigaantilope (S l u d s k i j 1962), beim Sikahirsch im Chopjor-Naturschutzgebiet (K a z n e v s k i j 1979).

G a r o s s (1979) beschreibt einen komplizierten Fall, wo der Wolf die Bestands-

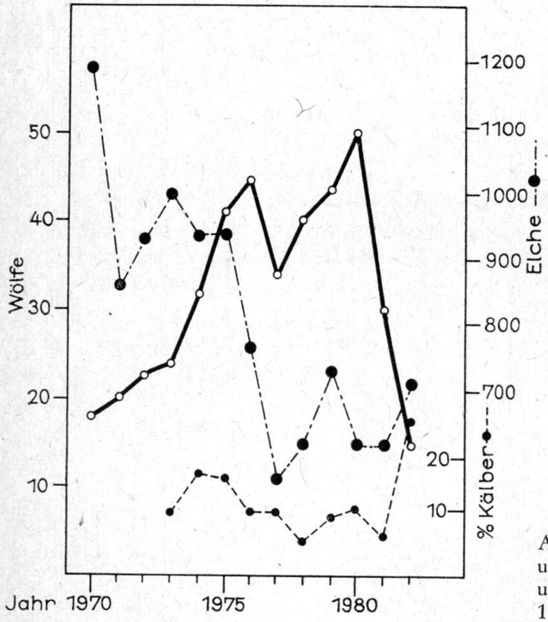

Abb. 52. Bestandsfluktuation beim Wolf und Elch auf Isle Royale zwischen 1970 und 1982. Nach P e t e r s o n u. P a g e 1983

dichte des Rehs schnell bis zu einem Stand reduzierte, der in der Folgezeit trotz der Zunahme des Wolfs auf gleicher Höhe blieb. Nicht ohne Grund hat Švarc (1971) davor gewarnt, die Wechselbeziehungen zwischen Räuber und Opfer auf das Schema zu reduzieren: die Zunahme des Beutetiers ruft die Zunahme des Räubers hervor, die Zunahme des letzteren dagegen verursacht die Abnahme des Bestandes der Beutetiere.

Es sind auch Fälle bekannt, daß durch den Wolf Huftierpopulationen erheblich reduziert worden sind. In Revieren, in denen Jäger und Wölfe wirksam sind, kann die Gesamtentnahme aus der Population beträchtlich über dem jährlichen Zuwachs liegen, so daß die Population abnimmt. In den Jahren 1968–1974 ging im Nordosten von Minnesota der Bestand des Weißwedelhirschs durch die zahlreichen Wölfe stark zurück. Der strenge Winter 1968/69 mit Rekordschneehöhen machte es den Wölfen möglich, mehr Hirsche zu reißen als in normalen Wintern. Das führte zu einem Ansteigen des Wolfsbestandes, wodurch sich die Verluste besonders der Hirschkälber erhöhten. Die Kühe, die den Winter überstanden hatten, setzten geschwächte Kälber, die dann im Laufe des Sommers eine leichte Beute der Wölfe wurden (Mech u. Karns 1977). So verstärken strenge Winter den Druck des Wolfs auf die Beutetierpopulation auch während des Sommers

In dem ausgedehnten Areal lebt der Wolf in manchen Gebieten mit mehreren Huftierarten zusammen, in anderen nur mit einer Art. Wo mehrere Arten von Huftieren vorkommen, verteilt sich der Druck des Wolfs auf die einzelnen Arten ungleichmäßig. Er erbeutet vor allem die häufigsten und am leichtesten erreichbaren Arten. Sobald ihre Zahl abnimmt oder sie nicht mehr so leicht erbeutet werden können, wechselt der Wolf zu anderen Beutetieren über, darunter auch zu Arten, die nicht zu den Huftieren gehören. Wenn der Wolf sich ständig nur auf eine Art konzentriert, so ist der Druck auf sie natürlich besonders stark. In jedem geographischen Gebiet hat der Wolf seine bevorzugten Beutetierarten (Rukovskij 1985, Filonov u. Kaleckaja 1985).

Im Kaukasus-Naturschutzgebiet lag der Gesamtbestand von sechs Huftierarten Mitte der 60er Jahre bei etwa 40 000, am häufigsten war der Tur *(Capra caucasica)*, etwa 16 000, es folgte der Rothirsch *(Cervus elaphus)*, über 10 000, die Gemse *(R. rupicapra)*, bis 10 000, und das Wildschwein *(Sus scrofa)* 2500–3000. Der Bestand des Wisents *(Bison bonasus)* und des Rehs *(C. capreolus)* war gering (jeweils 700 Tiere). Folgende Huftiere waren in den Exkrementen des Wolfs (n = 812) vertreten: Rothirsch 37,4%, Tur 21,8%, Wildschwein 13,9%, Gemse 2,9% usw. In anderen Perioden änderte sich das Verhältnis dieser Arten sowie der Gesamtbestand, was zur Zunahme des Anteils einzelner Arten in der Nahrung des Wolfs führte (Kudaktin 1978). Das gemeinsame Vorkommen des Wolfs mit mehreren Huftierarten sichert dem Wolf eine stabile Nahrungsbasis. Der Einfluß, den der Wolf auf eine Beutetierart ausübt, ist nicht immer konstant. Diese wechselnde Einwirkung macht die Koexistenz von Arten möglich, da hierdurch die Konkurrenz gemindert wird. Da der Wolf bei Abnahme einer Art zu einer zahlreicher vorkommenden Art übergeht, erhält die erste Art eine gewisse Atempause. Diese ökologische Wechselbeziehung macht das gemeinsame Vorkommen verschiedener Tierarten (nicht nur von Huftieren) mit ähnlichen Nahrungsansprüchen möglich.

Dieses System des Umschaltens von einer Beutetierart auf eine andere macht die

Existenz nicht nur der Population des Räubers stabiler und sicherer, sondern auch die der Beutetierarten, da der Druck auf die Population einer Art, deren Zustand sich aus irgendwelchen Gründen verändert hat, periodisch vermindert, auf die Population einer anderen Art jedoch verstärkt. Insgesamt ist eine solche aus mehreren Arten bestehende Lebensgemeinschaft wesentlich stabiler als andere, die nur aus einem Räuber und einer Beutetierart bestehen. MacArthur (1955) schreibt, daß die Stabilität des Systems Räuber – Opfer zunimmt, wenn eine relativ größere Zahl von Beutetierarten dem Räuber zur Verfügung steht.

Welche Rolle ein Räuber in der Biozönose spielt, wird gewöhnlich nach der Häufigkeit des Auftretens der Beutetiere in der Nahrung beurteilt. Dazu wird der Mageninhalt und der Kot der Raubtiere untersucht (Abb. 23, 24). Diese Methode ist jedoch zur Lösung der Frage, welche Bedeutung Huftiere für große Fleischfresser haben, wenig geeignet, da nicht gesagt werden kann, ob das Raubtier das Opfer selbst gerissen hat oder ob ein Tier gefressen wurde, das aus anderen Gründen eingegangen war.

Der Einfluß großer Raubtiere auf den Huftierbestand läßt sich quantitativ einschätzen, wenn folgende Kennwerte gegenübergestellt werden: der Bestand der Huftiere und der Raubtiere, der Zuwachs durch Vermehrung sowohl der einen als auch der anderen Gruppe, die Bedeutung, die die Huftiere in der Nahrung einer jeden Raubtierart haben, und der Gesamtnahrungsverbrauch im Jahr. Im europäischen Teil der UdSSR fressen die großen Raubtiere (Wolf, Braunbär – *Ursus arctos* – und Vielfraß – *G. gulo)* im Jahresdurchschnitt (1970–1975) 1143,8 t Fleisch von ihnen gerissener Huftiere, wovon auf den Wolf 83,2% entfallen. Sie entnehmen dem Huftierbestand insgesamt 1,2% der Biomasse der Huftiere und vermindern den Bestand der Alttiere um 0,43%, den der Jungtiere um 20%. Bei derartigen Verlusten nimmt der Bestand der Beutetierarten um 1–3% im Jahr zu (Priklonskij 1979).

Die Verluste der Huftiere durch den Wolf sind geographisch außerordentlich verschieden, was überzeugend beim Elch gezeigt wurde (Zablockaja 1967). Die meisten Raubtiere nehmen sich nur einen relativ geringen Anteil von ihren Opfern, wenn man diesen Anteil am Gesamtbestand der Beutetierarten mißt (Wynne-Edwards 1962). Der Umfang der Einflußnahme der großen Raubtiere auf den Huftierbestand, d. h. das Verhältnis der gerissenen Tiere zu den potentiell als Beute in Frage kommenden, schwankt zwischen 2–4 und 4–15% (Filonov 1985). Die Karibupopulation aus dem Gebiet des Kaminjurak-Sees wurde durch Wölfe um 4,8% reduziert (Parker 1972). Ähnlich schätzt Banfield (1954) die Verluste des Karibus durch den Wolf ein, wenn er sie mit etwa 5% angibt. Kolenosky (1972), der die Beziehungen zwischen einem Wolfsrudel und einer Weißwedelhirschpopulation in Ontario mit Hilfe der Radiotelemetrie untersucht hat, gibt an, daß durch den Wolf im Laufe des Winters 9,6% der Herde vernichtet wurde.

Die theoretische Grundlage für die Klärung der Frage, ob der Wolf den Bestand der Beutetierarten reguliert, hat Pimlott (1967) geliefert. Er ist der Ansicht, daß die Huftiere über einen nur schwachen Mechanismus zur Selbstregulierung des Bestandes verfügen, weil sich in der Evolution als limitierender Faktor die Rolle der Raubtiere herausgebildet hat. Bevor Murie (1944) im Nationalpark Mount McKinley in Alaska die Beziehungen zwischen dem Weißen Dickhornschaf und dem Wolf studierte, hatte sich etwa 1928 eine Übervölkerung durch die Huftiere ergeben, da es nur wenige Wölfe gab. In den folgenden Wintern stieg die Mortalität der Schafe an, der Wolfsbestand erhöhte sich, und es ergab sich ein Gleichgewicht von 25–27 Dickhornschafen oder 2270–3360 kg Lebendgewicht je Wolf (die Wölfe rissen außerdem noch Karibus).

Ein anderes Beispiel für die regulierende Rolle des Wolfs führt Mech (1970) für Isle Royale aus den Jahren 1959–1966 an, als durchschnittlich 23 Wölfe den jährlichen Zuwachs des Elchs „abschöpften" und sich dadurch der Elchbestand auf einer Höhe von 600 Tieren hielt. Ähnliche Beispiele gibt es genügend, doch es gibt auch nicht wenige andere, wo die Räuber nicht bestandslimitierend wirksam sind und das Verhältnis der Huftiere zum Wolf bei 1000 kg je Wolf liegt.

7.2. Selektion in den Beutetierpopulationen

Es ist unbestritten, daß durch den Wolf eine Selektion erfolgt, doch zeigt sie sich nicht immer deutlich. Die Selektion richtet sich in erster Linie auf die Jungtiere und die alten Stücke. Überzeugende Angaben hierzu gibt es für Populationen des Weißen Dickhornschafs, des Elchs, verschiedener Hirscharten und des Wildschweins (Pimlott 1967, Mech 1970, Kudaktin 1977, Filonov 1977 u. a.).

Bei beliebigen ökologischen Situationen ist der Druck des Wolfs besonders stark auf die anfälligsten Gruppen innerhalb der Population. Jungtiere sind gegenüber den erwachsenen Stücken immer in einer ungünstigeren Lage. Untersuchungen an diesjährigen und vorjährigen Elchen auf Neufundland (Fong 1981) haben gezeigt, daß bei ihnen im Laufe des Winters der Fettgehalt im Knochenmark (als Kennziffer für den Ernährungszustand) zurückgeht, während bei zweijährigen und erwachsenen Tieren dies nicht geschieht. Außerdem sind die Jungtiere eher den Angriffen durch die Wölfe ausgesetzt. So gingen im Bez. Leningrad im Laufe eines Winters 34 Elche verloren, 13 davon waren diesjährige oder vorjährige Stücke (Timofeeva 1974). Die unterschiedlichen Verluste der Huftiere durch den Wolf in verschiedenen geographischen Gebieten, hauptsächlich aufgrund von Totfunden im Winter, zeigt Tabelle 6.

Wie aus der Tabelle hervorgeht, machen die Kälber in allen Populationen einen erheblichen Teil unter den Beutetieren aus, vor allem bei den Arten, bei denen die erwachsenen Tiere schwerer zu jagen sind. Im Kaukasus-Naturschutzgebiet überwogen unter den vom Wolf gerissenen Rothirschen die Alttiere. Von 85 in den Jahren 1972 und 1973 untersuchten Tieren machten die diesjährigen Kälber 13% aus, auf 6- und mehrjährige Stücke entfielen 58,9%, auf die anderthalbjährigen 28,1% (Kudaktin 1979). Auf Isle Royale bestand die Beute des Wolfs zu 29% aus diesjährigen Tieren und 68% aus Elchen im Alter von 8 Jahren und mehr (Mech 1970). In demselben Gebiet waren im Winter 1979/80 unter den von Wölfen gerissenen Elchen 37% im 1. Jahr und 51% zwischen 9 und 17 Jahren (Peterson u. Page 1983).

Im Algonkin-Provinzialpark waren unter den 331 durch Wölfe gerissenen Weißwedelhirschen *(O. virginianus)* 17% Kälber, Alttiere zwischen vier und acht Jahren machten 68% aus (Mech 1970), in Nordost-Minnesota entfielen auf die Kälber 17%, auf die Tiere zwischen 4 und 15 Jahren 48%, auf die übrigen Altersgruppen 35% (Mech u. Frensel 1971). In diesem Fall war der Anteil der Tiere höherer

Tabelle 6. Verteilung vom Wolf gerissener Huftiere nach Alter und Geschlecht. Nach Filonov u. Kaleckaja 1985

<table>
<tr><th rowspan="3">Gebiet</th><th colspan="4">gerissene Tiere</th></tr>
<tr><th rowspan="2">Stücke insges.</th><th colspan="2">adulte</th><th rowspan="2">Kälber (Frischlinge)</th></tr>
<tr><th>♂</th><th>♀</th></tr>
<tr><td colspan="5">E l c h</td></tr>
<tr><td>Darwin-Naturschutzgebiet (Bez. Wologda)</td><td>38</td><td>18,4</td><td>15,6</td><td>66,0</td></tr>
<tr><td>Oka-Naturschutzgebiet (Bez. Rjasan)</td><td>26</td><td>15,4</td><td>19,2</td><td>65,4</td></tr>
<tr><td>Petschora-Ilytsch-Naturschutzgebiet (Komi ASSR)</td><td>20</td><td>14,0</td><td>43,0</td><td>43,0</td></tr>
<tr><td>NW der UdSSR</td><td>77</td><td>20,8</td><td>37,7</td><td>41,5</td></tr>
<tr><td>Jakutien</td><td>12</td><td colspan="2">33,3</td><td>66,6</td></tr>
<tr><td>Isle Royale, Oberer See (USA)</td><td>80</td><td colspan="2">72,0</td><td>28,0</td></tr>
<tr><td>dgl.</td><td>51</td><td colspan="2">63,0</td><td>37,0</td></tr>
<tr><td>Belorußland</td><td>16</td><td colspan="2">69,0</td><td>31,0</td></tr>
<tr><td colspan="5">W e i ß w e d e l h i r s c h</td></tr>
<tr><td>Algonkin-Nationalpark (Ontario, Kanada)</td><td>331</td><td colspan="2">83,0</td><td>17,0</td></tr>
<tr><td>Nordost-Minnesota (USA)</td><td>129</td><td>44,0</td><td>37,0</td><td>19,0</td></tr>
<tr><td>Ontario (Ostkanada)</td><td>59</td><td colspan="2">68,0</td><td>32,0</td></tr>
<tr><td colspan="5">R o t h i r s c h</td></tr>
<tr><td>Woronesh-Naturschutzgebiet (Bez. Woronesh)</td><td>52</td><td>6,1</td><td>55,5</td><td>38,4</td></tr>
<tr><td>Kaukasus-Naturschutzgebiet (Gebiet Krasnodar)</td><td>65</td><td>32,3</td><td>61,5</td><td>6,2</td></tr>
<tr><td>Dshungarischer Alatau</td><td>17</td><td colspan="2">59,8</td><td>40,2</td></tr>
<tr><td>Sichote-Alin-Naturschutzgebiet und Umgebung</td><td>27</td><td colspan="2">41,0</td><td>59,0</td></tr>
<tr><td>Nordost-Altai (Umgebung des Telezker Sees)</td><td>39</td><td>41,0</td><td>31,0</td><td>28,0</td></tr>
<tr><td>Südjakutien</td><td>18</td><td>5,5</td><td>22,2</td><td>72,3</td></tr>
<tr><td>Belorußland</td><td>44</td><td colspan="2">79,0</td><td>19,0</td></tr>
<tr><td colspan="5">S i k a h i r s c h</td></tr>
<tr><td>Mordwinisches Schutzgebiet (Mordwinische ASSR)</td><td>148</td><td>33,0</td><td>44,0</td><td>23,0</td></tr>
<tr><td>Ilmen-Naturschutzgebiet</td><td>17</td><td>22,0</td><td>61,0</td><td>17,0</td></tr>
<tr><td colspan="5">W i l d s c h w e i n</td></tr>
<tr><td>Amurgebiet</td><td>21</td><td colspan="2">14,3</td><td>76,2</td></tr>
<tr><td>Belorußland</td><td>65</td><td colspan="2">40,0</td><td>60,0</td></tr>
<tr><td>Kysyl-Agatsch-Naturschutzgebiet (Aserbaidshanische SSR)</td><td>68</td><td colspan="2">50,0</td><td>50,0</td></tr>
</table>

Altersgruppen etwas größer als der der Jungtiere und der mittleren Altersgruppen. Ein anderes Bild der Selektion durch den Wolf sehen wir in einer Weißwedelhirschpopulation im Osten Ontarios. In den Jahren 1964–1969 betrug der Anteil der verschiedenen Altersgruppen der Beutetiere: 1- bis 3jährige – 40,8%, diesjährige – 30,2%, 4- bis 7jährige – 27,1% (K o l e n o s k y 1972).

Die selektive Wirksamkeit des Wolfs ändert sich in Abhängigkeit von den ökologischen Bedingungen, z. B. der Strenge des Winters oder dem Zustand der Wolfspopulation, insbesondere von der Größe des Rudels, der Alterszusammensetzung usw. Im Darwin-Naturschutzgebiet betrugen in den Jahren mit einer relativ hohen Wolfsdichte und mit großen Rudeln die Verluste bei diesjährigen Elchen 25%, bei Alttieren 75% (n = 126). Als dann später keine ständigen Rudel mehr vorhanden waren und die Wölfe einzeln oder paarweise jagten, lag das Verhältnis bei 60% und 40% (n = 10). Als sich schließlich der Wolfsbestand wieder gehoben hatte und die Tiere erneut große Rudel bildeten, betrugen die Verluste bei diesjährigen und erwachsenen Elchen 22 bzw. 78% (n = 77). Im Naturschutzgebiet ist außer dem Elch auch das erstmalig 1968 aufgetretene Wildschwein recht zahlreich. Bisher haben die Wölfe das Wildschwein als Beute gemieden.

Ein etwas anderes Verhältnis des Wolfs zum Elch besteht im Oka-Naturschutzgebiet. In der Anfangsperiode des hohen Wolfsbestandes betrug der Anteil der gerissenen diesjährigen Kälber 22%, der der Alttiere 78% (n = 85). In der zweiten Periode fehlte der Wolf im Naturschutzgebiet. Die neuerliche Zunahme des Wolfs erhöhte die Verluste unter den diesjährigen Tieren auf 47%, während der Anteil der Alttiere bei 53% lag.

Auf Isle Royale veränderten die schneereichen Winter mit tiefen Temperaturen 1969, 1971 und 1972 das Verhältnis zwischen Wolf und Elch. Innerhalb von 7 Wochen rissen 1969 die Wölfe 30 Elche, von denen die Hälfte Kälber waren. In den folgenden Jahren jagten sie hauptsächlich Tiere, die älter als ein Jahr waren, was früher sehr selten geschah (A l l e n 1974).

Die Selektion ist auch auf die Ausmerzung kranker und geschwächter Tiere gerichtet. Wölfe, die Huftiere angreifen, haben durchaus nicht immer Erfolg. Meist entkommen die Tiere, und es gelingt den Verfolgern nicht, sie einzuholen. Eine Analyse der Angriffe von Wölfen auf Weiße Dickhornschafe, Karibus und Elche hat gezeigt, daß die Wölfe nur selten erfolgreich waren (Abb. 53). In der ersten Periode betrug die Erfolgsrate 6% (M e c h 1970), in der zweiten etwa 4% (P e t e r s o n 1977).

Über die Erfolgsrate bei der Jagd auf Hirsche ist wenig bekannt, aber die vorliegenden Beobachtungen zeigen, daß sie sehr niedrig ist, zumindest im Winter. Von 14 Hirschen, die von Wolfsrudeln gejagt worden sind, ist nur einer (6,7%) gerissen worden (M e c h u. F r e n s e l 1971). Die angeführten Beispiele zeigen, daß die Beutetiere keineswegs so anfällig sind, doch kann die Anfälligkeit unter bestimmten Bedingungen ansteigen. Der Jagderfolg der Wölfe wäre noch geringer, wenn nicht indirekte Faktoren mitspielten. Sehr oft vollendet der Wolf nur, was durch Hunger, Krankheit, Verletzungen, ungünstige Witterungsbedingungen eingeleitet wurde. Daß der Wolf Tiere mit schlechter körperlicher Verfassung, mit geschwächten Sinnesorganen und gestörter Psyche selektiv jagt, hat M u r i e (1944) beim Weißen Dickhornschaf beschrieben, C o w a n (1946) beim Schwarzwedelhirsch, M e c h (1979)

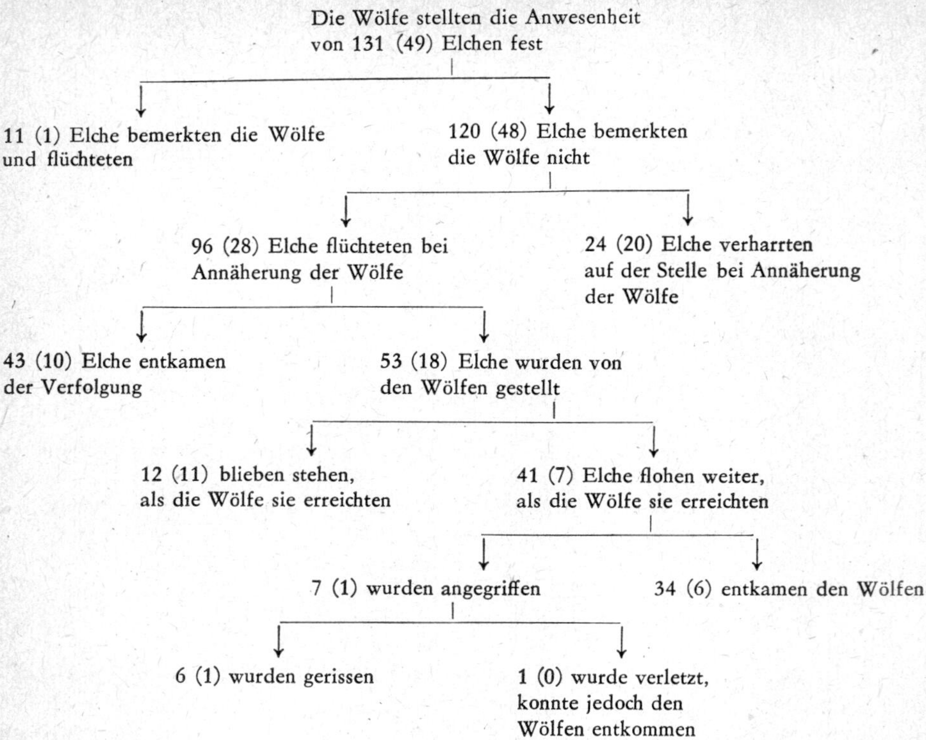

Abb. 53. Interaktionen zwischen einem Wolfsrudel und Elchen auf Isle Royale in den Jahren 1959–1961 nach Mech 1970 (Zahlen ohne Klammern) und 1972–1974 nach Peterson 1977 (Zahlen in Klammern)

beim Elch, Crisler (1956) bei Karibu sowie Mech u. Frensel (1971) für den Weißwedelhirsch. Aus der Sowjetunion liegen entsprechende Angaben vor für das Ren (Mičurin 1970), den Rothirsch (Sobanskij 1976, Kudaktin 1978), für den Sikahirsch (Pečenjuk 1979) und den Elch (Zablockaja 1964, Timofeeva 1974).

Es muß noch erwähnt werden, daß der Wolf in den Populationen in Herden lebender Huftiere nicht nur die geschwächten Tiere ausmerzt, sondern daß die Auslese vor allem in den „geringwertigen" Herden erfolgt. So zeigen sich die Wölfe während der Wanderungen der Saigaantilope nicht bei den großen Herden, sondern sie greifen die ihnen als Nachzügler folgenden Gruppen an. Wenn sich zur Setzzeit Tausende Muttertiere auf einer kleinen Fläche konzentrieren, sind die Verluste der Saigas durch Wölfe unbedeutend (Sludskij 1962). Im Bez. Aktjubinsk zeigten sich 1979 im Gebiet Korsakkum mit 10 000–15 000 Muttertieren und 1980 bei der Siedlung Mamyr mit 20 000–25 000 Tieren überhaupt keine Wölfe, obwohl sich die Tiere mit ihren frisch gesetzten Kälbern nur 2–5 km von Wolfsrevieren entfernt aufhielten. Wir konnten feststellen, daß die Wölfe die Saigas an den „peripheren Setzplätzen" ständig angreifen, die über ein größeres Gebiet verstreut sind. Das Verhältnis zwischen Wolf und Saigaantilope ist im Bereich solcher kleiner Gruppen stark zugunsten des Räubers verschoben und betrug in Situationen wie den beschriebenen 1:50 bis 1:100. Das unterschiedliche Verhalten der Wölfe gegenüber großen Herden und kleinen Gruppen ist offensichtlich nicht nur dadurch bedingt, daß die Tiere in großen Herden wachsamer sind und die Jagd folglich weniger erfolgreich ist, sondern auch dadurch, daß der körperliche Zustand der Tiere in kleinen Gruppen schlechter ist und die Antilopen deshalb den Angreifern eher zum Opfer fallen. Das läßt sich auch an den zurückfallenden Tieren ablesen, wenn große oder kleine Herden mit dem Kraftfahrzeug verfolgt werden. So konnte ich mit A. N. Filimonov während der Herbstwanderungen beobachten, daß bei Herden aus mehreren Tausend Tieren etwa 1% zurückblieben, während es bei Gruppen von weniger als 200 Tieren bis zu 5% waren (n = 25).

Den schlechteren körperlichen Zustand der Saigaantilopen in kleineren Gruppen belegen auch die Zahlen über die Sterblichkeitsrate der Kälber während der Setzzeit. Sie liegt nach unseren Beobachtungen an den Hauptsetzplätzen unter 7%, sogar bei nur 1%, wenn keine Störungen eintreten, während die Sterblichkeit bei den kleinen Gruppen bei sonst gleichen Bedingungen 30–50% der neugeborenen Kälber betragen konnte. Die unterschiedliche Qualität der Tiere in den verschiedenen Herden zeigt sich auch in den Maßen, denn die Saigaantilopen kopfstarker Herden sind im Mittel größer. Durch den Wolf erfolgt also nicht nur eine Ausmerzung nicht vollwertiger Individuen, sondern auch entsprechender Gruppen.

Auf der anderen Seite gibt es zahlreiche Mitteilungen, die eine Selektion durch den Wolf gänzlich oder teilweise in Abrede stellen. Sich widersprechende Feststellungen liegen sogar aus ein und demselben Gebiet in Minnesota, USA, vor, allerdings aus verschiedenen Jahren (Mech 1970). Das ist offensichtlich völlig gesetzmäßig. Ein äußerlich gesundes Beutetier kann durchaus einen verdeckten Schaden aufweisen (Spasskij u. a. 1985). Außerdem sind unter extremen Bedingungen oder in kritischen Situationen, z. B. in schneereichen, strengen Wintern, bei verharschter Schneedecke oder beim Überqueren von Flüssen, viele Huftiere bei Angriffen von Wölfen vollkommen hilflos. Allen (1974) hat am Beispiel von Wolf und Elch auf Isle Royale gezeigt, daß sich Ausmaß und Richtung der Selektion in normalen und schneereichen, strengen Wintern sehr stark unterscheiden, so daß für gesicherte Aussagen mehrjährige Beobachtungsreihen erforderlich sind. Dem ist unbedingt zuzustimmen.

So ist nach Filonov u. Kaleckaja (1985) die Widersprüchlichkeit hinsichtlich der Bewertung des Einflusses des Wolfs auf den Bestand der Beutetiere nur eine scheinbare, da die Feststellungen zu verschiedenen Zeiten gemacht wurden und einen unterschiedlichen Zustand der Populationen des Räubers und des Beutetiers widerspiegeln, das auf den Wolf nicht normal reagiert. Bei stark reduziertem Wolfsbestand und bei gestörter Hierarchie innerhalb der Rudel verstärkt sich die selektive Einwirkung durch den Wolf, und dann finden wir unter der Beute des Wolfs häufiger geschwächte bzw. verletzte Tiere. Bei hohem Wolfsbestand dagegen erfolgt die Zehntung der Beutetiere weniger gezielt. Wenn sich die Huftierpopulation in schlechtem Zustand befindet, reißen die Wölfe in großer Zahl irgendwie geschädigte Tiere. Im Laufe der Zeit kann sich die Situation ändern, so daß die Huftierpopulation, deren Zustand sich qualitativ verbessert hat, nun durch den Wolf auch völlig gesunde und kräftige Tiere verliert. Es ist kein Zufall, daß viele Mitteilungen über die Rolle des Wolfs bei der Gesunderhaltung der Bestände aus Naturschutzgebieten, Nationalparks und Reservaten stammen. In diesen Gebieten ist der Besatz mit Huftieren oft zu hoch, besteht eine starke Nahrungskonkurrenz und erfolgt eine Übernutzung der Nahrungsressourcen.

7.3. Beziehungen zu anderen Räubern und aasfressenden Vögeln

Das breite Spektrum besiedelter Lebensräume, das riesige Areal, die hohe Aktivität und die flexiblen Nahrungsbindungen bringen den Wolf mit vielen Tieren der Biozönose in Kontakt, vor allem mit als Konkurrenten oder Kommensalen auftretenden Raubtieren oder mit Vögeln (gewöhnlich Kommensalen).

Bären. Nur der Braunbär *(Ursus arctos)* kommt vielerorts und relativ oft mit dem Wolf in Berührung. Die Reaktion des Wolfs hängt vor allem vom Verhalten des Bären ab. Wenn der Bär den Wölfen die Beute streitig machen will, setzten sich diese zwar zur Wehr, doch gewöhnlich ohne Erfolg. Es ist allerdings auch ein Fall bekannt, daß ein großer Grizzly und ein starker Wolf in Alaska gemeinsam am Kadaver eines Karibu fraßen. In einem anderen Fall suchten ebenfalls in Alaska zwei Wölfe auf einem Müllplatz nach Nahrung. Zu ihnen stieß eine Bärin mit drei Jungen. Einer der Wölfe wich aus, der andere fraß weiter, beobachtete dabei jedoch aufmerksam die Bären. Plötzlich stürzte sich einer der Jungbären auf den fressenden Wolf, doch dieser wich geschickt aus. Nun kam der zweite Wolf heran und begann ebenfalls zu fressen. Die jungen Grizzlybären versuchten mehrmals, die Wölfe anzugreifen, doch diese wichen jedes Mal aus (Mech 1970). Ein junger Grizzly und ein ausgewachsener Wolf sind etwa gleich stark. Ein anderes Mal beobachtete Murie eine Begegnung derselben Tiere. Ein Wolf verfolgte erst einen jungen Bären, dann jagte dieser den Wolf, und dies wiederholte sich mehrere Male.

Zu wirklich ernsthaften Auseinandersetzungen mit Bären kommt es wahrscheinlich in der Nähe der Wolfslager. Bei Beobachtungen an den Würfen von vier Wolfspaaren im Zentralen Waldschutzgebiet wurde nach Matjuškin (1985) festgestellt, daß die Bären die Nähe der Lager mieden. Die Muttertiere verjagen aktiv die Bären. Dies geschah zweimal, 100 und 150 m vom Bau entfernt. Ähnliche Beobachtungen wurden im Dshungarischen Alatau gemacht, wo ein Paar Wölfe im Laufe weniger Stunden erst einen, dann noch einen weiteren Bären aus der Umgebung des Baus vertrieb. Die Besitzer des Baus stürzten sich wütend auf die Eindringlinge und ließen erst von ihnen ab, wenn sie sich 30–40 m entfernt hatten (Gračev u. Fedosenko 1972). Im Winter kommt es vor, daß sich Wölfe Bärenlagern nähern, doch sind aus der UdSSR keine Fälle bekannt, daß Wölfe überwinternde Bären angegriffen hätten. Als am 6. März 1972 im Gebiet zwischen Mologa und Scheksna fünf Wölfe auf das Lager einer mit zwei Jungen fast völlig frei liegenden kleineren Bärin stießen, stürzten sie, als sie das Winseln der jungen Bären hörten, in langen Sätzen davon (Moskvin 1978).

Beim Zusammentreffen an einer Beute überlassen die Wölfe diese immer den

Bären. Im Zentralen Waldschutzgebiet wurde am 24. Februar 1979 beobachtet, wie ein mittelgroßer Bär zu einem Wolfsriß – einem zur Hälfte aufgefressenen Elch – kam. Als vier Wölfe hierher zurückkehrten, schlichen sie die ganze Nacht um die Stelle herum, näherten sich der Beute aber höchstens bis auf 30 m. Am Morgen legten sie sich 200 m vom Bären entfernt nieder, der immer noch an dem Riß fraß. Am nächsten Tag hatte sich die Situation nicht geändert, die Zahl der Wölfe waren allerdings auf 7 angewachsen. Die Gruppe hielt sich jedoch nicht lange auf, und später kehrten zu dem Elch nur einzelne Wölfe zurück.

Im Altai und im Kaukasus-Naturschutzgebiet wurde niemals festgestellt, daß große Bären den Wölfen die von ihnen gerissenen Hirsche streitig gemacht hätten. Aber auch die Bären können den Wölfen Nahrung beschaffen, wenn sie nämlich im Frühjahr durch Lawinen verunglückte Ture *(Capra caucasica)* oder Gemsen *(R. rupicapra)* aus dem Schnee ausgraben. So zog am 16. Mai 1972 im genannten Schutzgebiet ein Bär 200–250 m voneinander entfernt zwei Kadaver von Turen an die Oberfläche, von dem weiter oben liegenden fraß der Bär selbst, während den anderen drei Tage hindurch Wölfe aufsuchten. Sie kamen auch am Tage, so daß der Bär sie sah, doch machte er keine Anstalten, sie zu vertreiben. Aus Alaska ist ein Fall bekannt, wo an einem toten Elch ein Bär und 9 Wölfe zusammentrafen, von denen einer vom Bären getötet wurde (Bullard 1980). Bei solchen Kämpfen ist der Bär aber nicht immer der Sieger. So wurde im September 1965 im Bez. Archangelsk ein äußerlich völlig gesunder Bär im Alter von 1,5–2,5 Jahren (das Alter wurde nach dem Schädel bestimmt) ein Opfer der Wölfe (Rukovśkij u. Kuprijanov 1972). Meist werden junge Bären von den Wölfen gerissen.

Die kleineren Bären wie der Kragenbär Ostasiens und der Baribal Nordamerikas sind bei Begegnungen mit Wölfen stärker gefährdet. So wurden im November 1945 im Sichote-Alin die Reste eines von zwei Wölfen gerissenen jungen Kragenbären gefunden und aus dem Nordosten von Minnesota wird ein Fall beschrieben, wo eine Bärin mit ihrem neugeborenen Jungen in dem wenig geschützten Lager von 6 Wölfen angegriffen wurde. Die aus dem Lager herausgetriebene Bärin versuchte sich auf eine große Pappel zu retten. Am Fuße des Baumes fand ein heftiger Kampf statt, denn im Umkreis von 3 m waren überall Wollbüschel verstreut, dennoch gelang es der Bärin, den Baum zu erklettern. Sie starb, als sie wieder auf den Boden herunterkam. Der Angriff auf die Bärin im Lager fand zu einem Zeitpunkt statt, als das Hauptbeutetier der Wölfe, der Weißwedelhirsch, in seinem Bestand stark zurückgegangen war. Andererseits wurden bei der Untersuchung von 206 Bärenhöhlen nur an zwei Spuren eines Besuches durch Wölfe festgestellt (Rogers u. Mech 1981).

Der Vielfraß. Innerhalb des heutigen Verbreitungsgebiets des Wolfs kommt *Gulo gulo* in ganz Alaska, im nördlichen und westlichen Kanada sowie im Norden Eurasiens vor. Er ernährt sich hauptsächlich von Huftieren, die er selbst reißt (nicht immer mit Erfolg), oder auch von den Überresten von Tieren, die von anderen Raubtieren erbeutet wurden. In diesem Falle kann es zu Zusammenstößen mit Wölfen kommen, Burkholder (1962) stellte aufgrund der Fährten fest, daß ein Rudel Wölfe einen Vielfraß überraschte, der an einem Karibukadaver gefressen hatte. Das Rudel aus 8 Wölfen näherte sich dem Riß, als sich drei Tiere von der Gruppe lösten und sich auf den Vielfraß stürzten, der zu einem 3 m hohen Weidendickicht floh, wo er offensichtlich versucht hatte, einen Baum zu erklettern, denn bis zu zwei Meter Höhe waren Äste und Zweige heruntergebrochen. Der tote Vielfraß lag im Gebüsch, die Eingeweide herausgerissen, jedoch nicht aufgefressen. An den Wölfen waren keine Verletzungen festzustellen. In drei anderen Fällen konnte sich der Vielfraß vor den Wölfen in Sicherheit bringen (Murie nach Mech (1970). In zwei Fällen erkletterte er eine Fichte, im dritten konnte er dem Wolf entkommen, der ihn etwa 315 m verfolgt hatte.

Der Vielfraß reißt oft Tiere, die auch zu den Beutetieren des Wolfs gehören, so daß man beide Arten als direkte Nahrungskonkurrenten bezeichnen kann. Im Lappland-Naturschutzgebiet wurde jedoch festgestellt, daß mit dem Eindringen des Wolfs in dieses Gebiet der Anteil des Rens in der Nahrung des Vielfraßes auf das 2- bis 3fache anstieg (Nasimovič 1948). Im Petschora-Ilytsch-Naturschutzgebiet waren Ren und Elch auch schon die Hauptbeutetiere, als der Wolf dort überhaupt noch nicht vorkam. Nur wo der Vielfraß vor allem Moschustiere *(Moschus moschiferus)* reißt, wie im Altai, in den Sajanen und in einigen Gebieten Jakutiens, überschneiden sich die Interessen der beiden Arten nicht. Wenn Wolf und Vielfraß nebeneinander vorkommen, zieht letzterer es ganz offensichtlich vor, sich von den Resten fremder Beute zu ernähren, und er trägt somit dazu bei, daß die Beute vollständig genutzt wird. So fand man in der zweiten Winterhälfte 1980/81 in einem kleinen Gebiet im Bez. Wologda die Reste von vier von Wölfen gerissenen Elchen. An dreien von ihnen hatten Vielfraße sich zu schaffen gemacht und die Umgebung mit einem dichten Netz von Spuren überzogen, die zu zahlreichen „Vorratslagern" führten (Matjuškin 1985).

Bei der Beurteilung des Einflusses, den der Vielfraß auf Huftierpopulationen hat, sollte man immer bedenken, daß der Bestand dieses Räubers in der Regel nicht hoch ist. Bei Luftbeobachtungen in der Tundra und der Waldtundra von Jamal im Jahre 1958 wurden 60 Wölfe und 12 Vielfraße registriert (Makridin 1964). In der Taigazone schwankt das Verhältnis dieser beiden Arten innerhalb eines breiten Bereichs, und es ist gar nicht so selten, daß der Vielfraß überwiegt. In der Gebirgstaiga in den Sajanen und im Altai überwiegt der Vielfraß (nach Fährtenzählungen im Verhältnis 1:4), was offensichtlich gesetzmäßig ist und nicht die Folge anthropogener Einflüsse. Am Oberlauf der Petschora ist der Vielfraß das häufigste Raubtier und wird nach den Fährten allenfalls vom Fuchs *(V. vulpes)* übertroffen. Selbst an der südlichen Arealgrenze im Nordosten des Bez. Wologda ist der Unterschied in der Dichte von Vielfraß und Wolf nicht so kraß: Auf einer in den 70er Jahren drei Jahre hindurch ständig kontrollierten Fläche von etwa 100 km^2 schwankte das Verhältnis zwischen Vielfraß und Wolf zwischen 1:2 und 1:10. Für solche Vergleiche kann man auch die Abschußzahlen heranziehen, doch sind diese weniger aussagekräftig. In den Nordwest-Territorien Kanadas betrug das Verhältnis erlegter Vielfraße und Wölfe 1:8,5 (Zyll de Jong 1975 nach Matjuškin 1985).

Wenn beide Arten gemeinsam vorkommen, nutzen sie praktisch das ganze Spektrum der zugänglichen Lebensräume. Eine unterschiedliche Verteilung ergibt sich lediglich bei einer bevorzugten Nutzung verschiedener Habitate im Winter infolge der unterschiedlich entwickelten Fähigkeit, sich in tiefem Schnee fortzubewegen. Bei hohem und lockerem Schnee suchen die Wölfe fast nie höher liegende Wasserscheidengebiete auf, sondern konzentrieren sich in der Nähe der Flüsse; der Vielfraß dagegen kann sich ohne besondere Schwierigkeiten überall fortbewegen. Wenn ein Vielfraß auf eine Wolfsfährte stößt, folgt er ihr gewöhnlich, manchmal mehrere Kilometer. Bei tiefem Schnee, schreibt Matjuškin (1985), tritt der Vielfraß exakt in die Spur des Wolfs (Abb. 32) und sucht dabei auch die Harnmarken auf. Einen frischen Wolfsriß finden die Vielfraße schnell, manchmal schon am nächsten Tag. An eine Beute, die noch vom „Besitzer" aufgesucht wird, trauen sie sich jedoch nicht heran (Nasimovič 1948). Die beiden Räuber können auch die Rollen vertauschen. So hat man im Altai beobachtet, daß Wölfe die vom Vielfraß versteckte Beute suchen und ihren Konkurrenten zu verfolgen trachten. Solch ein Fall wurde auch im Dezember 1968 am Westabfall des Sichote-Alin festgestellt. Ein Vielfraß tauchte hier regelmäßig im Revier einer Wolfsfamilie auf, fraß von dem von den Wölfen gerissenen Isubra *(C. elaphus xanthopygus)* und verschleppte Stücke davon.

Daß der Vielfraß auch ein Opfer des Wolfs werden kann, wurde für Skandinavien bereits vor längerer Zeit belegt (Krott 1959). Nach Material aus Nordwestkanada wurden von 74 tot gefundenen Vielfraßen zwei durch Wölfe getötet. Einer hatte sich in einer Falle gefangen und wurde dann gerissen, der andere fiel nach einer Verfolgungsjagd und erbittertem Kampf vier Wölfen zum Opfer (Boles 1977).

Insgesamt gesehen ist die Koexistenz von Vielfraß und Wolf stabil und ausbalanciert, und keine Art steht unter dem Druck der anderen oder wird verdrängt. Mehr noch, man kann von einer positiven Korrelation der Bestandsdynamik beider Arten sprechen. Im Lappland-Naturschutzgebiet kam der Vielfraß vor dem Auftauchen des Wolfs nur vereinzelt vor, im Winter 1940/41, ein Jahr, nachdem das Gebiet vom Wolf besiedelt worden war, waren es bereits knapp zwanzig (Nasimovič 1948). In das Petschora-Ilytsch-Naturschutzgebiet drangen die Wölfe erst Ende der 50er Jahre ein, hatten 1960/61 jedoch bereits einen relativ hohen Bestand erreicht. Zur gleichen Zeit begann in der Nähe der Grenzen des Schutzgebiets die Bejagung des Elchs, wobei die Tiere an Ort und Stelle ausgeweidet und zerlegt wurden. Beide Umstände erweiterten die Nahrungsbasis des Vielfraßes, so daß die Zählergebnisse auf das 3- bis 5fache anstiegen (Jazan 1974 nach Matjuškin 1985).

Der Luchs. Die vom Wolf und Luchs besiedelten Habitate unterscheiden sich in dem sich in weiten Teilen der UdSSR überlappenden Verbreitungsgebiet beträchtlich. Die unterschiedliche Habitatpräferenz von *Canis lupus* und *Lynx lynx* ist besonders deutlich im Gebirge, wo letzterer felsige Gebiete bevorzugt, die vom Wolf kaum aufgesucht werden. Angaben über das Nebeneinander von Luchs und Wolf in Nordamerika sind spärlich.

In der Flachlandtaiga sind solche Unterschiede weniger deutlich. Im Nordwesten der UdSSR sind beide Arten habitatmäßig nicht getrennt, auch die Struktur ihrer Areale hat viel Gemeinsames (Danilov u. a. 1979). Die Situation, die für die südliche Unterzone der Taiga im europäischen Teil der UdSSR typisch ist, behandelt Matjuškin (1985) am Beispiel des Zentralen Waldschutzgebietes, wo die Beziehungen zwischen Wolf und Luchs besonders eingehend untersucht worden sind. Auf etwa 65 km^2 lebten Ende der 70er Jahre 12–17 Wölfe und 8–12 Luchse. Bei Berücksichtigung der Zählergebnisse aus den angrenzenden Gebieten bewegte sich die Bestandsdichte beim Wolf zwischen 15–25 Tiere/1000 km^2, beim Luchs zwischen

5–30. Mit anderen Worten, der Bestand des Luchses ist etwa dem des Wolfs vergleichbar, liegt jedoch gewöhnlich etwas darunter. In dem genannten Gebiet wurden im gleichen Jahr zwei Würfe des Luchses und drei des Wolfs gefunden. Ihre Reviere überlappten sich zu allen Jahreszeiten.

Im Sommer 1976 wurden wiederholt Luchsfährten in der Nähe eines Wolfslagers gefunden, manchmal nur 100–400 m davon entfernt. 1978 hielt sich ein Luchs mit seinen Jungen 1,5–2 km von einem Wolfslager mit Jungen entfernt auf, wobei sich die Entfernung noch verringerte, als die Wölfe umsiedelten. Direktbeobachtungen haben gezeigt, daß Wolfsgeheul, wenn es mehrere hundert Meter weit zu hören ist, bei den Luchsen keine erkennbare Reaktion hervorruft. Die Nutzung unterschiedlicher Habitate durch Wolf und Luchs läßt sich quantitativ durch das Ablaufen der Fährten ermitteln (Tabelle 7).

Tabelle 7. Habitatpräferenz des Wolfs und Luchses im Winter in der südlichen Unterzone der Taiga (Zentrales Waldschutzgebiet). Nach Matjuškin 1985

Habitat	Länge der Fährten	
	des Wolfs (in % von 342 km)	des Luchses (in % von 437 km)
Fichtenwald	37,6	40,2
Birken-Pappelwald	25,1	28,0
junger Mischbestand	11,6	23,9
Kiefernwald	5,0	1,9
Flußtäler im Wald	2,4	4,7
Lichtungen und offenes Feld	18,3	1,3

Die Wölfe bewegten sich häufiger in der offenen Landschaft, Luchse suchten lieber junge Mischbestände auf, doch viel deutlicher sind die Übereinstimmungen, denn die Fährten der beiden Arten kreuzten sich ständig. Bezeichnend sind die Reaktionen jeder der Arten auf frische Fährten der anderen Art (wenn die Fährte nicht älter als 24 Stunden war). Von 43 Fällen, wo Wölfe auf Luchsfährten stießen, folgten ihnen die Wölfe nur dreimal, verließen jedoch die Fährte schon nach 50–200 m. Der Luchs dagegen schwenkte in 7 von 14 Fällen auf die Wolfsfährte ein. Besonders oft folgen die Luchse der Wolfsfährte bei hohem und lockerem Schnee, dann gelegentlich bis zu 400 m. Dabei ist wohl weniger die Möglichkeit ausschlaggebend, eventuell auf Beutereste zu stoßen, als vielmehr die, in einer bereits ausgetretenen Spur laufen zu können.

Im Zentralen Waldschutzgebiet wurden nur vier Fälle registriert, wo sich Luchse Beutereste des Wolfs genähert hatten. In einem Fall hatte der Luchs etwas vom Fleisch gefressen. Einzelne Fälle, in denen ein Luchs von der Beute eines Wolfs gefressen hatte, werden auch aus anderen Gebieten gemeldet. Zu direkten Zusammenstößen zwischen Wolf und Luchs kommt es jedoch selten. Dennoch sind Fälle bekannt, wo ein Luchs von Wölfen gerissen worden ist. So rissen und fraßen bereits in den 30er Jahren im Zentralen Waldschutzgebiet zwei Wölfe einen Luchs, der nicht mehr rechtzeitig auf einen Baum klettern konnte. In den folgenden Jahrzehnten wurde noch ein weiterer ähnlicher Fall bekannt, doch war der Ausgang der Begegnung diesma! ein anderer. Drei Wölfe stießen auf einen Luchs, griffen das 30 m entfernte Tier an, doch dieses sprang auf eine Birke, und die Wölfe zogen ab. Beim Ablaufen von Vielfraßfährten in den Wäldern des Bez. Wologda (Anfang März 1974) fand man auf einer alten Brandfläche den Kopf eines Luchses, den ein Vielfraß aus dem Schnee hervorgeholt und abgefressen hatte, etwas weiter lagen die Extremitäten des Luchses (M a t j u s c h k i n 1978). Der Vielfraß war lange einer bestimmten Richtung gefolgt, dann aber scharf abgebogen und so zu der Fundstelle gelangt, wo er die Luchsreste aus einer fast meterhohen Schneedecke ausgegraben hatte. Es war offensichtlich, daß der Vielfraß einen hier früher angelegten Vorrat aufgesucht hatte. Wessen Beute aber hatte der Vielfraß dort versteckt? Der ausgegrabene Schädel stammte von einem mittelgroßen ausgewachsenen Luchs, der sich wohl gegen einen Vielfraß hätte wehren können. Der Fund dieser Reste in einem Revier, durch das regelmäßig Wolfsfährten führten, ist kaum zufällig. Vor einem Wolf konnte sich der Luchs hier nirgends in Sicherheit bringen, denn ringsum wuchsen nur junge Birken.

Die Verluste des Luchses durch den Wolf sind ein Grund dafür, daß in einigen Gebieten die Bestandsdynamik dieser Arten negativ korreliert. Besonders deutlich ist die Abhängigkeit „Wenn weniger Wölfe – dann mehr Luchse". So erfolgte die Ausbreitung des Luchses in Finnland in den 50er Jahren und in Norwegen in den letzten Jahrzehnten parallel zum Verschwinden des Wolfs (M y r b e r g e t 1970). Die Zunahme erlegter Luchse bei gleichzeitigem ständigen Absinken der Zahlen erfaßter Wolfsfelle wurde in den Jahren 1949–1960 im Mittleren Ural festgestellt (M a l a f e e v 1974, zit. nach M a t j u š k i n 1985; s. Abb. 54). Diese allgemeine

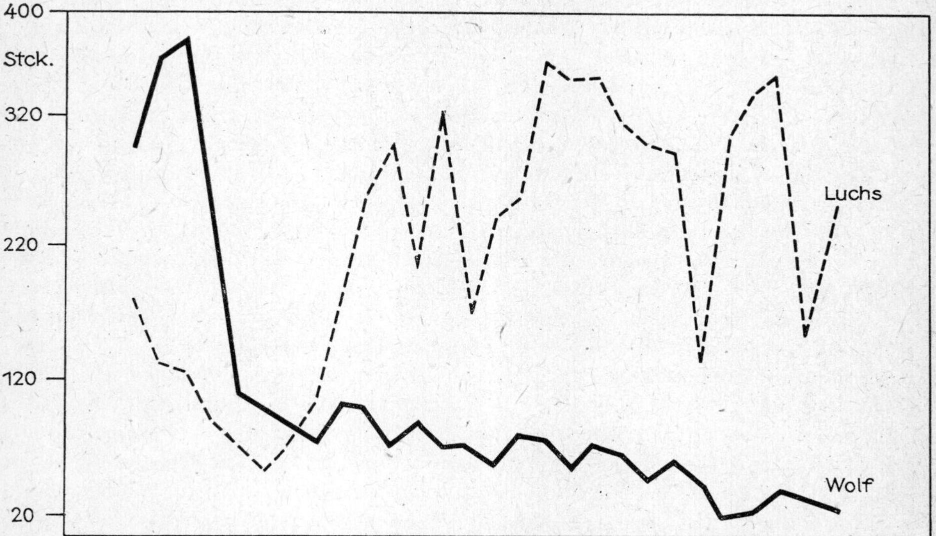

Abb. 54. Dynamik des Aufkommens an Wolfs- und Luchsfellen (in Stück) im Bez. Swerdlowsk in den Jahren 1944–1971. Nach M a l a f e e v 1974

Tendenz wird auch durch langjährige Beobachtungen im Kaukasus, Altai, im Baikal-Gebiet, auf dem Witim-Plateau und im Amur-Gebiet bestätigt (Matjuškin 1985).

In bestimmten ökologischen Situationen sind die Konkurrenzbeziehungen zwischen Wolf und Luchs also ausgeglichen, und beide Arten leben mit relativ hohem Bestand nebeneinander. In anderen Fällen begrenzt der Wolf die Populationsdichte des Luchses. Eine gesetzmäßige Folge der Ausrottung des Wolfs ist die Bestandszunahme des Luchses. Eine ähnliche Abhängigkeit wurde in Nordamerika zwischen Koyoten *(C. latrans)* und Rotluchs *(L. rufus)* gefunden (Robinson 1961).

Der Tiger. Gegenwärtig lebt *Panthera tigris* mit dem Wolf in enger Nachbarschaft im Fernen Osten der UdSSR, wo er Rot-, Sikahirsche und Wildschweine erbeutet. Die Jagd„interessen" beider Arten können sich sehr eng berühren. Die Ortsbewegungen des Tigers und des Wolfs sind sehr ausgedehnt, ihre Reviere überlappen sich, doch bevorzugen die Wölfe deutlich offenes Gelände sowie Wälder mit mehr nördlichem Charakter wie feuchte Lärchenwälder oder die versumpfte Nadelwaldtaiga.

Die für den Tiger charakteristische Bindung an felsiges Gelände ist beim Wolf nicht festzustellen. Die langjährigen Veränderungen der Wolfs- und Tigerpopulation wurden im Sichote-Alin-Naturschutzgebiet verfolgt. Nach der Depression des Tigerbestandes in der ersten Hälfte des 20. Jhs. kam die Art ab Herbst 1966 im Naturschutzgebiet wieder regelmäßig vor, und die Zahl der alljährlich registrierten Fährten nahm schnell zu. In den Jahren 1963–1966 lebten im Schutzgebiet etwa 20 Wölfe. Gegen Ende der 60er und in der ersten Hälfte der 70er Jahre ging ihre Zahl auf die Hälfte zurück. Der hauptsächlich auf das Schutzgebiet beschränkte Bestand des Tigers betrug um 1980 dagegen schon 7–8 Tiere. Die Zunahme des Tigerbestandes bewirkte jedoch kein völliges Verschwinden des Wolfes, veränderte jedoch die territoriale Verteilung der Wölfe. Das Hauptwolfsvorkommen verlagerte sich aus dem zentralen Teil des Naturschutzgebiets mit der höchsten Tigerdichte zum Fluß Kolumbe, wo die Wolfsfährten von 21% auf 54% anstiegen (Matjuškin 1985).

Ähnliche Veränderungen in der Verbreitung des Wolfs infolge der Zunahme des Tigers vollzogen sich auch in einem anderen fernöstlichen Schutzgebiet, dem Lasowskij Naturschutzgebiet. Hier rückten die Wölfe näher an die Siedlungen heran. Wenn in den 40er und 50er Jahren die Sikahirsche hier vor allem durch den Wolf Verluste erlitten, so entwickelte sich in den letzten Jahren der Tiger zu ihrem Hauptfeind. Die Wölfe verschwanden allerdings nicht völlig aus den Tigerrevieren.

Begegnungen an einer Beute sind in den Gebieten eines gemeinsamen Vorkommens nichts Ungewöhnliches. So wurde im Dezember 1962 festgestellt, daß ein Tiger am Tage einen vom Wolf frisch gerissenen Isubra aufsuchte, jedoch nicht gefressen hat. In der Nacht kehrten vier Wölfe zur Beute zurück und fraßen den größten Teil des Fleisches. Im Januar 1972 wurde eine Hirschkuh gefunden, die eine Woche zuvor von einem Tiger gerissen worden war. Hier fanden sich zahlreiche Aasfresser ein, darunter auch Wölfe. Vom Fluß zogen sich zu dem dunklen Waldteil, in dem der Kadaver der Hirschkuh lag, die Fährten eines 4- bis 6köpfigen Wolfsrudels. Sie waren schon alt, aber unmittelbar vor der Beute war auf dem schneebedeckten Bruchholz ein getauter, aber deutlicher Pfotenabdruck eines kleineren Wolfs zu erkennen.

Nur 15 m vom Fraßplatz entfernt befand sich an einer etwas erhöhten Stelle unter einer Tanne ein vereistes Wolfslager. Hier hatten sich auch Wölfe im Schnee gewälzt. Die Tiere hatten sich also ziemlich lange in der Nähe der Tigerbeute aufgehalten. Obwohl der Tiger die Beute wahrscheinlich schon einige Tage vor dem Auftauchen der Wölfe verlassen hatte, wiesen die zurückgelassenen Fährten, die Exkremente und Harnmarkierungen eindeutig auf den eigentlichen Herrn der Beute hin.

Die Tatsachen zeigen – so Matjuškin (1985) –, daß sich die Wechselbeziehungen der beiden Arten nicht in die einfache Formel: „Wo der Tiger auftaucht, verschwindet der Wolf" zusammenfassen lassen. Es ist nur eine allgemeine Tendenz der Verdrängung des Wolfs durch den Tiger zu erkennen. Zieht man das sehr ausgeprägte aggressive Verhalten des Tigers gegenüber Hunden in Betracht, so besteht wohl kaum ein Zweifel, daß der Tiger den Wolf zu vertreiben sucht, wo immer er ihn antrifft. Im Fernen Osten ist jedoch nur ein einziger Wolf durch einen Tiger getötet worden. Die biozönotischen Beziehungen des Tigers und des Wolfs sind in gewisser Hinsicht analog denen von Wolf und Luchs, lediglich mit umgekehrten Vorzeichen, und die Konkurrenzbeziehungen zwischen ihnen sind stärker zugespitzt.

Leopard und Schneeleopard. Beide Großkatzen *(Panthera pardus* bzw. *Uncia uncia)* sind äußerst selten, besonders der Leopard. Durchaus denkbar sind bestimmte Beziehungen zwischen Wolf und Schneeleopard, denn der Sibirische Steinbock *(Capra sibirica)* ist für beide ein wichtiges Beutetier; es liegen jedoch keine Feststellungen über Zusammenstöße der beiden Arten vor. Im Nordost-Tjanschan wurde zwar einmal der Kopf und Reste der Extremitäten eines Schneeleoparden gefunden, der von vier Wölfen gefressen worden war, doch konnte die Todesursache des Schneeleoparden nicht geklärt werden (Fil' u. Afanas'ev 1973).

In Badchys und im Norden Turkmeniens, im Ust-Urt, lebte noch vor wenigen Jahrzehnten der Wolf gemeinsam mit dem Geparden *(Acynonyx jubatus)* und beide jagten hier vor allem Kropfgazellen und Wildschafe (Archare, Argali). Im äußersten Süden der UdSSR berührt das Vorkommensgebiet des Wolfs das Areals der Streifenhyäne *(Hyaena hyaena),* eines echten Aasfressers im Gegensatz zur Fleckenhyäne (Mills 1978). Es ist sehr wahrscheinlich, daß die Hyäne die Reste der Wolfsbeute aufsucht.

Von den Caniden stehen dem Wolf am nächsten der nordamerikanische Koyote *(C. latrans)* und der „red wolf" *(C. niger),* doch werden deren Verbreitungsgebiete vom Wolf nicht berührt, sowie der europäische Goldschakal *(C. aureus),* der fast überall neben dem Wolf auftritt.

Wolf und Schakal sind Konkurrenten in „unterschiedlichen Gewichtsklassen". Deshalb breitet sich der Schakal bei einer Arealschrumpfung beim Wolf aus und versucht, dessen ökologische Nische zu besetzen. Dieser Prozeß findet gegenwärtig in Turkmenien und im Kaukasus statt. Daneben gibt es jedoch auch Gebiete, wie Lenkoran (Aserbaidshan), wo trotz hoher Dichte beider Arten zwischen Wolf und Schakal keine Konkurrenz besteht. Der Schakal hält sich hauptsächlich an die Beutereste des Wolfs, der sich hier fast ausschließlich von Wildschweinen ernährt.

Rotfuchs, Eis- oder Polarfuchs *(A. alopex),* Korsak *(V. corsak)* und Marderhund *(Nyctereutes procyonoides)* stehen schon wegen ihrer Nahrungsspezialisierung nicht in direkten Konkurrenzbeziehungen mit dem Wolf. Doch all diese Arten können dazu übergehen, sich vorwiegend von Aas zu ernähren und dabei von den Resten der Wolfsbeute profitieren.

Der Korsak wandert regelrecht im Gefolge der Saigaherden. An den Überresten von Wölfen gerissener Antilopen hat man gelegentlich mehrere Korsakfüchse beobachtet. Die Wölfe verfolgen hartnäckig diese kleinen Füchse, und in schneereichen Wintern werden viele von ihnen ein Opfer der Wölfe (S l u d s k i j 1962). Man hat wiederholt von Wölfen getötete Korsakfüchse gefunden, doch gefressen werden sie meist nicht.

Angriffe auf Füchse erfolgen gewöhnlich in der Nähe einer Beute, manchmal aber auch unabhängig davon. Nach widersprüchlichen Beobachtungen in den Staaten Michigan, Minnesota und Alaska (USA) nimmt der Antagonismus des Wolfs gegenüber dem Fuchs stark zu, wenn dieser etwas frißt, was der Wolf für sich reserviert hatte (M e c h 1970). Man hat den Eindruck, daß der Wolf keine Möglichkeit ausläßt, einen Fuchs aus dem Wege zu räumen, und zweifellos ist der Wolf für den Fuchs ein bestandslimitierender Faktor. Im Zentralen Waldschutzgebiet hat man aufgrund der Fährten festgestellt, daß die Verfolgungsjagd der Wölfe oft erfolglos ist und die Füchse entkommen können. Besonders hat der Marderhund unter dem Wolf zu leiden, denn er ist sowohl im Fernen Osten (J u d i n 1977) als auch in den Gebieten, in denen er eingebürgert wurde (D a n i l o v u. a. 1979), ein regelmäßiger Bestandteil der Nahrung des Wolfs.

Aus der Familie der Marder (Mustelidae) tritt außer dem Vielfraß keine Art als Kommensale des Wolfs auf oder steht in antagonistischen Beziehungen zu ihm. Im Fernen Osten der UdSSR kann man den Charsamarder *(Martes flavigula)*, der vorwiegend Moschustiere jagt, zu den zweitrangigen Konkurrenten des Wolfs zählen. Das Moschustier wird in dieser Region regelmäßig auch vom Wolf erbeutet. Charsamarder wurden zwar noch nicht an den Überresten einer Wolfsmahlzeit festgestellt, doch sind derartige Fälle durchaus wahrscheinlich, denn dieser große Marder frißt auch von Kadavern gefallener Huftiere und sucht auch die Überreste vom Tiger gerissener Beutetiere auf (M a t j u š k i n 1974). Andere Marderarten vom Zobel *(Martes zibellina)* bis zum Hermelin *(Mustela nivalis)* können als potentielle Kommensalen des Wolfs auftreten, wobei fremde Beute einen nicht geringen Teil der Nahrungsration ausmachen kann. Im Amur-Gebiet nutzen Feuerwiesel *(Mustela sibiricus)* gern die Kadaver von Wölfen gerissener Tiere. Bei einem Stück stellte man 2–3 Feuerwiesel fest. Im Winter 1955/56 wurden bei 22 von Wölfen gerissenen Isubra-Hirschen in allen Fällen Spuren des Feuerwiesels gefunden (V o j l o č n i k o v 1972 nach M a t j u š k i n 1985).

Eigenartig sind die Beziehungen zwischen Wolf und Dachs *(Meles meles)*. Es kann vorkommen, daß sie lange Zeit friedlich im gleichen Gebiet leben, dieselben Wechsel benutzen und in der Nähe der Höhlen sogar Kontakt haben. Dennoch wird der Dachs nicht selten ein Opfer des Wolfs. Dachsbaue werden von Wölfen als Lager benutzt. In den galerieartigen Wäldern des Altai hatte etwa die Hälfte der Wölfinnen, deren Lager gefunden wurde, die Jungen in einem Dachsbau geworfen.

Abschließend weist M a t j u š k i n (1985) darauf hin, daß die biozönotischen Beziehungen zwischen den großen Raubtieren sehr dynamisch sind. Am deutlichsten ist die Konkurrenz zwischen Wolf und Tiger sowie dem Luchs. Im ersten Falle räumt der Wolf seine Positionen, im zweiten unterdrückt er seinen schwächeren Nachbarn. Die meisten Raubtiere verhalten sich dem Wolf gegenüber entweder neutral oder betrachten ihn als „Lieferanten" leicht erreichbarer Beute in Form gerissener Beutetiere. Für den am meisten spezialisierten Aasfresser, den Vielfraß, wirkt sich die Zunahme des Wolfs offensichtlich positiv aus und bewirkt ein Anwachsen der Population. Wölfe vertreiben die Aasfresser, töten sie auch manchmal, haben jedoch keinen merklichen Einfluß auf deren Populationen. Der Wolf selbst wird nur äußerst selten die Beute anderer Raubtiere, dann auch nur des Tigers und des Braunbären.

Von den Resten vom Wolf gerissener Beutetiere fressen außer Säugetieren auch Vögel, vor allem Krähen- und Greifvögel wie der Kolkrabe *(Corvus corax)*, Aaskrähen *(C. corone)*, Elster *(Pica pica)*, Steinadler *(Aquila chrysaetos)*, Steppenadler *(A. rapax/nipalensis)*, Kaiseradler *(A. heliaca)*, Seeadler *(Haliaetus albicilla)* und die spezialisierten Nekrophagen wie der Kuttengeier *(Aegypius monachus)*, insbesondere der Gänsegeier *(Gyps fulvus)*, Schmutzgeier *(Neophron percnopterus)*, Bartgeier *(Gypaetus barbatus)* und Schwarzmilan *(Milvus korschun)*. In der Waldzone Eurasiens werden an gerissenen Elchen oft Meisen angetroffen, vor allem Sumpfmeisen *(Parus palustris)*, dann Unglückshäher *(Perisoreus infaustus)* und manchmal Spechte (Picidae). Eine unvollständige Liste der Vogelarten, die in der Waldsteppe der Ukraine auch Aas annehmen, umfaßt den Schelladler *(Aquila clanga)*, Habicht und Sperber *(Accipiter gentilis* bzw. *A. nisus)*, den Rauhfußbussard *(Buteo lagopus)*, den Waldkauz *(Strix aluco)*, den Eichelhäher *(Garrulus glandarius)*, die Saatkrähe *(Corvus frugilegus)* und die Dohle *(C. monedula)*, den Star *(Sturnus vulgaris)*, den Feldsperling *(Passer montanus)* und die Lachmöwe *(Larus ridibundus)*.

Die Artenvielfalt der Kommensalen unter den Vögeln nimmt von Nord nach Süd zu. In der Tundra gehört dazu eigentlich nur der Kolkrabe *(Corvus corax)*, der übrigens überall eng an den Wolf gebunden ist, in der Waldzone sind es verschiedene Krähenvögel und andere Vertreter der Sperlingsvögel, in den Steppen und Wüsten kommen spezialisierte Aasfresser unter den Taggreifvögeln hinzu, besonders zahlreich sind sie in den Gebirgen der ariden Zone.

Gerade im Süden des Verbreitungsgebiets des Wolfs besteht eine enge Bindung vieler seltener und vom Aussterben bedrohter Vogelarten, die in die Rote Liste der UdSSR aufgenommen wurden, und den Überresten der Wolfsbeute, nämlich Steinadler *(Aquila chrysaetos)*, Steppenadler *(A. nipalensis)*, Kaiseradler *(A. heliaca)*, Seeadler *(Haliaetus albicilla)*, Bartgeier *(Gypaetus barbatus)*, Gänse- und Kuttengeier. Bei Mangel an anderen Nahrungsquellen sind diese Arten auf die Beute des Wolfs angewiesen. Es ist kein Zufall, daß das in den Pyrenäen durchgeführte Programm zur Erhaltung des vom Aussterben bedrohten Bartgeiers die Fütterung dieser Vögel durch Auslegen von Tierkadavern vorsieht.

Sehr vielfältig ist das Artenspektrum der aasfressenden Vögel in den Nadel- und Laubwäldern des Fernen Ostens. Durch die Beutereste großer Raubtiere (Tiger, Wolf) wird hier nicht nur der Kolkrabe angezogen, sondern die genauso spezialisierte Dickschnabelkrähe *(C. macrorhynchos)*. Manchmal finden sich bei der Beute auch Tannenhäher *(Nucifraga caryocatactes)*, Eichelhäher *(Garrulus glandarius)*, Blauelstern *(Cyanopicus cyanus)* und häufig auch Meisen ein (M a t j u š k i n 1974).

Genaue Angaben darüber, wie groß der Anteil ist, den sich Vögel von der Wolfsbeute nehmen, liegen nicht vor. Dieser Wert hängt von der Menge der potentiellen Kommensalen in einem Gebiet ab, vom Vorhandensein von aus anderen Gründen umgekommenen Tieren, von der Jahreszeit (Konzentrationen von Durchzüglern), von der Geschwindigkeit, mit der die Wölfe selbst ihre Beute fressen, was wiederum von der Anzahl der Tiere und der Geschlossenheit des Rudels abhängt. Zweifellos können die als Kommensalen auftretenden Vögel innerhalb eines Tages die zurückgebliebenen Weichteile eines Beutetieres fressen und wegschleppen. So zwangen in den Bergen der Krim die aasfressenden Vögel einen wandernden Wolf und den ihn begleitenden Hund, täglich aufs Neue einen Hirsch zu reißen (D u l i c k i j u. K o r m i l i c i n 1975). Besonders wenig bleibt den Wölfen für eine zweite Mahlzeit übrig, wenn sich bei der Beute große Aasfresser wie Gänse- und Kuttengeier einfinden. In Turkmenien beobachtete man bei einem Tier 22 Geier, außerdem einige Schmutzgeier *(Neophron percnopterus)* und Wüstenraben *(Corvus ruficollis)*. Innerhalb von zwei Tagen hatten die Kommensalen die weichen Teile eines Kulans vollständig verspeist und ließen nur das von der Haut umhüllte Gerippe zurück.

In den 70er Jahren sammelten sich im Herbst am Unterlauf des Irgis (Kasachstan) alljährlich durchziehende Greifvögel (vor allem Kaiseradler, *Aquila heliaca*) und verweilten hier längere Zeit. Nahrung lieferte ihnen die jagdliche Nutzung der Saigaantilopen. Früher kamen die Vögel nicht in solcher Menge vor. Anfang Oktober 1975 sahen wir 28 Kaiseradler zusammen mit einem einzelnen Steppenadler *(A. nipalensis)* an einer von Wölfen gerissenen Saigaantilope. 10–15 Vögel wurden damals wiederholt an umgekommenen Antilopen beobachtet. In der Halbwüste im Bez. Gurjew fraßen im Oktober an einem Saigakadaver bis zu 15 Saatkrähen *(Corvus frugilegus)* und Nebelkrähen *(C. corone cornix)* und bis zu 9 Seeadler. Aasfressende Vögel wie Krähen und Raben, Adler und Geier gehören mit dem Wolf zu den Tieren, die den Saigas auf ihren Wanderungen folgen. Die Zahl der Vögel korreliert mit der Menge gerissener oder umgekommener Tiere (S l u d s k i j 1962). Die Beteiligung der Kommensalen an der Nutzung der Beute führt dazu, daß die Wölfe gezwungen sind, zwei- bis dreimal so viele Huftiere zu reißen wie für sie selbst notwendig wären.

Im November 1971 säuberten im Kaukasus-Naturschutzgebiet im Forstort Umpyr Gänsegeier innerhalb von zwei Stunden einen Rothirschkadaver vollständig von allem Fleisch. Einige der über 30 Vögel hatten so viel Fleisch verschlungen, daß sie bei der Annäherung eines Menschen nur mit Mühe abfliegen konnten. Im gleichen Gebiet wurden am 28. Sept. 1972 6 kreisende Gänsegeier beobachtet, die dann in einem Seitental niedergingen. Dorthin flogen auch rufend vier Kolkraben. Um 9.00 Uhr und um 10.30 Uhr liefen in Richtung der niedergegangenen Vögel zwei Wölfe. Der Wolfsfährte folgend, fand man einen frisch gerissenen Tur *(Capra caucasica)*. Die Wölfe lagen auf einem Geröllfeld, nicht weit davon entfernt saßen die Geier und Kolkraben. Auch im Kysyl-Agatsch-Naturschutzgebiet verzehren die Vögel einen beträchtlichen Anteil der Wolfsbeute. Meist sind es Rohrweihen *(Circus aeruginosus)* und Nebelkrähen, seltener der Kuttengeier und der Seeadler. Im Winter gesellen sich ihnen bei Schnee auch Stare *(Sturnus vulgaris)*, Sperlinge (*Passer* spec.), Saatkrähen und Elstern zu.

In kalten Wintern wird die vollständige Nutzung der Beutereste vom Wolf durch Vögel durch das Gefrieren des Fleischs verhindert. Als Beispiel mögen die Beobachtungen von Matjuškin und Podtjažkin im Nordosten des Bez. Wologda dienen. Am 29. Januar wurde ein 4–5 Tage zuvor von Wölfen gerissener junger Elch aus dem Vorjahr gefunden. Er war erst zur Hälfte aufgefressen. Die Unterseite war in den festgetretenen Schnee gleichsam eingemauert. Als die Reste gefunden wurden, hielten sich bei dem Kadaver nur zwei Unglückshäher *(Perisoreus infaustus)* und einige Sumpfmeisen *(Parus palustris)* auf; Kolkraben waren nicht anwesend. Am 7. Februar wurden bei dem Elch zwei Kolkraben, ein Unglückshäher und einige Meisen beobachtet, am 9. Februar nur zwei Buntsprechte *(Dendrocopus major)*, am 10. Februar zwei Kolkraben und zwei Sumpfmeisen. Bis zu diesem Zeitpunkt waren die Knochen an der Oberseite des Kadavers gründlich von den Vögeln vom Fleisch gesäubert worden. Die Wölfe hatten die ganze Zeit über nicht von ihrer Beute gefressen, auch der Vielfraß war nicht aufgetaucht. Die Lage des Kadavers war unverändert. Das gefrorene Fleisch abzuziehen, wurde für die Vögel immer schwieriger, an verschiedenen Stellen waren um den Kadaver herum Vertiefungen zu erkennen, über die die Vögel versucht hatten, an die begehrte Nahrung heranzukommen. Am 20. und 25. Februar wurden nur Sumpfmeisen beobachtet, obgleich ein großer Teil des Kadavers noch unberührt war.

Die Bindungen aasfressender Vögel an den Wolf sind seit langem bekannt. Es ist sicher kein Zufall, daß sowohl der Wolf als auch der Kolkrabe zu den wichtigsten Totems früher Religionen gehört. Das gemeinsame Vorkommen und die festen trophischen Bindungen brachten die Abhängigkeit voneinander mit sich und führten zur wechselseitigen Anpassung in Verhaltensreaktionen. Wie bereits Zvorykin (1934) feststellte, achten Wölfe sehr genau auf den Flug von Raben, Elstern und Krähen, wenn diese in eine bestimmte Richtung fliegen. Sie nehmen aus großer Entfernung die „Intonation" der Vogelstimmen wahr und können so weit entfernt liegende tote Tiere auffinden. Andererseits beobachten aasfressende Vögel, wie z. B. Kolkraben (Mech 1970) die Bewegungen der Wölfe. Der genannte Autor schreibt, daß die die Wölfe begleitenden Raben diesen Vorausfliegen, auf einem Baum die vorbeikommenden Wölfe erwarten – und dann beginnt das Spiel von neuem. Wenn die Wölfe ein Tier angreifen, kreisen manchmal die Vögel interessiert über ihnen. Einmal saß ein Kolkrabe auf einem Baum und rief, als Wölfe einen verletzten Elch hetzten. Oft folgen Raben fliegend der Wolfsfährte. Die Vögel müssen wahrscheinlich zu dieser Taktik greifen, weil sie bei der Beute bleiben, wenn die Wölfe sich zurückgezogen haben, und auch deshalb, weil sie im Gegensatz zu den Wölfen nicht nachtaktiv sind.

Ein anderer Aspekt der Beziehungen zwischen Wolf und Kolkrabe ist das bei beiden Arten anzutreffende „Spiel"verhalten. Folgender Bericht zeigt alle Formen dieses Verhaltens, das auf Isle Royale beobachtet wurde (Mech 1966: 159): „Als das Wolfsrudel die Bucht überquerte und sich zum Ausruhen hingelegt hatte, fingen die das Rudel begleitenden 4–5 Kolkraben an, die Tiere zu necken. Die Vögel hüpften auf die Köpfe oder Schwänze, worauf die Wölfe versuchten, ihnen auszuweichen, oder sie sprangen auf sie zu. Manchmal verfolgten die Raben die Wölfe und griffen sie im Sturzflug an, und einmal näherte sich ein Rabe humpelnd einem Wolf und kniff ihn in den Schwanz. Als der Wolf es ihm heimzahlen wollte und ihn nun verfolgte, ließ dieser ihn ganz dicht heran und flog dann auf. Dann landete der Rabe wieder einige Meter vom Wolf entfernt, und alles begann von neuem."

Begleiter der Wölfe sind im Tjanschan und Dshungarischen Alatau Kolkraben, Gänsegeier *(Gyps fulvus)*, Bartgeier *(Gypaetus barbatus)* und besonders häufig Elstern (Fedosenko u. a. 1978). Das Schackern und Krächzen der Elstern vor allem ist es, das oftmals hilft, die Wölfe aufzuspüren. An den Tagesruheplätzen flattern die Vögel manchmal direkt vor den Schnauzen der Wölfe umher. Nur selten versuchen die Tiere, nach den zudringlichen Vögeln zu schnappen. Manchmal können die Rufe der Elstern die Jagd stören. Die genannten Autoren haben einmal beobachtet, wie ein Wolf, der von einer Elster begleitet wurde, eine Hirschkuh mit Kalb anzuschleichen versuchte. Doch durch die Rufe der Elster beunruhigt, konnte das Tier, das den Wolf ganz offensichtlich weder gesehen, noch gewittert hatte, rechtzeitig flüchten.

Oft brüten Kolkraben und besonders Elstern in der Nähe von Wolfslagern. Diese Nachbarschaft bringt beiden Seiten Nutzen. Die Vögel fressen die Reste des für die Welpen bestimmten Futters und warnen gleichzeitig die Wölfe bei Gefahr, z. B. bei der Annäherung eines Menschen. Interessant sind die Reaktionen der Vögel und Wölfe an einer Beute. So beobachtete Kudaktin (1978) am 18. Mai 1972 im Kaukasus-Naturschutzgebiet, wie sechs Kolkraben und zwei Gänsegeier über dem Tal des Flusses Uruschtein kreisten. 10–12 m vom Wasser entfernt lag ein toter Hirsch, für den sich die Vögel interessierten. Von den auf einem Baum sitzenden Raben flog zuerst einer zu dem Kadaver, nach 2–3 Minuten folgte der nächste, schließlich ein dritter. Als der dritte gerade anfing, Fleisch herauszuhacken, sprang aus einem Heckenrosengebüsch ein Wolf und stürzte sich auf die Vögel. Dies wiederholte sich im Verlauf einer Stunde 12 Mal. Der Wolf duldete die Anwesenheit eines oder zweier Raben, wenn jedoch die übrigen Raben niedergingen oder ein Gänsegeier (selbst wenn keine Raben dort waren), vertrieb der Wolf die Vögel. Gegen Mittag flogen die Vögel ab.

Im Naturschutzgebiet Badchys zerrten zwei bereits gesättigte Wölfe die Reste einer Kropfgazelle *(Gazella subgutturosa)* ins dichte Gebüsch, ungeachtet der Versuche von acht Gänsegeiern und einem Kuttengeier, ihr Recht an der Beute durchzusetzen. Das Wegschleppen und Verstecken der Beute durch die Wölfe soll zweifellos den Anteil der übrigen Aasfresser schmälern. Ähnliche Verhaltensweisen bei Bären, einigen Marderartigen und Katzen haben dieselbe adaptive Bedeutung (Matjuškin 1974).

Die sehr deutliche Abhängigkeit der Existenz einer großen Gruppe aasfressender Vögel (und nicht nur Vögel) vom Wirken des Wolfs läßt die Frage berechtigt erscheinen, in welchem Maße sich ihre Existenzbedingungen ohne den Wolf verschlechtern würden. Für die meisten Arten, die fakultativen Kommensalen, wäre das Fehlen des Wolfs in der Biozönose nicht tragisch. Es steht außer Zweifel, daß in der Biozönose der wirtschaftlich erschlossenen Landschaft auch ohne den Wolf genügend Abfälle unterschiedlicher Art anfallen. Etwas anderes ist es in der wenig gestörten Natur. Hier würde sich das Fehlen des Wolfs ohne Zweifel negativ auf die am stärksten spezialisierten Aasfresser (Kolkrabe, Geier u. a.) auswirken. Das Beutemachen des Wolfs versorgt sie stabil mit Nahrung, wodurch wahrscheinlich eine höhere Bestandsdichte der Aasfresser ermöglicht wird als durch irgendeinen anderen Mortalitätsfaktor (Mech 1970). Leider sind konkrete Fakten und Beobachtungen hierzu äußerst spärlich. Außerdem spielen beim Bestandsrückgang großer

Greifvögel auch andere Bedingungen eine wesentliche Rolle, wie Habitatzerstörung, Beunruhigung durch den Menschen usw.

Bestimmtere Aussagen lassen sich dagegen über den bedenklichen Einfluß auf die Kommensalen unter den Vögeln durch einige Fangmethoden zur Bekämpfung des Wolfs machen. So gerieten in den Jahren 1974–1977 im Kaukasus-Naturschutzgebiet, als zur Wolfsbekämpfung an Hirschködern Schlageisen aufgestellt wurden, 2 Steinadler, 1 Seeadler, 1 Bartgeier, 1 Kuttengeier und 1 Gänsegeier in die Fallen (Kudaktin mdl.). Im Laufe von zwei Fangperioden wurden von einem erfahrenen Wolfsfallensteller im Borshomi-Naturschutzgebiet nebenbei vier Steinadler gefangen (Baratašvili mdl.). Noch schädlicher für den Bestand der Kommensalen des Wolfs (nicht nur unter den Vögeln) ist die Verwendung vergifteter Wolfsköder.

Das Gesagte unterstreicht noch einmal die Notwendigkeit, bei der Bestandsregulierung des Wolfs nur solche Methoden zu verwenden, die für die Kommensalen des Wolfs am wenigsten schädlich sind.

8. Verhalten und soziale Organisation

Der Wolf ist ein Tier mit hoch entwickeltem Verhalten und einem zuverlässigen Kommunikationsvermögen. Das Leben im Rudel erfordert präzise wirkende Mittel zur Regelung der Beziehungen zwischen den Individuen, für die Jagd auf große Beutetiere ist ein koordiniertes Handeln der Tiere in sich ändernden Situationen notwendig. In der Familie der Caniden hat der Wolf das am besten entwickelte Gehirn und weist die kompliziierteste soziale Organisation (Fox 1971 u. a.) und ein gut ausgebildetes Jagdverhalten auf. Von den gut untersuchten Caniden erreicht die soziale Organisation nur beim Hyänenhund *(Lycaon pictus)* ein ähnlich hohes Niveau, wie Lavik-Gudoll (1977) [Lawick-Goodall] nachweisen konnte.

Die Differenzierung innerhalb der Population im Verein mit der Plastizität des Verhaltens ermöglicht die Anpassung des Wolfs an die verschiedenen Ökosysteme und die unterschiedlichen Einflüsse seitens des Menschen. Es zeichnet sich die Tendenz ab, daß die Wolfspopulationen in zwei Gruppen eingeteilt werden können, in die der wenig gestörten Landschaft und die der anthropogen beeinflußten Landschaft. Die ersteren leben in schwer zugänglichen Gebieten und meiden den Menschen, die anderen suchen die Nähe der Siedlungen und ernähren sich vorwiegend von Aas und Haustieren, d. h. sie sind eigentlich synanthrop (Bibikov u. a. 1985). Die Grundlage für diese Divergenz ist wohl die Inhomogenität der Population hinsichtlich der genetisch determinierten Ausprägung des Abwehrverhaltens gegenüber dem Menschen (Krušinskij 1980). Außerdem weisen die verschiedenen ökologischen Gruppierungen und die einzelnen Tiere ein differenziertes Verhalten gegenüber dem Hund auf. Dieser ist entweder eine bevorzugte Beute oder ein Partner für die „Erhaltung" der Art durch Bastardierung.

8.1. Verhalten des Wolfs gegenüber Hund und Mensch

Die Welpen reagieren positiv auf Hunde, doch kann sich ihr Verhalten ändern je nach der Reaktion der Altwölfe. Wenn Hunde zu den regelmäßigen Beutetieren der

Eltern gehören, ist die Wahrscheinlichkeit groß, daß sich früh das Jagdverhalten gegenüber dem Hund herausbildet, was durch Feststellungen von Zvorykin (1950) bestätigt wird. Mit zunehmendem Alter nimmt der Anteil aggressiver Reaktionen zu, vor allem gegenüber kleineren Hunden, was homolog dem Verhalten gegenüber Fuchs und Marderhund ist, die der Wolf zu töten trachtet, ohne sie immer auch zu fressen. Ein großer Hund wird offenbar als ein anderer Wolf angesehen. Eine negative Reaktion bildet sich in diesem Falle im Alter von 10–12 Monaten heraus, wenn das in der Gruppe lebende Tier bereits soziale Bindungen entwickelt hat und das Auftauchen eines unbekannten Wolfs aggressives Verhalten auslöst (Krušinskij u. a. 1985).

Die genannten Autoren sind davon überzeugt, daß für einen erwachsenen Wolf aggressives Verhalten gegenüber allen Hunden normal ist, ausgenommen gegenüber gut bekannten Tieren, die offenbar als Gruppenglieder angesehen werden. Ein Altwolf, der aggressiv auf unbekannte Hunde reagiert, kann sein Verhältnis ihnen gegenüber völlig verändern, wenn er sich zwangsweise in sozialer Isolation befindet. So änderte sich bei einer 4jährigen Wölfin, die sonst beim Anblick unbekannter Hunde Jagdverhalten zeigte, grundlegend ihre Reaktion, nachdem sie sechs Wochen von anderen Wölfen vollständig isoliert war. Sie zeigte den ganzen Komplex sozialer Reaktionen auf Hunde, wie aktive Unterordnung, Einladung zum Spielen, während aggressives oder Jagdverhalten völlig fehlte. Soziale Isolation von Artgenossen ist unter natürlichen Bedingungen offenbar die Voraussetzung für die Kreuzung zwischen Wölfen und Hunden.

Bei normaler Populationsstruktur wirken Verhaltensmechanismen zur reproduktiven Isolation zwischen Wolf und Hund. Unterschiedliche Varianten einer Störung der Populationsstruktur wirken sich zwangsläufig ungleich auf die reproduktive Isolation aus. Wenn einjährige Tiere umkommen, hat dies kaum Einfluß. Wenn Tiere im 2. Jahr umkommen, verringert sich wahrscheinlich die Kontrolle der Jungwölfe. Der Verlust der Mutter muß nicht immer zum Verlust des Wurfes führen, denn die Fütterung der Jungen können die Tiere im 2. Jahr und die Tiere, die sich im betreffenden Jahr nicht fortgepflanzt haben, übernehmen. Den Welpen werden die Feinheiten des Verhaltens gegenüber der Umwelt durch ältere Geschwister beigebracht (vgl. Altmann 1986), was zur Herausbildung sozialer und geschlechtsbedingter Beziehungen führt. Wenn auch der Verlust des Muttertieres und die Erhaltung des Wurfes ziemlich selten vorkommen, so erhöht sich doch in diesem Falle die Wahrscheinlichkeit, daß sich positive Reaktionen gegenüber Hunden herausbilden und auch erhalten bleiben, wodurch wiederum die Möglichkeit der Bastardierung mit Hunden zunimmt.

Das dargelegte Schema der Bedingungen und ökologischen Voraussetzungen für die Veränderung des Verhaltens der Wölfe gegenüber den Hunden ist sicherlich stark vereinfacht. Es gibt nicht wenige Beispiele dafür, daß trotz einer stark gestörten Wolfspopulation und trotz zahlreicher verwilderter Haushunde (Italien, Umgebung von Moskau in der UdSSR) keine Bastarde auftreten, andererseits solche Bastarde selbst in kaum gestörten Wolfspopulationen vorkommen.

Wenn man über die Anpassung des Wolfs an den Menschen spricht, muß man unbedingt auch auf die Frage nach seinem Verhalten gegenüber dem Menschen und seiner Gefährlichkeit eingehen. Die jahrhundertelange Verfolgung hat beim Wolf

Furcht, Vorsicht und manchmal auch Dreistigkeit hervorgebracht. Wölfe, die die Grausamkeit und Hinterlist des Menschen nicht kennengelernt haben, sind freundlich und zutraulich. Genauso verhielt sich der Wolf, den der Ökologe Pruit im menschenleeren Norden Kanadas traf. Formozov (1976: 85), der diese Begegnung wiedergibt, schreibt: „Ein beeindruckender Wolf! ... Er kam ganz nahe heran, beschnupperte mich und wollte ganz offensichtlich spielen, ganz wie ein Hund. Als er im Schnee meine Fausthandschuhe erblickte, schnappte er sie und fing an, sie zu zausen. Um wieder in den Besitz meiner Handschuhe zu kommen, mußte ich einen Schneeball an seine Schnauze werfen ...".

Das Tun und Handeln eines Menschen ruft eine deutliche Orientierungsreaktion des Wolfs hervor, weckt sein Interesse. Zvorykin (1939) bemerkte eine „angespannte Aufmerksamkeit" der Wölfe gegenüber dem Menschen, „großes Interesse". Sie kennen die Bewohner des jeweiligen Dorfes gut, unterscheiden einen Menschen mit Gewehr von einem unbewaffneten und reagieren auf sie unterschiedlich (Pavlov 1982). Ständige Verfolgung durch den Menschen verstärkt das Verteidigungsverhalten der Wölfe. Wie Hunde zeigen sie aggressives (aktives Verteidigungsverhalten) und furchtsames (passives Abwehrverhalten) Verhalten gegenüber dem Menschen. Meist überwiegt das passive Abwehrverhalten, durch das aggressives Verhalten blockiert wird. Wenn jedoch besonders in Zeiten geringer Bestandsregulierung ein Mensch auf einen Wolf trifft, können Bedingungen gegeben sein, unter denen die passive Abwehrblockung die Aggressionsreaktion nicht mehr hemmen kann. Wenn der Kontakt mit einem solchen Tier dazu führt, daß der Mensch die Flucht ergreift, nimmt beim Wolf die aktive Abwehrreaktion zu, die in eine Angriffsreaktion umschlagen kann.

Was sagt nun die Praxis über die Gefährlichkeit des Wolfs gegenüber dem Menschen? Wird die potentielle Aggression einzelner Wölfe gegenüber dem Menschen realisiert? Daß tollwütige Wölfe wie auch andere tollwütige Füchse, Hunde usw. bei Kontakt mit dem Menschen eine Gefahr darstellen, ist unbestritten. Aber wie ist es nun mit gesunden Wölfen, greifen sie Menschen an? Diese Frage hat in jüngster Vergangenheit Pavlov (1965, 1982) behandelt, der in diesem Zusammenhang die Diskussion bekannter Jagdwissenschaftler über die Gefährlichkeit des Wolfs für den Menschen aus den 30er Jahren darstellt. Der große Wolfskenner Kaverznev (1933) schrieb: „Ich muß sagen, daß vor der Revolution in jedem Winter in den Zeitungen über Angriffe auf Menschen und Tötungen von Menschen durch Wölfe berichtet wurde. Die Opfer der Räuber waren nicht nur vorwiegend, sondern fast ausschließlich Landpolizisten und Wachtmeister. Man bekommt den Eindruck, als würden Wölfe Polizistenfleisch allem anderen vorziehen. Alle diese Nachrichten hielten in keinem Falle einer Überprüfung stand ..." Weiter heißt es: „... Derartige Zeitungsnachrichten und nicht überprüfte Gerüchte bildeten dann oft die Grundlage für die vorrevolutionären Statistiken, die von Polizeiwachtmeistern und Gemeindeschreibern „fabriziert" wurden. Die Zahlen über durch Wölfe getötete Menschen wurden somit offenbar aus der Luft gegriffen." Pavlov (1982: 111) weist weiter darauf hin, daß „eine negative Einstellung zu den Zahlen, die in der Vorkriegsstatistik die durch Wölfe getöteten Menschen ausweisen, auch die alten Jagdwissenschaftler gehabt hätten" – Buturlin, Kercelli, Čerkasov, Kuznecov, Dinnik. Kaverznev (1933: 28/29) erwähnt noch den „bekannten Anthropologen und Polarforscher Williamore Stephanson (Kanada)", der „die Fälle untersucht hat, in denen sowohl in der UdSSR als auch in anderen Ländern Menschen durch Wölfe getötet worden sein sollen, und nirgends einen bewiesenen Fall gefunden hat". Daß die nordamerikanischen Wölfe für den Menschen ungefährlich sind, wurde in jüngster Zeit von den bekannten Zoologen Pimlott (1967) und Mech (1970) dargestellt.

In den Nachkriegsjahren hat der führende sowjetische Jagdwissenschaftler Prof. Mantejfel aus gleichem Grunde alles für Erfindung gehalten, was Angriffe von Wölfen auf Menschen betrifft. Er war überzeugt, daß die jahrhundertelange Verfolgung beim Wolf eine allmächtige Furcht vor dem Menschen erzeugt hat, einen Instinkt, der es nicht zuließ, Menschen anzugreifen.

Auf dem 2. Kongreß der Jäger der RSFSR 1962 hat der bekannte Zoologe Teplov nochmals die Arbeiten Buturlins besonders hervorgehoben, der in glänzender Weise nachgewiesen hat, daß Wölfe Menschen nicht angreifen (Pavlov 1982). Vor diesem Hintergrund veröffentlichte nun Pavlov 1965 in naturalistischer Weise eine Auswahl von Fällen, wo Wölfe in einigen Kreisen des Bez. Kirow (Wjatka) in den Kriegs- und Nachkriegsjahren (1944–1953) Menschen angegriffen haben. Überfälle auf Menschen wurden 1945–1947 auch im Bez. Wladimir und in Karelien registriert. Mir scheint jedoch, daß die von Pavlov (1982) angeführten Fälle aus der Nachkriegszeit sich im Rahmen größter Ausnahmen bewegen (Naumov 1967) und kein Anlaß sind, die Frage der Gefährlichkeit des Wolfs für den Menschen neu zu stellen.

Fassen wir also zusammen. Angriffe auf Menschen können erfolgen in Zeiten, wenn die Nahrung verknappt ist, der Bestand hoch und die Bekämpfungsmaßnahmen nachlassen. Letzteres ist sehr wichtig, denn bei einzelnen Tieren verliert sich allmählich die Furcht vor dem Menschen, die instinktmäßige Angst, die die aggressiven Anlagen hemmt. Es ist kein Zufall, daß den Angriffen von Wölfen auf Menschen, die Pavlov mit so grausamer Ausführlichkeit schildert, die Kriegsjahre vorausgingen, als in den Dörfern nur Frauen und Kinder zurückgeblieben waren. Es ist ebenfalls kein Zufall, daß einzelne dreist gewordene Wölfe fast ausschließlich kleinere, vom Hunger geschwächte Kinder anzugreifen wagten. Bemerkenswert ist schließlich auch, daß die erlegten und untersuchten menschenfressenden Wölfe entweder alte Tiere waren oder solche, die Zähne verloren hatten, als sie sich aus Schlagfallen befreiten.

Die Gefahr eines Angriffs durch Wölfe ist also gering und setzt außergewöhnliche Umstände voraus. Aber die Gefahr muß man immer im Auge haben und bei der Strategie einer Lenkung der Wolfspopulationen berücksichtigen, und man darf mit der Bestandskontrolle nicht nachlassen. Emotional beeinflußte Äußerungen wie die von Pavlov (1982), die die Situation dramatisieren, sind einer weiteren Entwicklung dagegen kaum dienlich. Schließlich stehen auch Bär und Tiger, die Vieh töten und manchmal Menschen angreifen, nicht außerhalb des Gesetzes.

8.2. Jagdverhalten

Die Jagdmethoden des Wolfs sind vielfältiger als bei jeder anderen naheverwandten Art aus der Familie der Canidae. Das Spektrum der Methoden variiert in dem gewaltigen Areal entsprechend der Vielfalt der Beutetiere und den Jagdbedingungen.

Abb. 55. Wolf im Trab, darunter in mäßigem Galopp. Zeichn. V. M. Smirin

Zum Jagdverhalten des Wolfs gehört die Beutesuche, das Beschleichen, das Zusammentreffen mit dem Opfer, das Hetzen, der Angriff und das Fressen (Mech 1970). Bei der Jagd auf Herdentiere weit verbreitet ist auch das Absprengen von Tieren aus einer Gruppe oder Herde, das dem Hetzen und dem Angriff vorausgeht. Die Variabilität im Jagdverhalten ist noch besser zu verstehen, wenn man die unterschiedlichen Fortbewegungsweisen des Wolfes kennt. Am typischsten ist für den Wolf ein weitgreifender, fördernder Trab, der sich von dem des Hundes durch ein ruhiges Tempo und kräftigere Bewegungen unterscheidet (Abb. 55 oben). Die langen Pfoten verstärken das Abfedern und ermöglichen es dem Tier, kleinere Hindernisse ohne Tempoänderung zu überwinden. Oft bewegt sich der Wolf in einem gemäßigten Galopp, mit dann weit nach vorn gestreckten Vorderpfoten (Abb. 55 unten). Der Rücken wird bei dieser Gangart kaum gebogen – im Gegensatz zum scharfen Galopp bei der Verfolgung einer Beute. Ein verfolgter oder ein Beutetier verfolgender Wolf entwickelt eine Geschwindigkeit von 40–50 km/h, bei scharfem Antritt kann er auf kurzen Strecken sogar 60–65 km/h erreichen (Pavlov 1982). Bei der Fortbewegung nutzt der Wolf geschickt die Geländestruktur und die verschiedensten natürlichen Deckungsmöglichkeiten aus. Ohne das Tempo zu ändern nutzt er selbst in der offenen Landschaft auch die geringste Deckung wie kleine Bodenwellen oder Gruppen hoher Kräuter. Wo der Wolf ständig verfolgt wird, kennt er sehr gut die Möglichkeiten der Jäger und wählt dementsprechend Weg, Tempo und Fluchtdistanz, um außerhalb der Gefahrenzone zu bleiben.

Die Eigenheiten und der Rhythmus der Bewegungen des Wolfes sind auch schon im Verhalten der jungen Wölfe zu erkennen. In ihren Bewegungen ist selbst im Spiel nicht die Hektik, die denen junger Hunde eigen ist. Junge Wölfe wirken im Spiel konzentrierter, ihre Bewegungen sind gemessener. Das hilft z. B. die Trägheit des Sprunges besser auszunutzen. Schläge und Stöße mit dem ganzen Körpergewicht sind außerordentlich typisch im Spiel der jungen Wölfe, wenn diese z. B. aus dem Lauf oder der Lauerstellung angreifen.

Suchen und Aufspüren der Beute. Die Wechsel, auf denen Beute gesucht wird, sind konstant. Sie führen durch Gebiete, in denen zu bestimmten Jahreszeiten Beutetiere zu finden sind oder Beutetierkonzentrationen auftreten. Sie sind sehr rationell angelegt und berühren nicht nur die beutetierreichsten Revierteile, sondern sie ermöglichen auch die günstigste Annäherung an das Opfer (Kudaktin 1980).

Bei 51 Beobachtungen der Jagd von Wolfsrudeln fanden die Tiere in 42 Fällen den Elch durch die Witterung, seltener mit dem Gehör, in neun Fällen spürten sie ihn auf (Mech 1970). Wenn die Wölfe das Beutetier gewittert haben oder dessen Nähe spüren, bleiben sie stehen, laufen unruhig hin und her, wedeln erregt mit dem Schwanz und blicken aufmerksam in die Richtung der Beute.

Eine Etappe der Beutesuche beschränkt sich auf das Aufspüren neugeborener Huftiere. Diese Art des Nahrungserwerbs kommt in allen Landschaftstypen vor. Die Wölfe kennen nicht nur die Setzzeiten sehr genau sondern auch die Plätze, an denen Jungtiere gesetzt werden, weil jene bei vielen Huftieren ziemlich konstant sind. Die Wölfe suchen diese Plätze auf und inspizieren sie während der Hauptsetzzeit täglich gründlich (Haber 1980). Wenn sie eine Elch- oder Hirschkuh aufgespürt haben, die gerade gekalbt hat, durchkämmen sie wie Vorstehhunde ganz gründlich das engere Gebiet und finden gewöhnlich das Neugeborene. Die Wölfe dringen über das Eis zu den Liegeplätzen der Kaspischen Seehunde *(Phoca caspica)* vor und reißen alle erreichbaren Jungen. In gleicher Weise suchen sie die Gelege und Jungen aller möglichen Vögel und fressen sie (Sabanskij 1877).

Wenn die Wölfe ein Beutetier aufgespürt haben, schleichen sie es an und versuchen sich ihm soweit zu nähern, daß sie es sicher anpringen können. Dabei paßt sich der Wolf dem Verhalten des Opfers an, verhofft, wenn dieses beunruhigt aufmerksam die Umgebung mustert, und schleicht dann mitunter kriechend mit unglaublicher Geduld und Ausdauer immer näher heran.

An heißen Tagen schleichen sich die Wölfe an ruhende Saigas, fressende Murmeltiere (*Marmota* spec.) und andere Tiere an. Das Töten eines Elchs wird bedeutend erleichtert, wenn es den Wölfen gelingt, ihn im Lager zu überraschen oder sich ihm bis auf wenige Meter beim Äsen zu nähern. (Bologov 1981). Ein Wolf, der einen Gebüschstreifen entlanglief, witterte bei seitlichem Wind Rehe *(Capreolus pygargus)*, die durch Gebüsch verdeckt auf einer freien Stelle lagerten. Der Wolf schlich sich kriechend unter Ausnutzung des Gegenwindes an sie heran. Er näherte sich langsam und suchte dabei Deckung in einem verschneiten Stoppelfeld. Zwei Meter von einer schlafenden Ricke entfernt setzte er dann zum Sprung an und riß sie (Kozlov 1966).

Die auf das Anschleichen folgende Etappe ist der Angriff. Der Angriff erfolgt mit einem kräftigen, kurzen Sprung, dann folgt der Biß und (oder) die Verfolgung,

Abb. 56. Wolfsrüde, Witterung nehmend. Aufn. A. F e i l e r

Abb. 57. Paarungsspiel. Aufn. M. B a r z (im Tierpark Berlin)

Abb. 58. An warmen Tagen wird gern das Wasser aufgesucht. Aufn. M. Barz (im Tierpark Berlin)

Abb. 59. An der Wurfhöhle. Aufn. M. Barz (im Tierpark Berlin)

Abb. 60. Fähe mit Welpen. Aufn. M. Barz (im Tierpark Berlin)

Abb. 61. So vorsichtig werden die Welpen getragen. Aufn. E. Zimen

Abb. 62. Gerade sehend gewordene Welpen. Aufn. H. L e w e n s t e i n

Abb. 63. Die halbwüchsigen Jungtiere haben sich in die hinterste Ecke des Baus unter einem Felsen zurückgezogen. Aufn. T. B a r a - t a š v i l i

Abb. 64. Etwa 4 Monate alter Jungwolf. Aufn. M. Barz (im Tierpark Berlin)

Abb. 65. Wolfsbastardhündin mit Haushunden im Bez. Woronesh (Winter 1970/71). Aufn. M. E. Starodubcev

Abb. 66. Wolfshunde (Bastarde), die im Bez. Tscheljabinsk erlegt wurden. Aufn. A. I. Il'enko

Abb. 67. Zu den seltenen Nachweisen von Wölfen in der DDR zählt der „Ihlower Wolf“. Links: Das erlegte Tier (Aufn. G. K u h l), rechts: Gedenkstein bei Mehlsdorf/Kr. Luckau, dieses Ereignis betreffend (Aufn. H. I l l i g)

Abb. 68. Die wildreichen, menschenarmen und schwer zugänglichen Gebirge des Altai (oben; Aufn. G. G. Sobanskoj) und der Dshungarei (unten; Aufn. V. N. Mazin), in denen der Wolf als Jagdwild erhalten werden kann

wenn das Opfer nicht sofort gerissen werden kann. So tötet der Wolf im Gebirge und in der Ebene Hirsche, Elche, Argalis und Steinböcke, seltener Wildschweine oder Rehe. In der offenen Landschaft wird diese Jagdweise seltener angewandt, weil es schwierig ist, sich dem Opfer bis auf kurze Entfernung zu nähern. Wenn der Wolf auf den ersten Hunderten von Metern nicht den entscheidenden Biß anbringen kann, wird die Verfolgung meist aufgegeben. Bei 36 Jagdoperationen, die im Kaukasus-Naturschutzgebiet auf Grund der Fährten rekonstruiert wurden, (Kudaktin 1978), betrug die kürzeste Entfernung, aus der die Wölfe Rothirsche angegriffen haben, 10,4 m, die größte 180–200 m. Diese Angaben stimmen mit Beobachtungen des Jagdverhaltens des Wolfs bei Angriffen auf Elche und Weißwedelhirsche *(Odocoileus virginianus)* in Nordamerika überein (Mech 1966, 1970).

Bei einem mißlungenen Sprung auf einen Feldhasen *(Lepus europaeus)* wird die Verfolgungsjagd fortgesetzt. Eine Wölfin, die einen hakenschlagenden Hasen packen wollte, verfehlte ihn im Sprung, bremste, wobei sie mit den Pfoten über den Schnee glitt, und versuchte einen erneuten Angriff. Einen Hasen jagt der Wolf nur, solange er ihn sieht, hat er ihn aus den Augen verloren, gibt er die Verfolgung auf. Murmeltieren, die sich vor einem plötzlich auftauchenden Wolf kopfüber in den rettenden Bau stürzen wollen, schneidet dieser den Weg ab (Korytin u. Bibikov 1985).

Langdauernde Hetzjagden auf Huftiere sind beim Wolf nicht die Regel. Von 149 Jagdoperationen auf Huftiere im Kaukasus-Naturschutzgebiet verfolgten die Wölfe nur in 12 Fällen die Opfer über 2–4 km (Kudaktin 1979). Entsprechende Feststellungen wurden in Nordamerika bei Jagden auf Karibus (Kelsall 1968 u. a.) und Elche gemacht (Mech 1970). Langdauernde Hetzjagden unternimmt der Wolf vor allem, wenn die Situation für die Huftiere ungünstig ist oder geschwächte Tiere das Opfer sind (Abb. 69). Wenn die Wölfe einen durch die Brunft hungrigen und geschwächten Saigabock aus dem Lager hochmachen, verfolgen sie ihn ohne Eile, bis er völlig entkräftet zusammenbricht (Sludskij 1962).

Das Aufsprengen des Rudels ist eine wesentliche Etappe der Jagd auf in Gruppen auftretende Tiere. Die Wölfe versuchen, das Rudel auseinander zu treiben oder von der Gruppe ein oder mehrere Tiere abzusprengen. Die konkreten Methoden, um dies zu erreichen, variieren: Ablenken des Leittieres, unerwarteter Angriff, Angriff von der entgegengesetzten Seite, Eindringen in das Rudel, um Panik zu erzeugen, am häufigsten jedoch Angriff auf zurückgefallene Tiere.

Nur das Absprengen eines einzelnen alten Bullens oder einer Kuh mit Kalb von der Herde von Moschusochsen *(Ovibos moschatus)* oder Bisons *(Bos bonasus)* kann bei der Jagd auf so wehrhafte Tiere zum Erfolg führen. Bei der Hetzjagd auf Saigaantilopen, Mongolische Kropfgazellen *(Procapra gutturosa)* oder Rentiere *(Rangifer tarandus)* schaffen die Wölfe zuerst eine Probesituation, indem sie das Rudel in Gruppen aufspalten, und erst dann verfolgen sie mehrere oder einzelne Tiere. Sie „pressen“ buchstäblich die schwachen Stücke aus der Gruppe heraus.

Kudaktin (1982) beobachtete den Angriff zweier Wölfe auf eine Wildschweinfamilie. Als die Raubtiere auf der Waldlichtung auftauchten, drängten sich die Frischlinge um die Mutter. Einer der Wölfe ging um die Familie herum, der andere blieb an seinem Platz. Als sich die Wölfe gegenüber standen, machte einer einen Ausfall gegen die Wildschweine. Die Bache warf sich ihm entgegen, in diesem

Abb. 69. Verfolgung eines Elchs durch ein Wolfsrudel. Zeichn. V. M. Smirin

Augenblick packte der andere Wolf einen Frischling und verschwand damit im Gebüsch. Die Bache stürzte nun diesem nach, und so konnte der zurückgebliebene Wolf auch noch einen Frischling erbeuten.

Außer der Hauptjagdmethode mit direktem Angriff[1], die in verschiedenen Varianten eingesetzt wird, verwenden die Wölfe noch andere Jagdweisen, von denen einige das hohe Niveau der Verstandestätigkeit des Raubtieres bestätigen.

Die Treibjagd. Wenn das Rudel ein Opfer entdeckt hat oder dessen Aufenthaltsort kennt, teilt es sich auf. Einige Tiere legen sich auf die Lauer, die übrigen übernehmen die Rolle von Treibern. Die Lauerposition befindet sich an dem vermutlichen Fluchtweg des aufgescheuchten Opfers (Abb. 70). Dieses Verfahren wird bei der Jagd auf verschiedene Huftiere und sogar Hasen in allen Landschaftstypen angewendet. Eine andere Variante, das Kesseltreiben, besteht darin, daß die Wölfe das Opfer verfolgen und ihm dann den Weg abschneiden. Diese Jagdweise beruht darauf, daß viele Tiere ihren Verfolgern nicht in gerader Linie sondern im Bogen zu entkommen suchen. Wenn die Wölfe auf ein Opfer gestoßen sind, teilen sie sich. Die einen hetzen das Tier, die anderen schneiden ihm den Weg ab, wenn es ausweicht. Die Verfolgung übernehmen die Wölfe auf der Flanke, nach deren Seite das Tier, etwa ein Karibu, abgebogen ist (Banfield 1954). Die Koordination der Handlungen bei einer solchen Jagd ist außerordentlich groß.

[1] Die von Korytin u. Bibikov (1985) für die UdSSR eingeführte Klassifizierung der Jagdmethoden des Wolfs ist im wesentlichen auch auf Nordamerika anwendbar, da die meisten Beutetiere und die Lebensbedingungen ähnlich sind.

Das In-die-Enge-Treiben. Zu diesen für den Wolf spezifischen Jagdverfahren gehören die Methoden, bei denen die Wölfe das Opfer unter für dieses ungünstigen natürlichen Bedingungen oder Situationen verfolgen. Das Jagdverhalten der Wölfe, das auf der Ausnutzung für sie günstiger Besonderheiten des Geländes, der Bodenbeschaffenheit, von Wasser- oder anderen Hindernissen beruht, paßt gut zu der Fähigkeit der Art zu extrapolieren und bei dynamischen Umständen schnell richtige Entscheidungen zu treffen. Es hängt eng zusammen mit der Territorialität und der sozialen Organisation des Wolfs, mit der hervorragenden Kenntnis des Jagdreviers sowie den physischen und ökologischen Möglichkeiten der Opfer. Die nachfolgend beschriebenen Methoden des In-die-Enge-Treibens setzen die Wölfe in den verschiedensten Landschaftsformen ein, im Gebirge, in der Ebene, im Norden und im Süden des Verbreitungsgebiets.

Ausnutzung von tiefem Schnee, Harschschnee und morastigem Salzboden. Bei einer Schneehöhe von einem Meter und mehr wurden im Winter 1971/72 im Kaukasus-Naturschutzgebiet selbst ausgewachsene Rothirsche leicht eine Beute der Wölfe. Verluste erleiden bei tiefem Schnee auch die Schneeschafe *(Ovis nivicola)* auf der Tschuktschen-Halbinsel (Železnov 1983) und die Kanadischen Dickhornschafe *(O. canadensis)* in den Gebirgen Nordamerikas. Die an den tiefen Schnee angepaßten Elche hingegen können dem Wolf bei lockerem, hohem Schnee entkommen. Eine Schneehöhe von 40 cm und mehr macht dem Wolf bei der Fortbewegung bereits Schwierigkeiten, während große Huftiere mit einer Höhe von 60 cm noch gut zurechtkommen. Hohe Schneelagen sind also für das Raubtier nicht immer von Vorteil, sondern sie können für das Opfer auch die Rettung bedeuten.

Viel hängt nicht von der Schneehöhe ab sondern von der Festigkeit des Schnees, d. h. davon, ob die Oberfläche verharscht ist. In den strengen Wintern 1969, 1971

Abb. 70. Zutreiben eines Rehs auf den Ansitz. Zeichn. V. M. Smirin

und 1972 rissen die Wölfe auf Isle Royale 38% der Elche im Alter von 1–3 Jahren, während sonst vor allem Kälber, einjährige Stücke und Alttiere im Alter von mehr als 7 Jahren die Opfer sind. (Peterson u. Allen 1974). Tiefer, verharschter Schnee, der den Wolf trägt, die Beutetiere jedoch einbrechen läßt, wird für diese zur Falle. Die Belastung auf den Untergrund ist bei der Saigaantilope 2,3- bis 3mal so groß wie beim Wolf, bei der Kropfgazelle 3,1 mal, bei der Mongolischen Kropfgazelle 3,7 mal (Sludskij 1962), beim Elch 2,3 mal (Peterson u. Allen 1974). Wenn Huftiere in den verharschten Schnee einbrechen, verletzen sie sich die Läufe, so daß das Laufen im Schnee für sie noch schwieriger wird. Die Wölfe kennen den Zustand der Schneedecke in ihrem Revier in den verschiedenen Jahreszeiten sehr gut, treiben ihre Opfer geschickt in die für sie günstige Richtung. So versuchen sie im Darwin-Naturschutzgebiet in der zweiten Winterhälfte, wenn der Schnee im Wald tief und locker ist, die Elche zum Ufer des Rybinsker Stausees zu treiben, wo der Schnee festgeworden ist und die Wölfe trägt, den schweren Elch jedoch einsinken läßt. Im Frühjahr können die Saigas auf dem aufgeweichten Boden nicht schnell laufen, sinken ein und rutschen. Wenn die Wölfe zu dieser Zeit Antilopen jagen, versuchen sie, diese auf morastigen Salzboden zu treiben und dadurch die Beute schneller überwältigen zu können (Sludskij 1962, Zaloznych 1980). Ähnliches ist auch im Herbst zu beobachten.

Das Treiben des Opfers aufs Eis. Diese Jagdweise wird im Winter häufig angewandt, besonders in der asiatischen Gebirgstaiga. Auf dem Eis, selbst wenn Schnee darauf liegt, fühlen sich Elch und Rothirsch sehr unsicher, sie rutschen und stürzen u. U. So werden Rehe, Isubrahirsche, Sikahirsche und andere Tiere gerissen. Auf die mit spiegelglattem Eis überzogenen Seen Westsibiriens treiben die Wölfe Rehe von weither (Kozlov 1965). So töteten im Winter 1951 neun Wölfe auf dem Eis im Hochgebirge im Tianschan sieben Argalis. Am Unterlauf des Amur greifen Wölfe häufig Elche in den Flußauen an, indem sie die Tiere auf das glatte und brüchige Eis an solchen Stellen treiben, wo auf Seen und Flüssen Aufwasser austritt. Hohlräume unter dünnem Eis verschlimmern noch die Situation der Opfer. In Ostsibirien und im Altai kommen auf diese Weise viele Rothirsche und Elche durch Wölfe um (Bondarev u. Sobanskij 1985).

Die Ausnutzung von Steilwänden, Schluchten und Steilhängen. Das Abdrängen eines Opfers an eine Steilwand, von der es abstürzt, ist im Gebirge eine weit verbreitete Variante des In-die-Enge-Treibens. Ein zu einem Abgrund getriebener Maral *(Cervus elaphus)* stürzte zwar 7 m tief ab, hatte jedoch noch die Kraft, einen kleinen Fluß zu durchqueren, wo ihn dann die Wölfe nach etwa 20 m einholten (Fedosenko 1980). Von den 50 im Verlaufe des Jahres 1973 im Borshomi-Naturschutzgebiet durch Wölfe umgekommenen Rothirschen war ein großer Teil von den Felsen gestürzt. Auf gleiche Weise jagen die Wölfe auch Rehe (Baratašvili 1985) und Saigas, indem sie letztere in steile Erosionsrinnen in Lehmwänden treiben (Filimonov 1980). Nicht selten stürzten von Wölfen verfolgte Argalis *(Ovis ammon* u. a.) oder Ture (im Kaukasus) von den Felsen.

Ein Opfer in eine Schlucht zu treiben, wo es nicht mehr den Vorteil der größeren Schnelligkeit nutzen kann, ist eine Variante derselben Jagdweise. So machte im Gebiet Krasnojarsk ein Rudel aus 6 Wölfen drei Rehe *(C. pygargus)* aus dem Lager hoch und trieb diese in eine kleine, verschneite Schlucht. Den Opfern gelang es nicht, die zwei Meter hohen Steilwände zu überwinden. Im Februar 1974 rissen vier Wölfe ein geschwächtes ausgewachsenes Wildschwein in einer engen, ausweglosen Schlucht. In einigen Fällen erlangt das Raubtier eine günstigere Position, wenn es das Opfer über einen Steilhang jagt. So töteten im Juni 1970 im Dshungarischen Alatau zwei Wölfe innerhalb einer Stunde zwei Maralkälber, die, über einen mit frischem Schnee bedeckten Wiesenhang fliehend, rutschten und abstürzten (Die Beispiele wurden einer Übersicht bei Korytin u. Bibikov 1985 entnommen).

Auf der Flucht vor den Wölfen erklettert das Opfer manchmal einen unzugänglichen Felsen. Dies ist eine weit verbreitete Anpassung der Huftiere vor allem der Gebirgstaiga und des Hochgebirges an die Verfolgung durch den Wolf. Die Wölfe lauern dann manchmal tagelang auf ihr Opfer, und wenn dieses einen Ausbruch versucht, stürzt es oft ab und zerschellt. Unterhalb solcher Felsen hat man wiederholt Haare, Knochen und Hörner gefunden. Auf unzugängliche Felsen retten sich von den Huftieren am häufigsten Moschustiere, Isubrahirsche und Schneeschafe. Im Dshungarischen Alatau sind für Marale schmale Vorsprünge auf Felsenterrassen oberhalb eines Flusses oder schluchtartige Einschnitte in den Felsen, die nach zwei oder drei Seiten hin Schutz bieten, derartige Zufluchtsorte (Fedosenko 1980). Das Schneeschaf *(Ovis nivicola)* und das Moschustier *(Moschus moschiferus)* erklettern völlig unzugängliche Felsen, so daß sich eine aktive Verteidigung erübrigt, zu der das Moschustier ohnehin nicht imstande wäre. Die Zufluchtsorte der Schneeschafe liegen gewöhnlich auf Simsen, wo auch Nahrung zu finden ist, oft im oberen Drittel einer Steilwand. In einigen Gebieten Jakutiens halten sich die Wölfe ständig in der Nähe solcher Örtlichkeiten auf. In Transbaikalien befinden sich die Zufluchtsorte der Moschustiere gewöhnlich 50–100 m hoch, manchmal jedoch auch höher. Die Fläche, auf der ein Moschustier noch Halt findet, ist manchmal nicht größer als ein Fausthandschuh. Sich sicher und unverwundbar fühlend, steht dieser hilflose, winzige Hirsch selbst dann regungslos, wenn die Rachen der Feinde nur 2–3 m entfernt drohen.

Das Ausnutzen von Geröllfeldern, Dickichten und Windbruchflächen. In jedem Fall handelt es sich um Geländestrukturen, wo die Opfer ihre Manövrierfähigkeit verlieren, leicht die Läufe verletzen können und besser überwältig werden können. Ende Juni 1977 wurden im Dshungarischen Alatau am Rande eines Geröllfeldes in einem Flußtal die Reste einer Hirschkuh mit einem gebrochenen Vorderlauf gefunden (Fedosenko 1980). Im Altai nutzen die Wölfe für die Jagd auf Marale Blockfelder, im Kaukasus-Naturschutzgebiet sind derartige Örtlichkeiten Fallen, in die die Wölfe die Hirsche geschickt hineintreiben. Kudaktin (1978) nannte sie „Wolfshürden oder -pferche“ und wollte damit betonen, daß diese Stellen regelmäßig genutzt wurden. Das Beutemachen in natürlichen Fallen ist eine lebenswichtige Besonderheit im Jagdverhalten des Wolfs und eine charakteristische Form der Nutzung des Reviers durch das Rudel.

Die potentiellen Beutetiere des Wolfs kennen die Lage der für sie gefährlichen Örtlichkeiten im Revier gut und versuchen, diesen nicht zu nahe zu kommen. Dennoch halten sie sich in deren Nähe auf, angelockt durch Salzlecken, gute Äsungsflächen usw. Ein in Windbruch oder in junges Stangenholz getriebener Elch versucht, wieder offenes Gelände zu erreichen. Andererseits bieten dichte Strauchdikkichte manchmal die Möglichkeit, den Zähnen des Räubers zu entkommen. Im Primorje-Gebiet ist es dem Wolf im Dickicht aus Haselnuß, Buschklee *(Lespedeza)* und jungen Eichenstangen unmöglich, ein Reh zu überwältigen. Im Oka-Naturschutzgebiet brach ein Elch zweimal durch dichtes Weidendickicht, wo die federnden Zweige die sich an ihm festgebissenen Wölfe zum Loslassen zwangen. Zur selben Kategorie gehört auch das Treiben in Habitate, in denen die Beutetiere nicht zu Hause sind. So reißen Wölfe Gorale *(Nemorhaedus goral)*, wenn sie im Winter bei der Nahrungssuche sanft geeignete Hänge aufsuchen, sowie im Herbst, wenn sie vor der Brunft Wanderungen unternehmen. Steinböcke *(Capra* spec.) werden beim Überqueren offenen Geländes zwischen Felsen während der Nahrungssuche oder auf den Wanderungen erbeutet.

Das Auflauern. Gewöhnlich Einzeltiere lauern unbeweglich und erwarten ein Beutetier. Der Wolf wählt sehr geschickt eine Deckung und berücksichtigt dabei die Lebensweise, das Verhalten des Opfers und die Witterungsbedingungen. Sie lauern an Wechseln zu Salzstellen und Tränken oder zu Fuhrten über Flüsse auf den Wanderwegen der Rentiere oder Saigas. An den Bauen von Nagetieren lauern sie lange und geduldig und lassen das Opfer möglichst dicht herankommen, um es sicher packen zu können.

Die häufigsten Angriffe von Wölfen auf Antilopen *(Gazella spec., Saiga spec.)* aus dem Gebüsch am Wasser haben dazu geführt, daß diese Tiere, besonders Saigas, solche Gewässer meiden, in deren Nähe eine Deckungsmöglichkeit für die Räuber vorhanden ist. Nur starker Durst und das Fehlen günstigerer Wasserstellen veranlaßt sie, diese Gewohnheit aufzugeben (S l u d s k i j 1962). Alle wildlebenden Huftiere sind an den Wasserstellen sehr vorsichtig. Gebüsch und hohes Kraut, so schreibt P r ž e v a l ' s k i j (1875), meidet die Mongolische Kropfgazelle konsequent.

Wenn sich die Gelegenheit bietet, lauert der Wolf dem Eisfuchs an dessen Bau auf oder er reißt ihn beim Mäuseln, besonders im stärker gegliederten Gelände. Eine ganze Stunde lang lauert der Wolf auf Tarbagane *(Marmota sibirica)* vor deren Bau. Ebenso verfährt der Wolf bei der Jagd auf Enten. So hat man dreimal in Kasachstan beobachtet, wie sich ein Wolf kriechend dem Seerand näherte, dort erstarrte und wartete, bis sich eine Ente auf 1–1,5 m näherte, und sich dann auf sie stürzte (F i l i m o n o v 1980a). Das Lauern gehört auch zum Fangen von Fischen. In der UdSSR ist diese Form des Nahrungserwerbs noch nicht beschrieben worden, obwohl sie z. B. auf Kamtschatka angewendet wird. In den Nordwest-Territorien Kanadas hingegen lauern die Wölfe mit Erfolg den zu den Laichplätzen ziehenden Lachsen auf (B r o m l e y 1973).

Das „Mäuseln". Manchmal fangen Wölfe wie Füchse und Eisfüchse Nager, indem sie deren Baue aufgraben. Das Mäuseln, zu dem die Lauerstellung und der Mäuselsprung gehören, wurde in der schneearmen Küstentrundra Kamtschatkas beobachtet. Es sind auch Fälle bekannt, daß Wölfe beim Pflügen Mäuse gefangen haben, wobei sie sich in einiger Entfernung vom Traktor hielten. Hungrige Jungwölfe fangen Mäuse in der Umgebung des Baus. Das Gewicht dieser Nahrung in ihrem Magen lag bei 0,5 kg (M e r t c 1953).

8.3. Verhalten bei Angriffen auf Haustiere

Der Angriff auf der Weide. Er ist in allen Landschaftszonen der UdSSR die verbreitetste Jagdweise auf Haustiere. Die Angriffe beginnen Ende Juli/August, wenn die diesjährigen Jungwölfe schon auf die Jagdzüge mitgenommen werden können, und dauern bis zu dem Zeitpunkt, wo das Vieh in die Winterställe getrieben wird, bei Dauerweidebetrieb können die Angriffe das ganze Jahr über erfolgen. In Mittelrußland geschahen von 42 untersuchten Überfällen während des Sommers und Herbstes auf der Weide zu den verschiedensten Tageszeiten, doch in jedem Falle bestand für die Raubtiere die Möglichkeit, sich der Herde gedeckt bis auf 25–30 m zu nähern. Die Wölfe überfallen vor allem Schafe und Kälber. Kühe und Pferde, die sich von der Herde etwas abgesondert haben, werden nur selten angegriffen (Bologov 1980).

Im westlichen Kanada, einem Gebiet mit relativ hohen Viehverlusten durch Wölfe, erfolgen die Überfälle von Juni bis September, also während der Weideperiode (Gunson 1983 u. a.).

Die Jagd in Siedlungen und Dörfern. Die Wölfe fangen Hunde, Hausgeflügel, Ferkel, Katzen und andere kleinere Haustiere in unmittelbarer Nähe menschlicher Behausungen, in eingezäunten Gärten. Sie reißen Ziegen, Schafe und Kühe am Pflock und Hunde an der Kette. Die Wölfe fressen auch Wildtiere in Fallen. So verlor ein Jäger 1953 durch Wölfe 30 Eisfüchse, die in Fallen geraten waren (Semenov 1954). Sie interessierten sich nur für lebende Tiere, erfrorene rührten sie nur selten an. Wölfe rissen zwei in Fallen gefangene Vielfraße (Boles 1977). Šmit (1973) beobachtete, wie Hausgänse aufflogen, als sich ihnen ein Wolf näherte, eine Schlucht überquerten und dann völlig erschöpft auf einem Hang niedergingen. Im selben Augenblick tauchten aus dem Versteck im Unkraut zwei weitere Tiere auf und töteten mehrere Gänse.

Sehr vielfältig sind die Methoden, Hunde zu erbeuten. Die Wölfe wenden die Taktik des Anlockens an und greifen sich dann die etwas kühneren oder unvorsichtigen Tiere am Zaun oder manchmal auch auf dem Grundstück selbst. Der Wolf wird mühelos mit fast jedem Hund fertig; wenn er in ein Dorf eingedrungen ist, lockt er ihn jedoch nicht selten aus dem Dorf, wo dann noch weitere Tiere warten. Bei einer anderen Variante läuft der Wolf ebenfalls zur Dorfgrenze, der Hund folgt ihm nach. Außerhalb der Siedlung dreht sich der Wolf plötzlich um und fällt wie ein Wirbelwind über den Haushund her.

Die ständige Vorsicht gegenüber dem Menschen prägt die Jagdmethoden des Wolfs. Die Überfälle erfolgen nur nachts, Raubzüge am Tage sind selten. In den Siedlungen und in deren Umgebung bewegt sich der Wolf nicht, wie es gerade kommt, sondern nur auf bestimmten „Wechseln". Jäger, die diese Wechsel kennen, können mit Erfolg in Dörfern mit Fallen Wölfe fangen. Beobachtungen an vier Wolfsfamilien im Zentralen Waldschutzgebiet haben gezeigt, daß sie jede Siedlung in ihrem Revier 15- bis 40mal im Jahr aufsuchen. Die Jagd des Wolfs in der Nähe von Siedlungen erfolgt mit System, wobei die Beobachtung des Verhaltens der Bewohner ein wichtiges Element darstellt (Bologov 1980).

Überfälle auf Vieh im Stall. Die Wölfe können in Schaf-, Schweineställe und andere

Gebäude eindringen, in denen Vieh gehalten wird. Sie scharren sich einen unterirdischen Zugang frei, über eine Schneewehe erklettern sie das Dach und reißen es auf, brechen Türen, die nicht stabil genug sind, auf, springen durch Fenster usw. Im Stall reißen sie dann manchmal viele Schafe, schleppen jedoch nur eins davon. Wenn die Wölfe über das Dach in den Stall eingedrungen sind, kommen sie manchmal nicht wieder heraus, und so wird der Stall zur Falle. In den letzten Jahrzehnten sind nach Priklonskij (1983) Überfälle auf Vieh im Winter außerordentlich selten geworden, denn es wurden viele große Stallanlagen mit elektrischem Licht gebaut. Sommerpferche, die gewöhnlich von den Siedlungen weit entfernt liegen und schlecht gesichert sind, werden dagegen von den Räubern regelmäßig „besucht".

8.4. Soziale Organisation

Der Wolf als Lebensform eines aktiven Raubtieres, das an der Regulierung der Natur in vielen Landschaftsformen der Holarktis beteiligt ist, weist spezifische Züge des Verhaltens beim Nahrungserwerb, bei der Fortpflanzung, bei der Regelung der Wechselbeziehungen mit anderen Tieren und den Artgenossen auf. Das Verhalten und damit auch die soziale Organisation innerhalb der Art hängen eng miteinander zusammen und bedingen sich wechselseitig. Für territoriale Tiere mit einer geordneten Struktur der Beziehungen und einer geregelten Verteilung der Familiengruppen (Rudel), mit einer klaren Stellung der Individuen innerhalb dieser Gruppen ist ein einwandfrei arbeitendes Informations- und Kommunikationssystem unerläßlich, durch Sehen (visuell), durch Geruch (olfaktorisch) und durch Hören (akustisch).

Die visuelle Kommunikation erfolgt durch die Weitergabe von Informationen mittels Mimik, Haltungen und Bewegungen. Bei den Wölfen sind stärker als bei anderen Arten der Familie ritualisierte Formen agonistischen Verhaltens entwickelt, die für die Aufrechterhaltung der hierarchischen Ordnung im Rudel wichtig sind (Kleimann 1967).

Bei der Weitergabe visueller Informationen spielt beim Wolf der Kopf eine außerordentlich große Rolle. Durch Kontraktion der Gesichtsmuskulatur, durch Veränderungen der Form der besonders gefärbten Schnauzenpartien, durch die Bewegung der Ohren, der Nase, der Lippen, der Zunge, der Augen und der Schnauze wird eine große Ausdrucksfähigkeit erreicht. Die extreme Ausdrucksform für den Kopf in agonistischen Situationen kann man wie folgt beschreiben: „. . . freigelegte Zähne, leicht geöffneter Fang, nach vorn gezogene Mundwinkel, gerunzelter Nasenrücken und geblähte Nase, aufgestellte und nach vorn gerichtete Ohren . . ." (Mech 1970: 82). Genauso sieht das sichere Drohimponieren eines ranghohen Wolfs aus (Abb. 71oben). Der entgegengesetzte Zustand (Unsicherheit, Furcht, Unterwerfung) ist durch geschlossenen Fang mit weit zurückgezogenen Mundwinkeln, glatten Schnauzenrücken, leicht zugekniffene Augen und nach hinten angelegte Ohren charakterisiert (Abb. 71 unten). Auch andere motivierte Zustände werden von bestimmten Ausdrucksformen begleitet (Abb. 72a, b). So nimmt das Gesicht bei der Aufforderung zum Spielen einen besonderen Ausdruck an, bei dem die Lippen waagerecht liegen, die Schnauze etwas geöffnet ist, die Ohren zurückgelegt werden, dabei atmet das Tier schnell und flach und läßt charakteristische Laute hören (Fox 1971).

Ein anderes wichtiges Ausdruckmittel für den Zustand des Wolfs ist der Schwanz.

Abb. 71. Mimik beim Drohen eines dominanten Wolfs (oben) und eines rangniederen Tieres (unten), bei diesem sind die Ohren angelegt und die Lefzen zurückgezogen. Zeichn. V. M. Smirin

Zustand und Rang kennzeichnen nicht nur die Mimik sondern auch die Schwanzhaltung (Abb. 73). Im Ruhezustand hängt er frei herunter; ein drohender Wolf trägt den Schwanz gespannt oberhalb der Rückenlinie bis senkrecht, dabei wird er durch die gesträubten Haare dicker und buschiger. Rangniedere Wölfe halten bei sozialen Kontakten den Schwanz gesenkt und pressen ihn oft (bei Unterwerfung) zwischen die Beine. Bei den Schwanzbewegungen ist die Frequenz und die Amplitude von Bedeutung. Freies Schwanzwedeln ist bei freundlich gestimmten Kontakten zu beobachten. Beim Begrüßungsritual sind die Schwanzbewegungen sehr intensiv, wobei das „Wedeln" den ganzen Hinterkörper erfassen kann. Rangniedere Wölfe, die ein dominantes Tier begrüßen, können den Hinterkörper mit eingeklemmten Schwanz hin- und herbewegen. Schnelles, kurzes Schwanzschlagen (oder nur das Schlagen mit der Schwanzspitze) sind für einen aggressiv gestimmten Wolf charakteristisch. Mech (1970) weist auf die Nützlichkeit hin, bei Beobachtungen der Interaktionen der Tiere die Schwanzhaltung zu beachten, die auf große Entfernungen sichtbar ist.

a

b

Abb. 72. Ein dominanter Rüde packt die Schnauze einer Wölfin (a) und eines rangniederen Rüden (b). Zeichn. V. M. Smirin

Die olfaktorische Kommunikation ist die Weitergabe von Informationen durch Gerüche (Sokolov 1977). Wie bei allen Caniden ist beim Wolf der Geruchssinn gut entwickelt, und Verhaltensformen, die mit der geruchlichen Prüfung der Partner, dem Absetzen von Geruchsmarken zusammenhängen, spielen eine große Rolle (Schenkel 1947, Mech 1970 u. a.). Nach dem Harn bestimmen die Wölfe genau die Hitze der weiblichen Tiere (Gurskij 1975). Informationen über die Paarungsbereitschaft der Hündin geben bei Haushunden vaginale Ausscheidungen, wenn auch die Rüden hierauf nicht so stark reagieren wie auf Harn (Doty u. Dunbar 1974). Schenkel (1947) bemerkt, daß Wölfe (besonders dominante) den Anal- und Genitalbereich der Partner sehr gründlich beschnuppern. Durch Beschnuppern der Schnauze und der Lippen erfahren die Wölfe, wann und was das andere Tier gefressen hat.

Die Geruchsmarkierung hat beim Wolf eine Reihe wichtiger Funktionen, eine

Abb. 73. Soziales Verhalten des Wolfs: Schwanzhaltung und Unterlegenheit (aus Senglaub 1978). a sicheres Drohen, b Imponieren, c nicht ganz sicheres Drohen mit gesteigerter Erregung, d schwache Drohung – Unsicherheit, e Abwehr, f Darbieten der Kehle des Unterlegenen und Beißhemmung des Überlegenen. Zeichn. R. Zieger

davon ist es, die Nachbarn zu informieren, daß das betreffende Revier besetzt ist (Peters u. Mech 1975). Der Zusammenhang zwischen Geruchsmarkierung und Territorium wird dadurch bestätigt, daß bei territorial nicht gebundenen Einzelgängern das Markierungsverhalten stark gehemmt ist und eine Verstärkung während der Ranz zu beobachten ist (Rothman u. Mech 1979). Dabei harnt der Rüde auf die Harnstelle der Wölfin. Die Geruchsmarkierung fördert vermutlich die Synchronisation der geschlechtlichen Aktivität und den Zusammenhalt der Paare (Ovsjanikov u. a. 1985).

Zur akustischen Kommunikation gehört die Fernsignalgebung – hierzu zählen zwei Grundtypen von Lauten – das Bellen und das Heulen. Joslin (1967) sieht die Bedeutung des Bellens darin, daß ein Gruppenfremder gewarnt oder Alarm signalisiert wird. Es ist für Jungwölfe im ersten Sommer und Herbst charakteristisch. Das Heulen ist das wichtigste und für die Gattung *Canis* typische akustische Signal. Man meint, daß man nach dem Heulen das Geschlecht und das Alter der Wölfe unterscheiden kann (Ovsjanikov u. a. 1985). Dies dürfte aber kaum zutreffend sein, denn das Heulen ist individuell sehr verschieden und eine Typisierung steht erst am Anfang (Literaturangaben zur Lautgebung s. auch S. 195!).

Harrington u. Mech (1978, 1979) geben an, daß man das Wolfsheulen von 19 Uhr bis 10 Uhr vormittags hören kann. Eine verstärkte Aktivität ist zwischen 23 und 5 Uhr festzustellen. Die jahreszeitliche Dynamik des Heulens zeigt folgendes Bild: Im Mai/Juni heulen die Wölfe überhaupt nicht, im Juli steigt die Heulaktivität stark an, im August ist ein gewisser Abfall der Signalgebung zu beobachten, der im September durch einen erneuten Anstieg abgelöst wird. Im Oktober und Anfang November liegt das Maximum, danach geht die akustische Aktivität wieder zurück, bleibt jedoch noch weiterhin hoch bis zum März. Von März bis Mai ist schließlich ein Absinken bis auf Null festzustellen. Im Gehege der Moskauer Universität war das Maximum des Gruppenheulens der Wölfe zwischen Dezember und Februar zu beobachten (Nikol'skij u. Frommol't 1986).

Allgemein bekannt ist die Neigung des Wolfs, auf ähnliche Laute mit Heulen zu antworten. Nach diesem Merkmal können sich die einzelnen Familien sehr stark voneinander unterscheiden (Sabaneev 1877, Kaverznev 1933). Im Naturschutzgebiet „Tigrowaja balka" (Tadshikistan) heulten Wölfe im Wechsel mit Schakalen, wobei die Wölfe gewöhnlich versuchten, als Letzte zu heulen, so daß sie oft zweimal Laut geben mußten (Ovsjanikov u. a. 1985). Die Reviermarkierung ist nicht die einzige Funktion des Heulens. Wahrscheinlich geben die Tiere damit auch ihren Standort bekannt. Es sind Fälle bekannt, wo zwei Altwölfe im Wechsel heulten, die den Bau nach verschiedenen Richtungen verlassen hatten. Es ist durchaus möglich, daß die Wölfin durch Heulen die Welpen zu einer Ruhepause sammelt, wenn sich diese zerstreut haben (Dinnik 1914).

Eine Form der Assoziation zwischen den Wölfen ist das Rudel, das ein nützliches Zusammenwirken bei der Jagd auf große Huftiere ermöglicht (Murie 1944, Pimlott 1967). Neben dem Rudel gibt es noch Einzeltiere, die in der Regel keine großen Beutetiere jagen können und sich in bedeutend größeren Räumen bewegen als Rudel (Mech 1970, Kudaktin 1981). Das Rudel kann sich zeitweilig in kleinere Gruppen aufspalten, die sich dann wieder vereinigen. Besonders häufig geschieht dies im Sommer (M u r i e 1944, T h e b e r g e u. P i m l o t t 1969). Das Rudel als solches ist nicht zu beobachten, aber zwischen den Gliedern bestehen ständige Kontakte durch Begegnungen und den Austausch von Informationen an bestimmten Stellen, die als Aktivitätszentren des Rudels dienen. Die Art der Nutzung des Reviers unterscheidet sich im Sommer ebenfalls wesentlich von der im Winter.

Die Größe der Rudel kann sehr stark variieren (S a b a n e e v 1877, Z v o r y k i n 1939, M e c h 1970). Das größte registrierte Rudel mit 26 Tieren wird aus Alaska gemeldet (R a u s c h 1967). Von dort sind auch Rudel aus 20 und 21 Tieren bekannt (M e c h 1970), 14- bis 22köpfige Rudel existierten auf Isle Royale (J o r d a n u. a. 1967). In den verschiedenen Gebieten der UdSSR bestehen die Rudel aus 5–11 Tieren (N a u m o v 1967). Bei größeren Gruppen aus mehr als 16–20 Tieren handelt es sich wahrscheinlich um den Zusammenschluß von zwei oder mehreren Rudeln; solche Gruppen zerfallen bald wieder.

Der Regulierungsmechanismus für die Rudelgröße umfaßt wahrscheinlich Faktoren der optimalen Jagd und der effektiven Absättigung (R a u s c h 1967, M e c h 1970). Auf Grund des Modells der Sozialökonomie des Wolfs (Z i m e n 1974, 1976) lassen sich folgende Schlüsse ziehen:

1. Die Reviere und die Rudelgröße variieren stark in den verschiedenen Regionen, sind jedoch in jeder von ihnen annähernd gleich groß.
2. bei niedriger Populationsdichte erfolgt die Zunahme durch Vergrößerung des Rudels, bei hoher Populationsdichte nimmt die Zahl der Einzelgänger zu.
3. Rudel, die trophisch an den Elch gebunden sind, bestehen aus mehr Tieren (10 bis 20) als solche, die sich von Hirschen ernähren (6–10), noch kleiner sind Rudel (5–6), die auf Rehe und Weiße Dickhornschafe spezialisiert sind.

Hieraus leitet Z i m e n eine Abhängigkeit der Rudelgröße des Wolfs von seiner Populationsdichte und der Größe des Hauptbeutetiers ab. Seine Schlußfolgerungen erhärtet der Autor durch die Ermittlung des Grenzwertes für die Zunahme der Rudelgröße. Wenn in einem Rudel, das den Grenzwert erreicht hat, Nachkommenschaft hinzukommt, verläßt ein Teil der rangniederen Tiere das Rudel, wobei Rüden von selbst abwandern, während die rangniederen Wölfinnen von der Alpha-Wölfin vertrieben werden. Nicht territorial gebundene ausgestoßene Wölfe pflanzen sich nicht fort, fressen schlecht, und ihre Mortalität ist erhöht. Z i m e n zeigte, daß die Faktoren des Zusammenwirkens in der Gruppe eine außerordentlich wichtige Rolle bei der Bestandsregulierung des Wolfs spielen, die wirksam werden, lange bevor die Nahrung nicht mehr in ausreichendem Maße zur Verfügung steht. Diese subtile und komplizierte Regulation führt denn auch dazu, daß selbst auf Inseln ein dynamisches Gleichgewicht zwischen dem Wolf und seinen Beutetieren erhalten bleibt, wie dies auf Isle Royale zu beobachten ist (P e t e r s o n 1977, 1979).

Die Obergrenze für die Rudelgröße wird also vor allem durch gegenseitige soziale Duldung der Wölfe bestimmt. Die Untergrenze hängt ebenfalls nicht unmittelbar von der Größe der Beutetiere ab, denn mit einem Hirsch oder einem kleineren Beutetier werden durchaus effektiv auch zwei Wölfe fertig (M e c h 1970, K u d a k t i n 1978). Wichtiger sind die Beziehungen der Individuen innerhalb der Gruppe.

Die Hierarchie im Rudel ermöglicht die Integration der Gruppenmitglieder. Die Wölfe jagen nicht einfach gemeinsam, ruhen oder bewegen sich im Gelände, sondern sie handeln dabei koordiniert (M e c h 1970, F o x 1971). Von einem Rudel kann man nur dann sprechen, wenn die einzelnen Wölfe integriert sind und die Gruppe als ein einheitliches Ganzes agiert. Die Stabilität der Beziehungen innerhalb der Gruppe bestimmt wesentlich die Art der Nutzung der Beute und die Stellung der Gruppe in der Biozönose.

Es ist bemerkenswert, daß Versuche mit zwei Wolfsgruppen, die auf unterschiedliche Weise entstanden waren, die These, daß Gruppen qualitativ verschieden sind, bestätigt haben (Krušinskij u. a. 1985). Gruppe I wurde gebildet aus einer zweijährigen Wölfin und fünf ihr im Alter von drei Wochen beigegebenen und dann von ihr weiter aufgezogenen fremden Welpen. Gruppe II bestand aus drei gemeinsam aufgewachsenen Wölfen und einem vorjährigen Wolf, sowie einer allein aufgewachsenen Wölfin, die drei Jahre jünger war als die Altwölfe. Die Beobachtungen begannen erst, als das jüngste Mitglied der Gruppe 1,5–2 Jahre alt war. Zur Charakterisierung der Gruppen wurden 18 Arten von Signalen, Verhaltensformen und Aktionen unterschieden, die in einer beschriebenen Situation beobachtet wurden. Der Test bestand darin, daß die Wölfe ihre Nahrungsration für mehrere Tage in Form eines geteilten Rindes erhielten, die sie selbst untereinander aufteilten. Insgesamt wurden in 153 Versuchen 27 843 Aktionen registriert.

Zur Einschätzung der Struktur der Gruppen wurde der Aggressivitätskoeffizient (das Verhältnis der Summe der aggressiven Signale und Verhaltensweisen zum Produkt der Beobachtungsminuten und der Anzahl der Gruppenmitglieder) der Gruppen, dessen jahreszeitliche Dynamik, die Zahl der Distanz- und Kontaktinteraktionen, die Anzahl und die Kombination der Signale und Verhaltensweisen, die Schnelligkeit, mit der jedes Tier die erforderliche Nahrungsmenge erhält, und die Möglichkeit an sie heranzukommen, das Auftreten von Verletzungen nach aggressiven Kontakten u. a. m. verglichen.

Der Wert für den Aggressivitätskoeffizienten ($K_{aggr.}$) lag in Gruppe II, nennen wir sie einmal die „Sammelgruppe“, konstant höher als in Gruppe I, wo es trotz einer großen Zahl von Kontakten keine Verletzungen gab, die in Gruppe II an der Tagesordnung waren. Für Gruppe I waren hochritualisierte Auseinandersetzungen bei begrenzt hohem Aggressivitätsniveau charakteristisch, für Gruppe II umgekehrt.

Die Reihenfolge der Nahrungsaufnahme war in der Sammelgruppe II konstant, in Gruppe I dagegen flexibel, sie änderte sich je nach dem, in welchem Maße die einzelnen Tiere am Futter interessiert waren, nach der Jahreszeit und einer Reihe weiterer, nicht immer meßbarer Faktoren. Unter den Mitgliedern dieser Gruppe herrschten Beziehungen der „Loyalität“ und gegenseitiger Konzessionen. In Gruppe II gab es derartiges Verhalten fast überhaupt nicht.

Von biologischer Bedeutung ist die Schnelligkeit, mit der jedes Tier die erforderliche Nahrungsmenge bekommt, und der körperliche Zustand der einzelnen Individuen. In Gruppe I erhält jedes Mitglied ein gewisses „Existenzminimum“, und die Nahrung wird oft in einem Zeitraum von 20–30 und 60 Minuten vollständig aufgeteilt und gefressen. Alle Tiere sind normal ernährt und weisen keine Verletzungen auf. In der Sammelgruppe II war ein schnelles Aufteilen der Nahrung überhaupt nicht zu beobachten. Oft kam es vor, daß 5–6 Stunden und sogar einen ganzen Tag nach Versuchsbeginn die satten dominanten Tiere immer noch die hungrigen rangniederen von dem kaum berührten Fleischbrocken verjagten. Der Zustand der einzelnen Tiere war sehr unterschiedlich: die dominanten Tiere waren übernormal gut genährt, die rangniederen waren dagegen abgemagert und mit Narben und Kratzern bedeckt.

Das Nahrungsverhalten der Gruppe I ähnelte im großen und ganzen also dem eines natürlichen Wolfsrudels, das aus einem Familienverband hervorgegangen ist und das wir in Gebieten mit wenig gestörter Populationsstruktur finden können. Die Struktur der Sammelgruppe II kann wohl am ehesten mit den von M a k r i d i n (1978) beobachteten Wolfsgruppen verglichen werden, für die ein hohes Aggressivitätsniveau charakteristisch ist, die eine große Zahl von Huftieren reißen, sowie Gruppen nicht territorial gebundener Wölfe (K u d a k t i n 1981). Die erhöhte Zahl gerissener Huftiere durch solche Wolfsgruppen hängt unserer Meinung nach direkt mit der Struktur der Gruppe zusammen, denn solange die dominanten Wölfe an der Beute fressen, sind die rangniederen Tiere gezwungen, erneut auf Jagd zu ziehen. Wenn sich eine solche Gruppe durch Jungtiere vergrößert, kann sich die Lebensweise der Eltern allmählich zu einer Familientradition entwickeln. Man kann annehmen, daß das hohe Aggressivitätsniveau und das Fehlen von Beziehungen der Duldung, das in Gruppen zufällig zusammengefügter Alt- und Jungtiere zu beobachten ist, zu einer Umorientierung auf leichter zugängliche Beute wie Hausvieh führen muß. Zum Übergang zur Jagd auf Haustiere trägt natürlich auch die größere Schwierigkeit der Jagd auf wildlebende Huftiere bei, für die eine exakte Koordinierung der Handlungen aller Gruppenmitglieder erforderlich ist.

Zusammenfassend schreiben K r u š i n s k i j u. a. (1985), daß die Struktur der Gruppe vor allem durch die Ontogenese der Gruppe und die Besonderheiten der sozialen Ontogenese des Leittieres bestimmt wird. Zu damit übereinstimmenden Ergebnissen kam A l t m a n n (1986, 1987) an drei Wolfsrudeln im Tierpark Berlin. Auch bei diesen Untersuchungen zeigte sich, daß hinsichtlich der sozialen Wechselwirkungen die Rudel sehr verschieden sein können. Die Rudelspezifik erwies sich als abhängig von

- der Mutter des Rudels (Alpha-Fähe) und ihrem Sozialverhalten
- der Rudelstruktur.

Die Störung der Rudelstruktur durch künstlichen Eingriff und das Fehlen bestimmter Artgenossen während einer sensiblen Periode der Ontogenese führte zu nicht arttypischem Sozialverhalten, insbesondere zu erhöhter innerartlicher Aggressivität (vgl. A l t m a n n l. c.).

In einer Sammelgruppe, die in einer gestörten Population zwangsläufig entsteht, ist eine nicht labile, defekte Struktur zu erwarten. Es ist nicht ausgeschlossen, daß die Verstärkung wirtschaftlich schädlicher Aktivitäten des Wolfs in einer Reihe von Fällen auf den Ersatz an das jeweilige Ökosystem gut angepaßter labiler Gruppen durch solche mit einer starren Hierarchie zurückzuführen ist. Es ist möglich, daß die Störung der das Gleichgewicht herstellenden sozialen Mechanismen ebenfalls eine Bestandszunahme des Wolfs bewirken kann, sowohl durch die Störung der Regulation innerhalb der Population als auch durch die Bastardierung mit Hunden. Derartige Rudel mit gestörter sozialer Struktur können zu einer synanthropen Lebensweise neigen und sich erfolgreich an neue ökologische Nischen anpassen.

Das integrierende Element des Rudels ist das Leittier. Diese Rolle kommt in der Regel dem Alpha-Männchen zu. Es ist der Organisator der Jagd, es gibt das Signal zum Aufbruch, bestimmt die Richtung bei den Streifzügen und bahnt den Weg im tiefen Schnee (Mech 1970, Allen 1979). Die Rolle des Leittiers kann in bestimmten Situationen auch das Alpha-Weibchen übernehmen (Peterson 1977), doch ist nicht klar, ob es den Rüden völlig aus der Rolle des Leittiers verdrängen kann. Gewöhnlich sind die hierarchischen Systeme der Rüden und Fähen in gewisser Weise unabhängig voneinander.

An der Fortpflanzung sind nur die ranghöchsten Wölfe beteiligt, wobei diese Tendenz bei den Fähen ausgeprägter ist als bei den Rüden. Offenbar verhindert das Alpha-Weibchen nicht, wie früher angenommen, die Paarung, sondern die Aufzucht der Jungen von niederrangigen Weibchen (Altmann 1974, 1986, 1987). Bei Nahrungsmangel hat das Alpha-Weibchen das ausschließliche „Recht zur Fortpflanzung", was von außerordentlicher Bedeutung für die Regulation der Rudelgröße ist (Zimen 1976a, b).

In einem großen stabilen Rudel gibt es außer dem Alpha-Paar noch drei weitere Kategorien von Tieren:

1. geschlechtsreife Tiere, die gegenüber den Alpha-Tieren einen niederen Rang einnehmen;
2. im Verhältnis zum Kern des Rudels eine periphere Stellung einnehmende sozial niedrig stehende Tiere, die von den Wölfen des Kerns mißhandelt werden; diese Tiere lösen sich relativ leicht vom Rudel und werden zu Einzelgängern. Sie sind es wahrscheinlich, die die Kategorie der territorial nicht gebundenen Wölfe auffüllen;
3. Jungtiere, die ihren sozialen Status bis zum Alter von zwei Jahren behalten, danach nehmen sie den einen oder anderen Rang geschlechtsreifer Tiere ein (Mech 1970).

Zimen (1976a) hat gezeigt, daß die Wölfe der ersten Kategorie den sogenannten Kern, das „Skelett" des Rudels bilden, zu dem außer dem Alpha-Paar noch einige Tiere gehören. Dieser Kern ist es, der das Verhalten der übrigen Mitglieder des Rudels kontrolliert, die soziale Aktivität der rangniederen Tiere bestimmt und modifiziert. Es kann allerdings auch umgekehrt sein, daß ein rangniederer Wolf durch sein aktives Verhalten den Adressaten in die Rolle eines dominanten Tieres drängt.

Die Rudel, die sich auf der Basis einer Familie aufgebaut haben, sind nicht nur hinsichtlich der Zusammensetzung sondern auch der Beziehungen zwischen den Mitgliedern stabil. Sammelrudel (s. oben) entstehen bei sehr starkem Druck des Menschen auf die Population, gewöhnlich bei bereits verringerter Bestandsdichte. Sammelrudel oder Gruppen bilden sich außerdem im Frühjahr, wenn sich reife Tiere und ihnen nahe stehende Familienmitglieder absondern und rangniedere Tiere gewöhnlich das Rudel verlassen. Es können sich auch vorübergehend Gruppierungen aus territorial nicht gebundenen Wölfen bilden, deren Herkunft unterschiedlich sein kann. Diese Fragen sind bisher wenig untersucht (Kudaktin 1981). In Familien, die aus erwachsenen Tieren und solchen im 2. und 1. Lebensjahr bestehen, verlassen die Wölfe im 2. Jahr die Familie, wenn die Jungtiere vom Familienterritorium Besitz ergreifen, d. h. im Spätherbst oder Winter. Wenn regelmäßig zumindest ein Teil der Tiere das Rudel verläßt, kommt es nur selten vor, daß ein rudelfremdes Alttier in die Gruppe aufgenommen wird.

Wenn auch die Meinung gilt, daß Wölfe bei einem Angriff z. B. auf ein Wildschwein oder einen Elch nur selten einmal umkommen (Pimlott 1961), so weisen neue Angaben darauf hin, daß derartige Vorkommnisse durchaus regelmäßig geschehen. So waren von den untersuchten Wolfsschädeln aus dem Norden des europäischen Teils der UdSSR (n = 101) etwa ein Drittel durch Elchhufe beschädigt, von denen von Alttieren sogar die Hälfte (Marakov u. Kozlovskij 1986). Die Mortalität durch Artgenossen ist hoch bei sehr jungen Welpen, bei Jungtieren im 1. Lebensjahr kommen auch Krankheiten hinzu (Carbyn 1982). Auseinandersetzungen mit tödlichem Ausgang sind unter Alttieren selten (Ballenberghe u. Erickson 1973).

9. Fortpflanzung und Populationsstruktur

9.1. Fortpflanzung

Die physiologische Geschlechtsreife erlangen die meisten Wölfe am Ende des 2. Lebensjahres, wenngleich aus der Gefangenschaft auch Fälle bekannt sind, daß sich Wölfe im Alter von 11 Monaten gepaart und dann Junge geworfen haben. In freier Wildbahn sind bei Weibchen im 1. Lebensjahr während der Hitzeperiode der Uterus und die Uterushörner dünn, anämisch, die Blutgefäße sind fein, die Drüsenschicht schwach entwickelt. Die deutlichsten Veränderungen vollziehen sich in den Ovarien. Sie äußern sich in einer gewissen Zunahme der wachsenden Follikel, die übrigens nur mittlere Größe erreichen (400–500 μ) und dann atresieren (Danilov u. a. 1985). Bei 246 amerikanischen Wölfinnen im 1. Lebensjahr erreichten nur bei zweien die Follikel im April einen Querschnitt von 3 mm, bei Alttieren liegt dieser Wert oft über 6 mm (Rausch 1967).

Bei Wölfinnen im Alter von 21–22 Monaten zeigen sich im Süden der UdSSR Ende Januar, im Norden Anfang Februar histologische Veränderungen der Fortpflanzungsorgane. Sie äußern sich in einer Verdickung der Scheidenschleimhaut, in einer leichten Hyperämie des Uterus und im Wachstum der Drüsenschicht. In den Ovarien entwickeln sich intensiv Follikel bis zu 1,5 mm Durchmesser. Der Allgemeinzustand der Geschlechtsorgane entspricht zu diesem Zeitpunkt dem Ende des Anoestrus und dem Beginn des Prooestrus. Bei alten Weibchen sind die entsprechenden Veränderungen bereits einen Monat früher feststellbar. Dementsprechend beginnt bei jungen Wölfinnen die Hitze 2–4 Wochen später, sie dauert 9–14 Tage.

Die später einsetzende Hitze bei jungen Weibchen ist eine Anpassung, die sicherstellt, daß ein junges Tier gedeckt werden kann, wenn ein altes Weibchen umkommt. Wenn nun eine Familie beide Alttiere verliert, übernehmen ihre Stelle Tiere im 2. Lebensjahr, die ein Paar bilden. Sowohl im ersten wie im zweiten Fall wird das Reproduktionspotential praktisch nicht verringert, und die sich neu formierende Familie behält ihr Revier.

Als eine weitere adaptische Besonderheit, die das Anwachsen der Population einschränkt (oder als Autoregulationsmechanismus) ist die Tatsache anzusehen, daß sich junge, aber schon geschlechtsreife Weibchen nicht fortpflanzen, wenn im Rudel eine Altwölfin gedeckt wird (Mech 1970, Wolfe u. Allen 1973, Zimen 1976a, b). Kommt es dennoch zur Trächtigkeit von jüngeren, rangniederen Wöl-

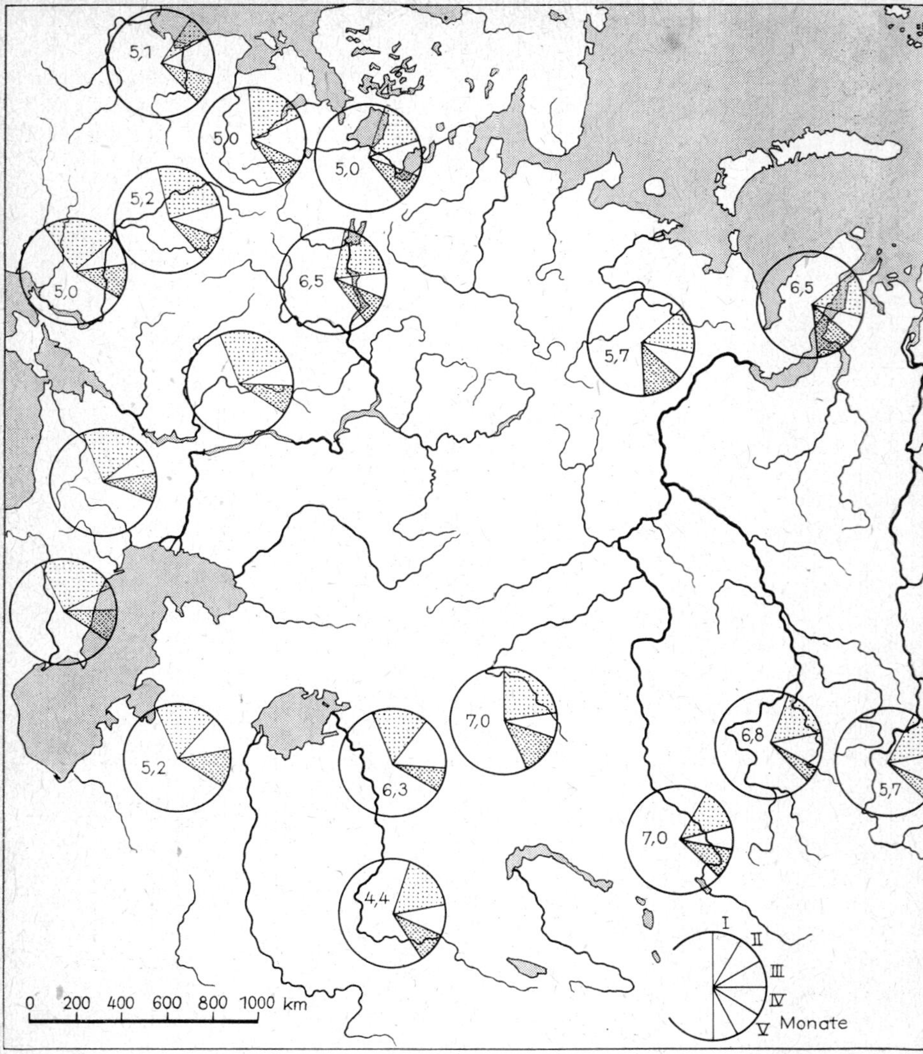

Abb. 74. Fortpflanzungszeit und Wurfgröße bei Wölfen aus der UdSSR, die Zahlen geben die durchschnittliche Wurfgröße an

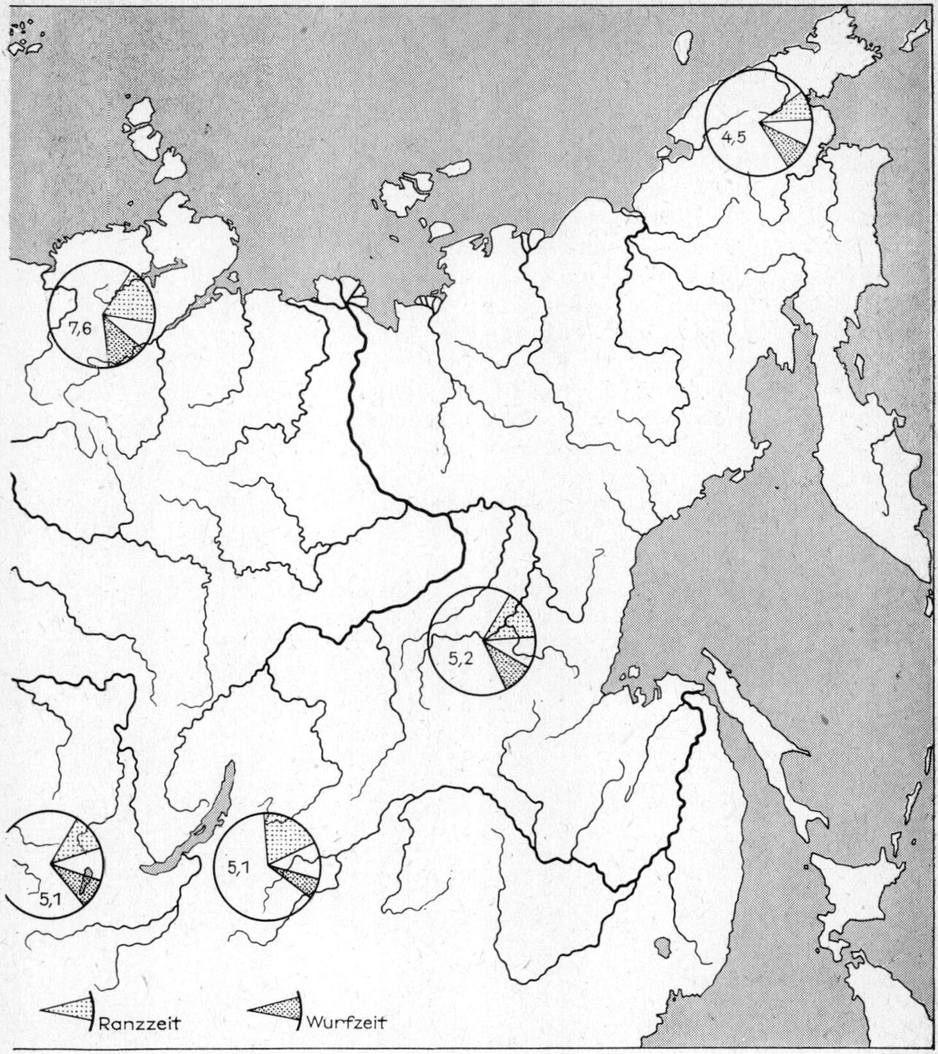

4,5
7,6
5,2
5,1
5,1
Ranzzeit
Wurfzeit

finnen, wird die Geburt gestört oder die Welpen werden von der Alpha-Fähe getötet (Altmann 1974, 1986, 1987).

Interessant sind konkrete Fakten über den Zustand der Wölfe während der Paarungszeit in Karelien. Alle Wölfe wurden vom 14. Februar bis 8. März 1981 erlegt. Das Rudel bestand aus einer Altwölfin, zwei alten Rüden, zwei Weibchen im 2. Lebensjahr und drei Weibchen im 1. Lebensjahr. Bis zum Verlust der Altwölfin hielt das Rudel zusammen, lediglich ein starker, alter Rüde hatte sich ab Mitte Februar, d. h. mit Beginn der Hitze beim Altweibchen, etwas abgesondert. Beide Rüden waren stark zerbissen, offenbar erfolgte eine Veränderung der Rangordnung. Am 14. Februar wurde das erste Weibchen im 2. Jahr erlegt, das sich im Prooestrus befand, am 21. Februar das Alpha-Weibchen im Anfangsstadium der Trächtigkeit, das als letztes erlegte Weibchen im 2. Jahr war ebenfalls trächtig. In einem Rudel wurden also drei Weibchen hitzig, und zwei von ihnen waren trächtig. Im Altai wurden am 15. März 1978 aus einem Rudel von 9 Tieren 8 erlegt, drei Rüden und 5 Wölfinnen, von denen zwei trächtig waren und eine in Hitze. Auch in Kasachstan werden zur Paarungszeit und danach manchmal Rudel angetroffen, die aus einem oder mehreren Rüden und mehreren trächtigen Weibchen bestanden. Ein solches Verhalten der Tiere ist wahrscheinlich als Anpassung anzusehen, und in gestörten Populationen scheinen sich Abweichungen von der Monogamie auszubreiten (Danilov u. a. 1985).

Die Paarungszeit variiert erheblich je nach geographischer Breite, Phänologie und

Abb. 75. Fortpflanzungszeit und Wurfgröße (Zahlen in den Kreisen) bei Wölfen aus verschiedenen Breiten Nordamerikas. Nach Mech 1970

Tageslänge. Der früheste Beginn, im Dezember, ist im Süden zu beobachten – im Kaukasus, im Süden der Ukraine, in den südlichen Bezirken Kasachstans, in Mittelasien (44.–48.° n. Br.). Etwas später, nämlich Ende Dezember, beginnt die Paarungszeit in den südlichen Bezirken der Waldsteppen- und der Waldzone im europäischen Teil der UdSSR, in der Ukraine und in den Bez. Woronesh, Wolgograd und Brjansk (48.–54.° n. Br.). Weiter nach Norden, Osten und in den Gebirgen verschiebt sich die Paarungszeit auf spätere Termine (Abb. 74).

Ebenso beträchtlich sind die Unterschiede in den Paarungs- und Wurfzeiten auf verschiedenen Breiten in Nordamerika (Abb. 75 nach unterschiedlichen Angaben, Mech 1970).

Der Beginn und die Hauptpaarungszeit verteilen sich beim Wolf also über fast drei Monate. Die Dauer der Paarungszeit in einer bestimmten natürlichen Zone der UdSSR hängt wesentlich von der Altersstruktur der Population ab. Wenn Alttiere überwiegen, beginnt die Paarungszeit früher und findet innerhalb einer kürzeren Zeitspanne statt. Wenn ein erheblicher Anteil an Weibchen im 2. Jahr an der Fortpflanzung beteiligt ist, zieht sich die Paarungszeit in die Länge und verlagert sich auf spätere Termine. Geographische Besonderheiten zeigen sich auch in einer gewissen Verkürzung der Dauer der Paarungszeit im äußersten Norden, in den ariden Gebieten im Süden und im Hochgebirge.

Die Fruchtbarkeit variiert sehr stark, was bei Betrachtung langjähriger Datenserien besonders deutlich wird (Abb. 74). In der UdSSR liegt die durchschnittliche Wurfgröße bei etwa 6 Welpen. In den USA und Kanada schwankt der Mittelwert je nach Gebiet zwischen 4,0 und 6,5 (Mech 1970). Fähen, die nur kleine oder aber besonders große Würfe (bis zu 17 Welpen) haben, kommen selten vor.

Nicht nur die Fortpflanzungstermine hängen vom Alter der Wölfin ab sondern auch die Wurfgröße. Die ersten 1–2 Würfe sind im Zoo gewöhnlich kleiner als die folgenden. Die Fruchtbarkeit amerikanischer Wölfinnen, berechnet nach der Zahl der Embryonen, beträgt bei 2jährigen Tieren 5,3, bei Alttieren 6,5 (Rausch 1967). Im Alter sinkt die Fruchtbarkeit wieder ab, doch nur wenige Tiere leben so lange. So teilt Šmit (1973) mit, daß einer Wölfin im ersten Jahr, in dem sie geworfen hat, und in den folgenden 8 Jahren die Würfe weggenommen wurden, die aus 5, 7, 9, 10, 11, 12, 12, 10 und 8 Welpen bestanden. Dann geriet sie in eine Falle. Šmit meinte, daß die Wölfin noch 1–2 weitere Würfe hätte zur Welt bringen können.

Die Unterschiede in der Fruchtbarkeit in den einzelnen Jahren sind relativ gering. Im Altai betrug die durchschnittliche Zahl der Welpen je Wurf in den Jahren 1968 bis 1979 zwischen 6,2 und 7,6, im Bez. Nowosibirsk in anderen Jahren 6,2–7,3. Im Gebiet Krasnojarsk waren die Unterschiede noch geringer und lagen bei 5,3–6,1. Erheblich größer sind die Schwankungen in Jakutien, wo die Nachwuchsrate in vergleichbaren Jahren von 4,6 im Jahre 1959 auf 6,5 im folgenden Jahr anstieg und dann wieder auf 4,6 Welpen pro Weibchen absank ($n = 46$).

Die Embryonalsterblichkeit ist beim Wolf gering. Im Altai beträgt sie insgesamt 5% (Bondarev nach Danilov u. a. 1985), unter den rauheren Bedingungen im Gebiet nördlich des Aral-Sees erreicht sie 13%. Die Jungensterblichkeit ist wesentlich höher. Im ersten Lebensmonat schwankt sie in den Wurfbauen im Altai zwischen 3,9 und 17,9% (im Durchschnitt 11%), im Hochgebirge liegt sie noch höher, bei 16%. Zu Beginn des Winters betragen die Jungenverluste in den verschiedenen Regionen der UdSSR zwischen 30 und 60%. Die Mortalität der Jungen ist auch im ganzen 1. Lebensjahr noch hoch. Auch in Alaska überleben nur 40% der Jungtiere das 1. Lebensjahr (R a u s c h 1967). Durch Funkpeilung und Wiederfänge haben B a l l e n b e r g h e u. M e c h (1975) in Minnesota festgestellt, daß nur 44% der Jungtiere 6 Monate alt werden.

Die hohe Sterblichkeit der Jungtiere gilt für viele kontrollierte und nicht kontrollierte Populationen. In Alaska lag der Anteil der diesjährigen Jungwölfe unter 4150 Tieren, die von 1959 bis 1966 erlegt wurden, zwischen 37 und 48%, in der Provinz Ontario machten die diesjährigen Stücke 35% aus (R a u s c h 1967, P i m l o t t 1967). Die Zahl der diesjährigen Wölfe in Proben aus Populationen bei verstärktem Abschuß schwankt zwischen 11 und 51% (D a n i l o v u. a. 1985).

Die Bejagung führt zu einer starken Verjüngung der Population, zur Veränderung ihrer ökologischen Struktur und zur Einbeziehung jüngerer Tiere in die Fortpflanzung. Der Grad der Verfolgung bedingt die Labilität des Geschlechtverhältnisses und der Alterszusammensetzung sowie das Reproduktionstempo der Population. So betrug in Wood-Buffalo (Kanada) der Anteil der Tiere im 1. Jahr vor dem Einsetzen der Verfolgungen 20% der Population, bei Beginn der Bestandsregulierung erhöhte sich der Anteil dieser Altersgruppe unter den erlegten Tieren auf 35%, schließlich auf 55%. Eine ähnliche Zunahme des Anteils der diesjährigen Tiere von 13 auf 74% wurde im Gebiet des Gr. Sklaven-Sees festgestellt (M e c h 1970). Die Verjüngung der verminderten Wolfspopulation auf Taimyr hat auch M a k r i d i n (1969) verfolgt.

9.2. A l t e r s s t r u k t u r

Die Altersstruktur von Wolfspopulationen wurde in letzter Zeit eingehend anhand von Schädeln aus zoologischen Sammlungen der UdSSR (S m i r n o v u. K o r y t i n 1985) und auf Grund von Veränderungen der Alterszusammensetzung der Wolfspopulation im Bez. Perm im Laufe einer Reihe von Jahren untersucht (S m i r n o v u. a. 1985). Das Alter wurde auf Grund der Schichtstruktur an Schnitten von Eckzähnen bestimmt, in schwierigen Fällen wurde zusätzlich die Weite des Kanals im Eckzahn herangezogen. Insgesamt wurden 1297 Schädel statistisch ausgewertet.

Für die Einschätzung der Veränderungen der Altersstruktur des Wolfs in verschiedenen Perioden und Regionen wurden folgende Kennwerte verwendet:

1. das Verhältnis der Tiere im 1. Jahr zur Zahl der erwachsenen (2^+ und älter)
2. das Verhältnis der Zahl der Tiere im 2. Jahr zur Zahl der älteren Tiere (3^+ und älter), das ist dasselbe Verhältnis der Eltern zur Nachkommenschaft, nur ein Jahr später
3. das Durchschnittsalter der erwachsenen Tiere
4. die Überlebensrate pro Jahr in den Altersstufen von 2^+ bis 7^+ (ermittelt mit χ^2-Test).

In Tabelle 8 ist die Verteilung der Altersstruktur der Wölfe für die einzelnen Jahrzehnte in der Untersuchungsperiode dargestellt. Summarisch betrug der Anteil der Tiere im 1. Jahr 44,8%, der der Tiere im 2. Jahr 16,8%. Aus dem Verhältnis zweier benachbarter Altersgruppen wurde die Überlebensrate errechnet. Die vorletzte Spalte stellt die geglättete Reihe erlegter Alttiere (2^+ und älter) und die auf sie entfallende tatsächliche Zahl von Tieren im 1. und 2. Lebensjahr dar. Die Glättung erfolgte unter Beachtung folgender Bedingungen. Die Anzahl der Tiere im Alter 2+ bis 7+ beträgt 458; vorgegeben wurde ein solcher Progressionsindex, bei dem die Summe der Quadrate der Abweichungen von dem tatsächlichen Bestand in den sechs Altersgruppen minimal ist.

Die annähernde Ausgeglichenheit der Mortalität der Alttiere und die Auffüllung des Populationskerns durch Tiere im 2. Jahr zeigt, daß die gewonnene Einschätzung der Altersstruktur das reale Bild widerspiegelt.

Größte Beachtung verdient, daß bereits zu Beginn der Herbstjagd in der Population nur sehr wenige diesjährige Tiere vorhanden sind. Wenn man ihre Zahl zu Beginn einer jeden Altersstufe mit 100% ansetzt (zur Geburt, beim Übergang zu den Jungtieren im 1. Jahr bzw. zum 2. Jahr), so leben bis zum Übergang zu den Jungtieren im 1. Jahr 21,4%, zum 2. Jahr – 57,0% und bis zum Alter von 2 Jahren überleben 70,7%. Je älter das Tier wird, desto weniger anfällig und gefährdet wird es. Dies gilt in gleichem Maße auch für andere Tiere. Wenn man die Überlebensrate der Jungen in den drei genannten Etappen gegenüberstellt (hierzu müssen die Logarithmen der Zahlen eingesetzt werden), so sehen wir, daß die Welpen 2,76mal so häufig sterben wie die Jungtiere im 1. Jahr, diese ihrerseits über 1,69mal so häufig wie die Tiere im 2. Jahr.

Die für die einzelnen Jahrzehnte gesondert dargestellte Altersstruktur (Tabelle 8) zeigt bemerkenswerte Veränderungen, z. B. das Durchschnittsalter der erwachsenen Tiere von 3,6 auf 5,3 Jahre, die Überlebensrate ($Ü_{2-7}$) von 0,66 auf 0,83, die Zahl der Jungtiere im 1. Jahr pro Elternpaar von 0,72 auf 1,43, das der Tiere im 2. Jahr von 0,47 auf 0,74. Zur detaillierteren Analyse der Veränderungen wenden wir uns den gleitenden Fünfjahressummen zu. Abb. 76 zufolge haben sich alle vier Parameter in der untersuchten Periode sehr wesentlich verändert. In den Jahren 1934–1942 sind die Schwankungen gering. 1942 ist ein deutlicher Umschwung festzustellen, denn der Anteil der Tiere im 1. und 2. Jahr beginnt zuzunehmen. Die verminderte Wolfsbekämpfung wirkt sich vor allem auf die Zahl der Tiere im 1. Jahr aus, ein Jahr später nimmt auch der Anteil der Tiere im 2. Jahr zu, sowohl unter den erlegten Tieren als auch in der Population selbst. Er erreicht die Höchstwerte im Fünfjahresabschnitt von 1943–1947, ein Jahr nach dem Maximum der Tiere im 1. Jahr (Abb. 76).

In der Nachkriegsperiode verlaufen die Veränderungen in umgekehrter Richtung. Das Durchschnittsalter der erwachsenen Tiere beginnt zuzunehmen, insbesondere ihre Überlebensrate, die 1948 stark angestiegen ist. Der Anteil der Tiere im 1. und 2. Jahr nimmt ab mit der Verringerung des Populationskerns, parallel dazu auch der Zahl der geworfenen Welpen. Die Zahl der Tiere im 2. Jahr, die im vorangegangenen Jahr geboren wurden, näherte sich der Zahl der diesjährigen Jungtiere. Die abnehmende Ergänzung des Bestandes verringerte den Anteil der jüngeren Altersstufen unter den erwachsenen Tieren, und die ältesten, die die Kriegszeit gut überstanden hatten, waren sowohl unter den erlegten Tieren als auch in der Population selbst unverhältnismäßig stark vertreten.

Die Zunahme des Durchschnittsalters der erwachsenen Tiere hielt bis 1956 an. Wenn bis 1948 die ältesten Wölfe im Alter von 9+ waren (2 Ex.), so fanden sich in den Sammlungen aus der Periode von 1953 bis 1964 – und auch nur aus dieser Pe-

Tabelle 8. Verteilung der Wölfe auf die Altersstufen in verschiedenen Jahrzehnten

Alter	Anfang d. Jhs.	1921–1930	1931–1940	1941–1950	1951–1960	1961–1970	1971–1980	in allen Jahren	Geglättete Reihe	Ü
0+	13	33	24	95	155	96	165	581	359,7	0,373
1+	2	7	12	66	49	27	54	217	201,4	0,627
2+	2	4	7	43	23	20	37	136	142,4	0,794
3+	0	5	7	28	29	11	28	108	105,4	0,796
4+	3	4	3	22	21	8	25	86	78,0	0,616
5+	0	2	3	13	15	10	10	53	57,7	0,830
6+	0	5	3	10	11	8	7	44	42,7	0,704
7+	2	0	2	9	12	3	3	31	31,6	0,516
8+	1	0	2	5	3	2	3	16	18,0	0,562
9+	0	0	1	2	4	1	1	9	10,2	0,666
10+	1	0	0	0	1	3	1	6	5,8	0,570
11+	0	0	0	0	7	3	0	10	7,5	
Insges.	24	60	64	293	330	192	334	1297		
Mittleres Alter der Alttiere	5,33	3,95	4,25	3,82	4,73	5,33	3,60	4,16		
B_{2-7}			0,82	0,71	0,83	0,77	0,66	0,74		
0+/2+	1,44	1,65	0,86	0,72	1,23	1,39	1,43	1,164	0,811	
1+/3+	0,28	0,44	0,57	0,74	0,48	0,55	0,69	0,598	0,557	

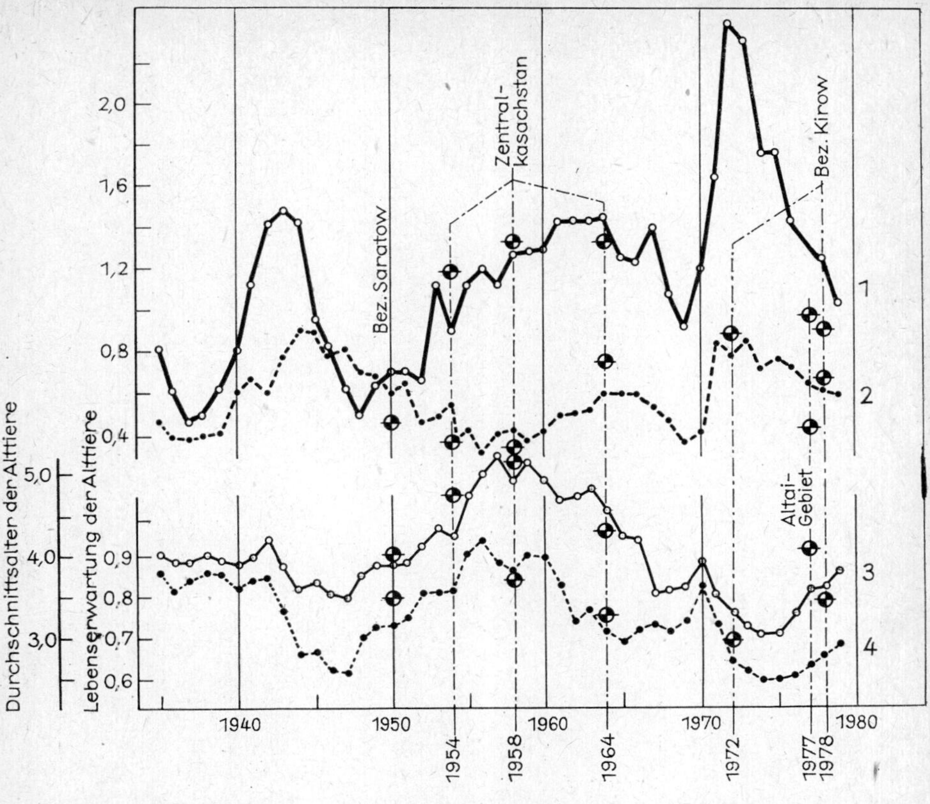

Abb. 76. Dynamik der Alterszusammensetzung nach Material aus den Jahren 1935–1979. 1 Zahl der diesjährigen Jungtiere pro Alttier 2+ und älter, 2 Zahl der einjährigen Tiere pro Alttier 3+ und älter, 3 Durchschnittsalter der erwachsenen Tiere, 4 Lebenserwartungsindex der Altersgruppe 2+ bis 7+. Symbole außerhalb der Kurven: 1950 – Bez. Saratow; 1954, 1958 und 1964 – Zentralkasachstan; 1972 und 1978 – Bez. Kirow; 1977 – Altai-Gebiet

riode – 10 Stück im Alter von 11+ bis 15+. Es ist bemerkenswert, daß ab 1953 der Anteil der Tiere im 1. Jahr stark zunahm und sich auch weiterhin erhöhte, während der Anteil der Tiere im 2. Jahr anfangs weiter absank, und erst gegen Ende etwas anstieg. Wenn man die Kurven nach dem Analogieprinzip analysieren würde, indem man diese Periode mit der Kriegszeit vergleicht, so kann man nach Smirnov u. Korytin (1985) den hohen Anteil an Tieren im 1. Jahr als ein Zeichen für eine abgeschwächte Bestandskontrolle bewerten.

Noch stärker begründet wird eine solche Annahme durch den Verlauf der Veränderungen des Durchschnittsalters und der Lebenserwartung der Alttiere. Beide Kennwerte nehmen seit 1959 ab. Der Prozeß findet seinen Abschluß mit der Periode der Stabilisierung (1962–1971). Aufgrund des Charakters der Veränderungen der Altersstruktur kann man annehmen, daß die Voraussetzungen für die Stabilisierung des Bestandes sich im Zeitraum 1960–1967 herausbildeten (Verringerung des Durchschnittsalters der erwachsenen Tiere bei zunehmendem Anteil der Tiere im 1. und 2. Jahr), und das Anwachsen des Bestandes spätestens 1969/70 einsetzte.

Die Analyse der Altersstruktur der Population des Wolfs erlaubt es also, die Tendenzen und den Beginn von Bestandsveränderungen vorauszusagen, und zwar wahrscheinlich früher, als dies mit anderen Methoden möglich ist.

Eine entsprechende Bearbeitung und Auswertung der Eckzähne von 650 Wölfen, die jeweils in der Jagdsaison von 1978/79 bis 1983/84 im Bez. Perm erlegt wurden, und die Analyse der gewonnenen Daten bestätigten die Schlußfolgerungen über die Korrelation der Bestandsgröße der Population mit deren Alterszusammensetzung. Smirnov u. a. (1985) verwendeten geglättete Reihen, Angaben über Abschußzahlen und zusammenfassende Tabellen und rekonstruierten mit mathematischen Verfahren den Ausgangsbestand der Population und deren Altersstruktur für die Jahre des Untersuchungszeitraums und auch für die Jahre ab 1965 (Abb. 77).

Aufgrund der Analyse dieses Materials kommen die Autoren zu dem Schluß, daß zur Erhaltung eines konstanten Bestandes (einer Stabilisierung) 43,5% der Herbstpopulation erlegt werden müssen. Das von ihnen vorgeschlagene Modell ist bei der Festlegung und Planung des Umfangs der Arbeiten zur Bestandsbegrenzung des Wolfs in konkreten Gebieten von Nutzen. Leider sind in dem Modell die Wanderungen der Wölfe sowie der veränderliche Anteil territorial nicht gebundener Tiere absolut nicht berücksichtigt.

Das Geschlechterverhältnis ist bei Welpen in verschiedenen Regionen der UdSSR annähernd gleich und liegt bei 1:1, meist überwiegen jedoch die Männchen etwas. Umfangreiches Material aus dem Altai (Bondarev 1979) zeigt für die einzelnen Jahre recht wesentliche Abweichungen im Geschlechterverhältnis in den Würfen. So überwogen in den Flachland- und Vorgebirgsgebieten des Altai Ende der 60er Jahre deutlich die Männchen (58,1%), Mitte der 70er Jahre sank ihr Anteil auf 44,2% ab, stieg dann Ende dieses Jahrzehnts jedoch wieder an, wenn auch nicht so stark (52,1%). Im Gebirge, wo die Wolfsdichte wesentlich geringer ist als in der Ebene

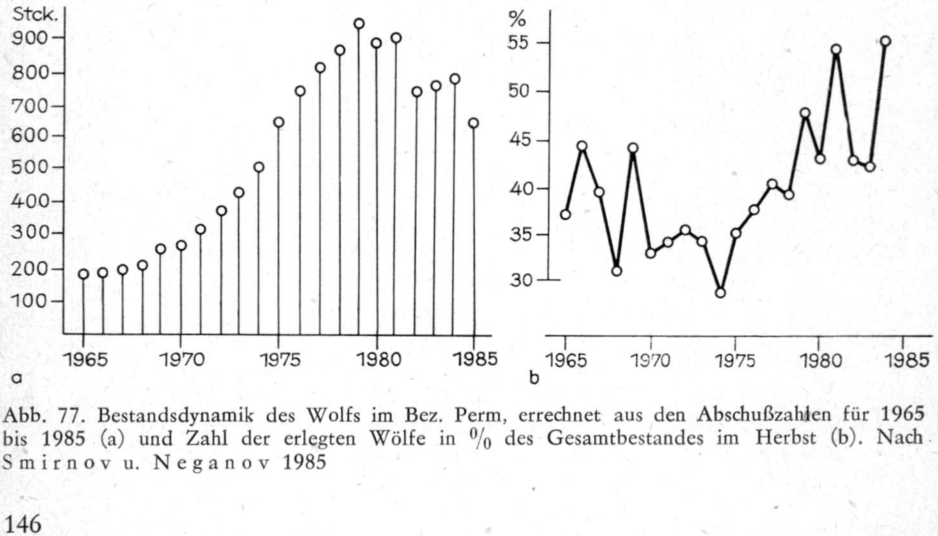

Abb. 77. Bestandsdynamik des Wolfs im Bez. Perm, errechnet aus den Abschußzahlen für 1965 bis 1985 (a) und Zahl der erlegten Wölfe in % des Gesamtbestandes im Herbst (b). Nach Smirnov u. Neganov 1985

und im Gebirgsvorland, überwogen in diesen Jahren konstant die Weibchen in den Würfen (58,3%).

In Alaska war der Anteil der Männchen unter den Welpen in den einzelnen Jahren entweder größer als der der Weibchen (57%, n = 550) oder gleich (n = 712) (Rausch 1967). Im Nordosten von Minnesota, wo der Wolfsbestand recht hoch ist, liegt der Anteil der Männchen unter den Jungtieren bei 66%. In anderen Gebieten dieses Staates war das Geschlechterverhältnis in den Würfen bei geringer Bestandsdichte entweder gleich oder es überwogen die Weibchen (Mech 1975).

Für die Ermittlung des Geschlechtsverhältnisses aufgrund von Museumsmaterial erwiesen sich kleine Stichproben, in denen sich die Auswahl größerer Stücke (d. h. Männchen) für die Sammlung niederschlägt, als ungeeignet. In großen Serien wird dagegen das Geschlechtsverhältnis im großen und ganzen richtig widergespiegelt, wird der Einfluß der unterschiedlichen Erlegungsmethoden und der Auswahl der Stücke innerhalb der Stichproben ausgeglichen.

Der Vergleich und die Analyse demographischer Tabellen ermöglichte es, die Lebenserwartung für die einzelnen Altersgruppen zu ermitteln. Der zahlenmäßige Umfang jeder Altersklasse wurde durch Multiplikation des Bestandes der vorangehenden Altersklasse mit der tatsächlichen Lebenserwartung berechnet. Der Abgang durch Bejagung ist die Differenz zwischen den Beständen der jeweils benachbarten Altersklassen. Es ist zu erkennen, daß sich die spezfischen Lebenserwartungswerte, die im Modell auf Grund der Erlegungswerte gewonnen wurden, praktisch völlig mit den in der demographischen Tabelle ermittelten decken. Das Modell zeigt, daß das Geschlechtsverhältnis unter den erlegten Stücken und in der Population selbst verschieden ist. In der Population verschiebt sich das Geschlechtsverhältnis noch stärker zugunsten der Männchen als bei den erlegten Stücken. Das bei der Geburt vorhandene leichte Übergewicht der Männchen wird später durch eine höhere Mortalität der Weibchen weiter verstärkt.

Die Veränderung des Geschlechtsverhältnisses in einem Zeitraum von 50 Jahren zeigt drei Spitzen und zwei Täler zugunsten der Weibchen (Abb. 78). Zwischen 1935 und 1940 hatte sich das Geschlechtsverhältnis sowohl bei den Tieren im 1. Jahr als auch bei den erwachsenen beträchtlich zugunsten der Weibchen verschoben. Dann blieb es bis 1946–1947 mit geringen Schwankungen annähernd konstant. Ab 1948 steigt der Anteil der Männchen stark an, erreicht 1953 das Maximum bei den Tieren im 1. Jahr und zwei Jahre später bei den erwachsenen Tieren. Das folgende Minimum des Männchenanteils ist 1959 bei den Tieren im 1. Jahr festzustellen und 1961 bei den erwachsenen Tieren. Die Kurve des Geschlechtsverhältnisses der erwachsenen Tiere wiederholt teilweise um ein oder zwei Jahre zeitversetzt den Kurvenverlauf für die Jungtiere.

Es wurde festgestellt, daß der Weibchenanteil in reduzierten Populationen größer ist, doch sind die Unterschiede nicht signifikant (Mech 1975). Ein Vergleich der Kurven auf Abb. 78 mit den Abschußzahlen aus der UdSSR (Tabelle 1) zeigt keinen Zusammenhang zwischen diesen Zahlen und dem Geschlechterverhältnis. In der Vorkriegsperiode war die Wolfsbekämpfung am intensivsten 1935 (maximaler Weibchenanteil in der Population). In der Nachkriegszeit war das Abschußmaximum bereits 1946 erreicht, dann verringerte sich allmählich die Zahl der alljährlich erlegten Tiere und spiegelt so die Bestandsabnahme wider. Vor diesem Hintergrund erhöht

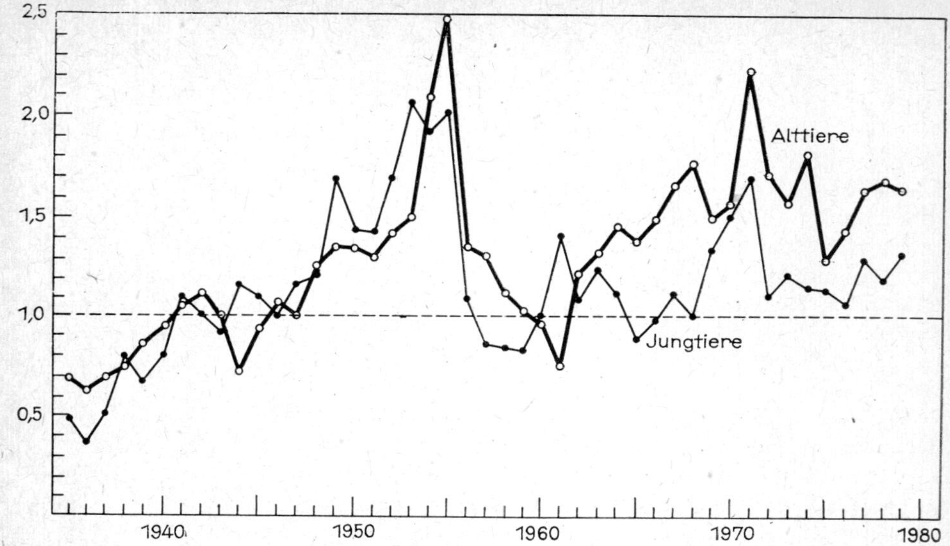

Abb. 78. Veränderung des Geschlechterverhältnisses in der Zeit (auf der Ordinatenachse Anzahl der ♂♂/1 ♀). Die Kurve wurde gezeichnet nach beweglichen Mittelwerten für eine Periode von 5 Jahren. Nach Smirnov u. Korytin 1985

sich allmählich der Anteil der Männchen, und sinkt dann bis zum Minimum Ende der 50er und Anfang der 60er Jahre ab. Dieses Minimum des Männchenanteils fällt ganz offensichtlich mit dem Bestandsminimum des Wolfs zusammen.

Wenn die Kurve der Dynamik des Geschlechterverhältnisses die realen Vorgänge widerpiegelt, so erhebt sich nach Smirnov u. Korytin (1985) die Frage, ob in Zeiten mit einem erhöhten Weibchenanteil in der Population die Monogamie beim Wolf bestehen bleibt.

9.3. Räumliche Struktur

Die räumliche Verteilung der Populationen hängt von der Territorialität, vom Charakter der sozialen Kontakte innerhalb der Familie (im Rudel) und zwischen den Rudeln sowie von der allgemeinen Bestandshöhe ab. Auch andere Faktoren haben auf die Verteilung im Territorium eine Bedeutung, so landschaftsbedingte, trophische und anthropogene, doch sind sie zweitrangig und wurden im Zusammenhang mit der Reviergröße bereits diskutiert.

In Nordamerika wie auch in Eurasien besteht eine bestimmte Abhängigkeit zwischen der Zahl der Rudel und der Kapazität eines Gebietes in einer bestimmten Landschaft. In der Waldzone und in der Waldsteppe ist die Dichte am höchsten, in der Tundra und in der Wüste am geringsten. Die Kapazität eines Gebiets hängt natürlich nicht nur vom Landschaftstyp ab, sondern auch vom Vorhandensein sicherer Wurfbaue und selbstverständlich von einer ausreichenden Nahrungsbasis. So ermöglichen die reichlichen Saigavorkommen in einigen Gebieten Kasachstans eine konstant hohe Besiedelung mit Wölfen. Die Bestandsdichte einer Population schwankt innerhalb weiter Grenzen zwischen einer Familie auf 3000 bis 10 000 km^2 (häufig in der Tundra) bis zu 5–6 und sogar noch mehr Familien auf 1000 km^2 bei optimalen Bedingungen.

Man ist der Meinung, daß ohne Verfolgung durch den Menschen oder bei mäßigem Jagddruck in der Wolfspopulation durch Autoregulation ein relativ stabiler Bestand von gewöhnlich nicht mehr als 40 Tieren auf 1000 km^2 gehalten wird (Pimlott 1967 u. a.). Bei einem derartigen stabilen Bestand ändern sich die Grenzen, die Fläche und die Lage der Familienreviere über 9 oder 5 Jahre nicht, wie Beobachtungen im Gebirge im Westkaukasus und in Nordkasachstan gezeigt haben (Bibikov u. a. 1985). Es liegen jedoch auch neue Berichte vor über zeitweilige Konzentrationen, wie in Nordamerika in Gebieten, wo die Elche kalben (Haber 1980) oder im Borshomi-Naturschutzgebiet bei Viehauftrieb auf die Sommerweiden (Baratašvili 1985), oder langjährige Konzentrationen von Wölfen, wo Dichten von 100 und mehr Tiere auf 1000 km^2 erreicht werden (Kysyl-Agatsch-Naturschutzgebiet). Gut bekannt sind auch die spontanen Veränderungen der Gesamtzahl der Wölfe und der Zahl der sich fortpflanzenden Rudel sowie die Umverteilung der Reviere unter den Rudeln auf Isle Royale (u. a. Peterson u. Page 1983).

Für das Verständnis der räumlichen Struktur der Population im Kontext der Bestandserhaltung der Huftiere als Beute des Wolfs hat die Hypothese sehr viel für sich, daß zwischen den Revieren benachbarter Rudel „Pufferzonen" von 2–3 km Breite liegen (Mech 1977). Diese Zonen werden von den Tieren der verschiedenen Rudel regelmäßig aufgesucht, doch halten sie sich nur kurzzeitig auf, und das Hauptziel der Besuche ist die Markierung und die Kontrolle bestimmter Punkte an der Reviergrenze. Die Tatsache, daß in diesen Pufferzonen nicht gejagt wird, damit zu erklären, daß Konflikte und Auseinandersetzungen zwischen den Rudeln vermieden werden sollen, ist unzureichend. Wenn Beutetiere in ausreichendem Maße im Revier selbst zur Verfügung stehen und für die Jagd geeignete Bereiche vorhanden sind, besteht für die Wölfe keine Notwendigkeit, auf der Suche nach Nahrung die Grenzen ihres Territoriums zu überschreiten. So suchten z. B. in Kasachstan die Wölfe ein Gebiet, in dem die Saigaantilopen in großer Zahl ihrer Kälber setzten, nicht auf, obwohl es sich nur 2–5 km von der Reviergrenze entfernt befand und die Wahrscheinlichkeit von Konflikten völlig ausgeschlossen war, denn in der Nachbarschaft kamen keine anderen Wölfe vor.

Wenn eine Wolfspopulation durch den Menschen stark reduziert wurde, verbleiben einzelne übriggebliebene oder neugebildete Paare im alten Revier oder besetzen ein neues. Die Fläche ist gewöhnlich größer, denn ringsum ist genügend freies Territorium. Umgekehrt wird die Fläche des Reviers eines Rudels bei Bestandszunahme wieder kleiner (Kaleckaja 1973), entsprechend der Besiedelung des geeigneten Territoriums durch die Tiere.

In einer Periode der Bestandsverdünnung der Wolfspopulationen bilden sich also wie auch bei vielen anderen territorial gebundenen oder im Familienverband lebenden Tieren Überlebensräume heraus (Naumov 1948), in denen die Populationskerne erhalten bleiben. Von hieraus regeneriert sich dann in der Folgezeit bei günstigen Bedingungen allmählich die ursprüngliche Struktur des Areals. Diesen

Zustand der Wolfspopulationen beobachten wir gegenwärtig in Italien, Griechenland, Polen und einigen Gebieten des europäischen Teils der UdSSR, wo das in der Vergangenheit praktisch zusammenhängende Verbreitungsgebiet zerrissen ist und einzelne, mehr oder weniger klar abgegrenzte Populationen entstanden sind.

Im europäischen Teil der UdSSR zeichneten sich am Ende der 60er und zu Beginn der 70er Jahre deutlich mehrere Wolfsgruppierungen ab (Abb. 79):

I. Die Karpaten-Population, die Tiere der sowjetischen, slowakischen und polnischen Karpaten umfaßt; sie hat sich in den 80er Jahren nach Westen und Nordwesten ausgebreitet. Die Verbindung über die Moldau zu den Wölfen im Ostbalkan (bereits in Rumänien) hat sie bereits vor vielen Jahrzehnten verloren. Man kann annehmen, daß die Isolation der Karpaten-Population des Waldwolfs die morphologische Differenzierung dieser Form begünstigen wird.

II. Die Population des Waldwolfs *(C. l. lupus)* der Russischen Tafel zeigt gegenwärtig die Tendenz zur Aufsplitterung in mehrere Untergruppen, die in unterschiedlichem Maße voneinander isoliert sind: die Polessje-Gruppe (Ukrainische, Belorussische und Polnische Polessje – 2); die große Gruppe zwischen oberer Wolga und Ostsee (3; von ihr sondert sich zu Zeiten eines Bestandsminimums die baltische Gruppe – 5 – und die Gruppe vom Oberlauf des Don ab – 4) und die Wolga-Kama-Gruppe (Abb. 79). Im Gebiet der mittleren Wolga und Kama unterscheiden wir drei lokale Populationen: die Population auf dem rechten Wolgaufer (8), die Wjatka-Kama-Population (6) und die Südural-Population (7). Wegen hervorragender Schutz- und Unterschlupfmöglichkeiten ist die Wjatka-Kama-Population von ihnen wahrscheinlich die stabilste. Hier im Nordural ist der Wolfsbestand auch in den 80er Jahren noch hoch und nimmt stellenweise weiter zu, und zwar trotz intensiver Bekämpfungsmaßnahmen.

III. Die Kaukasus-Population *(C. l. cubanensis)* ist seit den 50er Jahren, d. h. bereits 30 Jahre vom Norden völlig isoliert und stellt einen potentiellen Ausbreitungsherd in das Kaukasusvorland dar.

IV. Die Population des Tundrawolfs *(C. l. albus)* aus dem europäischen Norden der UdSSR existiert gegenwärtig wohl nicht mehr. Die Ursache dafür ist nicht die physische Vernichtung der Wölfe der Tundra und der Waldtundra, sondern die durch den Menschen provozierte „Vermischung" der Erbgrundlage der Unterarten des Tundrawolfs und des Waldwolfs, die bereits fast 30 Jahre anhält. Zuverlässige Beweise dafür gibt es leider nicht. Das Wesen dieses Prozesses, der mit dem breiten Einsatz von Flugzeugen zur Bekämpfung des Wolfs in den Rentierzuchtgebieten einsetzte, besteht darin, daß ein beträchtlicher Teil der typischen Tundratiere abgeschossen wird und die übrigbleibenden Tiere in die Waldtundra und nördliche Taiga abwandern, wo sie mit der Waldform in Kontakt kommen. Bei Nachlassen der Bekämpfungsmaßnahmen regeneriert sich die Wolfspopulation in der Tundra, aber wahrscheinlich sind dies schon keine „reinen" Tundrawölfe mehr. In den letzten 2–3 Jahrzehnten ist jede der lokalen Wolfspopulationen auf der Kolahalbinsel und in den Autonomen Gebieten der Nenzen und Jamal-Nenzen mehr als einmal „aus der Asche auferstanden", wobei in allen Fällen die Beteiligung der Waldform an der Regenerierung außer Zweifel steht.

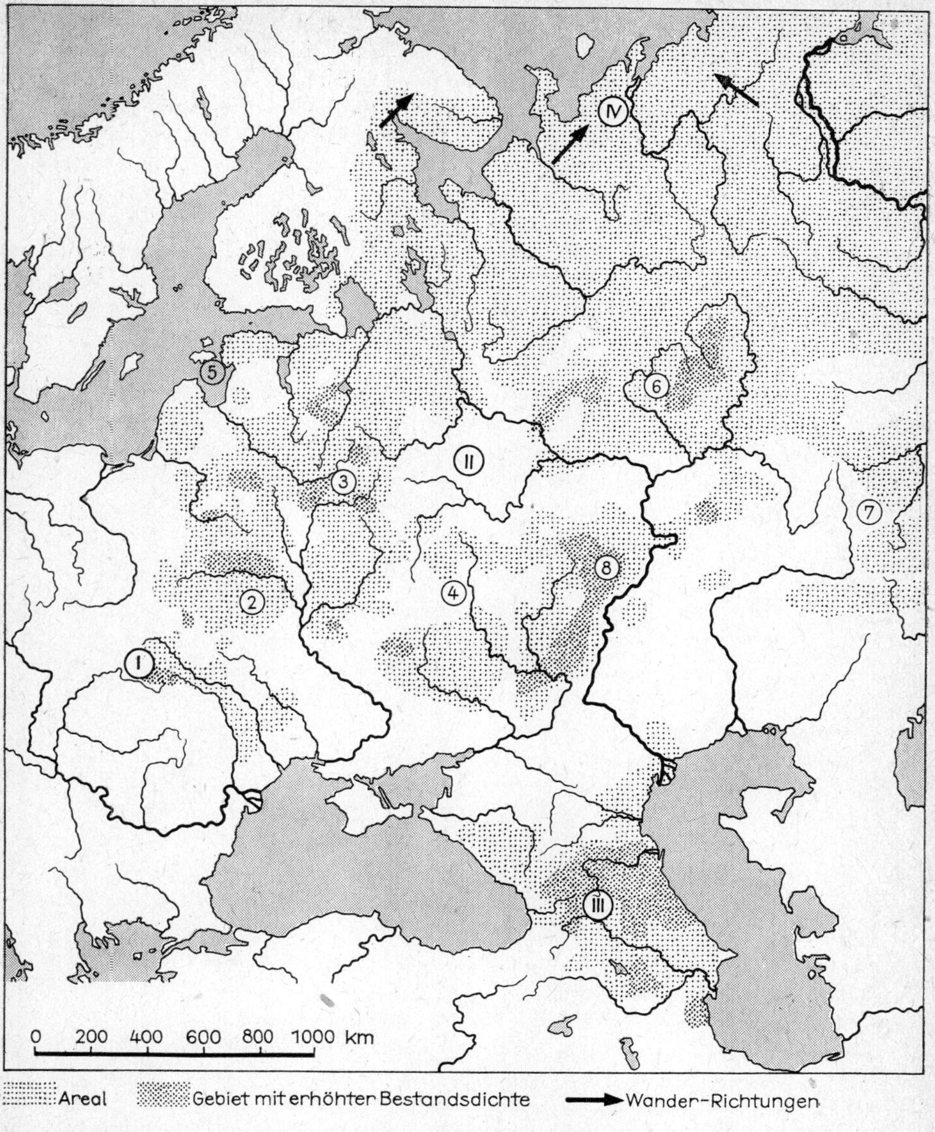

Abb. 79. Schema der Populationsstruktur des Wolfs im europäischen Teil der UdSSR um 1970. Geographische Populationen: Karpaten-Population (I), Waldwolf der Russischen Tafel (II), Kaukasus-Population (III), Tundrawolf (IV); 1–8 lokale Populationen

Das Material zur Ermittlung der räumlichen Struktur der Wolfsvorkommen ist natürlich noch unzureichend. Auf der einen Seite fehlt eine ausreichend zuverlässige moderne Klassifikation auf einer guten morphologischen Grundlage, zum anderen sind die Ortsbewegungen und Wanderungen der Wölfe immer noch nicht mit modernen Methoden erforscht. Wichtig sind nicht nur Angaben über die Reichweite der Wanderungen sondern auch Informationen darüber, welche Tiere unter welchen Umständen abwandern und wie weit.

Zu jeder Population gehören außer den ortsfesten „familiengebundenen" Wölfen auch territorial nicht gebundene Tiere. Dies sind gewöhnlich junge, nicht an der Fortpflanzung beteiligte Tiere. Ihre Lebensweise ist nur wenig erforscht. Es heißt, daß die Zahl der territorial nicht gebundenen Wölfe von der Populationsdichte und vom Vorhandensein durch Rudel nicht besetzten Territoriums abhängt (M e c h 1971). Oft vereinigen sie sich zu Gruppen von 2–5 Tieren und bilden dann zeitweilige Rudel unterschiedlicher Zusammensetzung. Solche Tiere neigen dazu, Vieh anzufallen und Aas anzunehmen. Sie besetzen gewöhnlich die peripheren Bereiche der Familienreviere. Ihre Nahrungsbedingungen sind schlechter als die des Rudels; sie streifen mehr umher, bilden offensichtlich eine Populationsreserve und sind die „Pioniere" bei der Besiedelung neuer Territorien.

9.4. Ortswechsel und Wanderungen

Gerade territorial nicht gebundene Tiere legen häufiger als andere weite Strecken zurück. Da ihr Anteil an der Population bis zu 40% betragen kann (M e c h 1970), kann man durchaus davon sprechen, daß die Wölfe insgesamt eine hohe Mobilität besitzen, da unter besonderen Umständen auch Alttiere abwandern können. Die Mobilität und damit auch die Fernwanderungen nehmen in Zeiten zu, wenn die Population gelichtet ist oder umgekehrt die Bestandsdichte zu hoch ist.

In Nordamerika wurden in den letzten Jahren mit Hilfe der Radiotelemetrie Wanderbewegungen über 300, 432, 670 und 886 km verfolgt (F r i t t s 1983). Die Ausweitung und Wiederherstellung des Areals in den nordwestlichen Bundesstaaten der USA, die auf der Karte von N o w a k (1983) dargestellt ist, erfolgte in den 40er bis 70er Jahren vorwiegend durch Fernwanderungen aus dem Norden, aus Kanada. In demselben Zeitraum wurde eine Reihe von Nachweisen aus Nord- und Südwestalaska registriert, und zu Beginn dieser Periode, bereits in den 30er Jahren, erfolgte die Einwanderung auf Isle Royale im Oberen See. Dasselbe war in Südwestkanada zu beobachten. So verschoben sich in British Columbia die Verbreitungsgrenzen seit den 30er Jahren um 200–400 km nach Süden und Südosten, die Wölfe stießen auf die Insel Vancouver vor und besiedelten sie in hoher Dichte (bis 70 Ex./1000 km^2; T o m p a 1983). In der Provinz Alberta bewegten sich nach Abschluß des Bekämpfungsprogramms (die Bekämpfung erfolgte übrigens auch in den Nationalparks) in den 60er und 70er Jahren wiederholt Invasionswellen in Richtung Süden auf die Grenzen zu den USA zu, und wandernde Wölfe wurden weit entfernt von den ständigen Vorkommensgebieten erlegt, z. B. 1971 bei Cypris Hills im südöstlichen Winkel der Provinz.

Zahlreiche Nachrichten über Wanderbewegungen von Wölfen liegen auch aus Westeuropa vor. Leider ist mir kein Versuch bekannt, diese Nachweise zu systematisieren, und die kurze vorliegende Zusammenfassung kann keinen Anspruch auf Vollständigkeit erheben. Am häufigsten wurde über das Auftauchen einzelner Wölfe aus Ländern, in denen man den Wolf schon vergessen hatte, bald nach dem 2. Weltkrieg in den 40er und 50er Jahren berichtet, als die Populationen im gesamten Areal stark zugenommen hatten. In dieser Zeit wurden herumstreifende Wölfe in Frankreich, in der BRD, in der DDR (der bekannte Ihlower Wolf (vgl. K n u p p e 1970 u. Abb. 67) und in der ČSSR (in Böhmen; Abb. 12) abgeschossen. Arealerweiterungen, denen Wanderungen von Einzeltieren vorausgingen, sind aus den Nachkriegsjahren aus Jugoslawien, Griechenland und Polen bekannt. Im letzten Jahrzehnt wanderten Wölfe aus der UdSSR nach Westen aus, besonders in die Slowakei, nach Polen und in die DDR. Ein Großteil der Tiere wurde vor Erreichen der Grenze abgeschossen, in den 70er und 80er Jahren z. B. fast alljährlich im Bez. Kaliningrad. So durchschwammen Anfang November 1978 fünf Wölfe (ein Rüde von 70 kg, zwei Fähen von je 50 kg) den Neman etwa 10–12 km von dessen Mündung entfernt. Doch seit Mitte der 40er Jahre sind mehrere Fälle bekannt, wo Wölfe weiter nach Westen vorgedrungen sind. In der DDR erfolgten beispielsweise am 16. 4. 1976 (Jüterbog, Bez. Potsdam – U l l r i c h 1979) und am 28. 2. 1987 (Kr. Hagenow, Bez. Schwerin – G o r e t z k i 1987) solche Nachweise. Intensive Wanderungen über die sowjetisch-finnische Grenze wurden von finnischen Zoologen genau verfolgt (P u l l i a i n e n 1980) – s. Kap. 4.2.

Aus der UdSSR sind die weitesten, nicht durch Markierung dokumentierten Wanderungen über 70, 150, manchmal bis zu 300 km (S e m e n o v 1954) vom Tundrawolf bekannt. Ausgedehnte Wanderungen wurden aus Kasachstan beschrieben (B i b i k o v u. a. 1985), wo F i l i m o n o v drei Ohrmarken von ihm als Welpen markierter Tiere erhielt, die im Alter von einem bzw. zwei Jahren 170 bzw. 190 km vom Markierungsort entfernt erlegt worden waren.

Viele halten die saisonalen Wanderungen der Wölfe im Gefolge der Hunderte Kilometer weit ziehenden Saiga- und Rentierherden für gesetzmäßig (S l u d s k i j 1962, R a u s c h 1967, M a k r i d i n 1978 u. a.). Aber auch hierfür liegen uns Fakten vor, die die Bindung der territorialen Wölfe an das Revier bestätigen, das sie auch nach Abzug der Saigas nicht verlassen. Den Saigas folgen die territorial nicht gebundenen Wölfe, hauptsächlich Jungtiere (B i b i k o v u. a. 1983). So betrug der Anteil der Tiere im 1. und 2. Jahr unter den bei den Wintereinstandsplätzen abgeschossenen Wölfen 57,4% (n = 54), außerhalb dieser Gebiete aber nur 30,9% (n = 42). Daß sich an den Winterplätzen vor allem wandernde Jungtiere konzentrieren, wird auch dadurch bestätigt, daß sich unter den im März abgeschossenen Weibchen keine trächtigen Fähen befanden (S l u d s k i j u. F e d o s e n k o 1981).

Die Prozesse, die in der Wolfspopulation nach der Abwanderung der Beutetiere stattfinden, entsprechen also etwa denen in der Waldzone bei starkem Bestandsrückgang der Huftiere (M e c h 1977). Nach einer starken Bestandsverminderung des Weißwedelhirsches *(Odocoileus virginianus)* verringerte sich die Zahl der Einzelwölfe in der Population durch Abwandern auf $^1/_7$ (bis auf 6%). Aus Territorien, in denen wandernde Huftiere leben (etwa Saigaantilopen), zieht mit diesen auch ein großer Teil der nichtterritorialen Wölfe ab. Was nun die Bewegungen ortsfester Wölfe im Gefolge wandernder Huftiere anbetrifft, so führen sie in der Regel nicht über die Grenzen der Reviere hinaus. Der Eindruck gemeinsamen Wanderns von

Räuber und Opfer entsteht an den Reviergrenzen benachbarter Rudel, wo die wandernden Saigas wie ein Stafettenstab von einem Rudel an das nächste „weitergegeben" werden.

Die Ortswechsel sind Bestandteil des Territorialverhaltens und notwendig zur Kontrolle des Reviers, zur Überprüfung und Erneuerung der Markierungen usw. Bei verminderter Bestandsdichte dehnen sich die Bewegungen der territorialen Tiere aus und ihre Mobilität nimmt zu (Kaleckaja 1973). Bei erhöhter Bestandsdichte hingegen verkleinern sich wegen der territorialen Auseinandersetzungen mit den Nachbarwölfen die Reviere (Theberge u. Strickland 1978). Man sollte meinen, daß in diesem Falle die Mobilität der Tiere zurückgehen würde, doch zwingen die angespannten territorialen Beziehungen die Tiere, ihr Revier häufiger zu kontrollieren und die Markierungen zu erneuern. Langzeituntersuchungen an Wölfen auf Isle Royale haben bisher noch nicht völlig geklärte, sehr empfindlich reagierende Autoregulationsmechanismen erkennen lassen, durch die der Bestand durch Veränderungen der Beziehungen innerhalb der Population, der Reproduktion, der Jungensterblichkeit sowie der Mobilität der Tiere geregelt wird.

Die stark erhöhte Mobilität nicht-territorialer Tiere ist bei hoher Bestandsdichte eine Anpassung zur Arealerweiterung, bei intensiver Verfolgung und verringerter Bestandsdichte zum Abwandern in Refugialräume. Das Ergebnis der stark zunehmenden Mobilität und der Fernwanderungen ist in beiden Fällen die Veränderung der räumlichen Struktur der Population und der geographischen Spezifik der genetischen Grundlage.

9.5. Folgen der Störung der Populationsstruktur

Die letzten 20 Jahre haben gezeigt, daß nach der Ausrottung des Wolfs andere, ökologisch ihm nahestehende, aber schädlichere Räuber ihren Platz in den Zönosen einnehmen – streunende und verwilderte Haushunde und Wolfsbastarde. Diesem Vorgang wurde nur ungenügend Beachtung geschenkt, und erst in letzter Zeit beginnt man, ihn zu untersuchen. Die Tatsache selbst der Bastardierung von Haushund und Wolf und das periodische Auftauchen von verwilderten Haushunden in der freien Wildbahn ist seit langem bekannt und in der russischsprachigen Literatur beschrieben worden (Gurskij 1975). Was Westeuropa und Nordamerika betrifft, kennen wir keine entsprechende Darstellung und fanden auch keine Antwort auf die Frage, weshalb in der Neuen Welt melanistische Wölfe so weit verbreitet sind.

Das Auftreten streunender und verwilderter Haushunde ist für viele Länder und die UdSSR eine sehr charakteristische Erscheinung. In Kanada und Alaska, wo die Wolfspopulationen noch wenig gestört sind, ist das Problem geringer als in den USA selbst, wo Populationen verwilderter Haushunde leben, die nicht wenig Sorgen machen. Im Bundesstaat Georgia liegt die Zahl dieser Hunde bei 300 000, in Minnesota bei 200–300 000. Die Gesamtzahl herrenloser Hunde in den USA wird mit 10–20 Millionen beziffert (McKnight 1964). Ihre Zahl wächst schneller als die der Bevölkerung. Das Problem ist ernst, es bedeutet Verluste in der Viehwirtschaft, in der Natur, Dauerherde von Zoonosen u. a. Die jährlichen Verluste durch die Ausweitung dieser Erscheinung belaufen sich auf 500 Millionen Dollar. Das Problem ist auch in Westeuropa akut, z. B. in Spanien, Griechenland, Portugal und besonders Italien. Seine Aktualität für Europa wurde im Memorandum der Arbeitsgruppe Wolf des Internationalen Rates für Naturschutz festgestellt (Stockholm, 1973) und im Bericht dieser Arbeitsgruppe in Helsinki (1982) wiederholt.

In Italien sind streunende Hunde eine ernsthafte Bedrohung der Natur, darunter auch für das Überleben des Wolfs. 1981 wurde durch eine Umfrage eine Inventarisierung durchgeführt und der zahlenmäßige Bestand, die Bewegungen, die Aktivität und die Nahrung gründlich untersucht. 1981 begannen intensive Arbeiten zur Erforschung der verwilderten Haushunde der Provinz Abruzzo.

Eine Zusammenstellung der Zahl der streunenden (sich außerhalb der Siedlungen frei bewegenden und verwilderten) Haushunde in den Provinzen ermöglicht einen Vergleich mit der Verbreitung des Wolfs (Abb. 80). Die Zahl der streunenden Hunde und ihre Dichte pro km^2 nimmt nach Süden hin zu und erreicht das Maximum in den Provinzen Kampanien (5,27 Expl./km^2) und Apulien (4,92 Expl./km^2). Die Dichte allein der verwilderten Hunde ist besonders hoch in Latium und in den südlichen Provinzen (0,64–0,78 Expl./km^2). Im Verbreitungsgebiet des Wolfs in Abruzzen, Latium und Basilicata geht die Dichte der streunenden Hunde auf 0,3 Expl./km^2 zurück.

Die Gesamtzahl der herrenlosen Hunde in Italien beträgt 3,5–3,6 Millionen Tiere, und selbst im Verbreitungsgebiet des Wolfs stellen sie eine Gefahr für den Wolf als Nahrungskonkurrent auf den Müllplätzen und wegen der Wahrscheinlichkeit der Bastardierung dar (Boitani 1983). Beweise für eine weite Verbreitung von Wolfsbastarden in Italien gibt es allerdings nicht, und die Wolfspopulation hat sich in den letzten Jahrzehnten sogar von 100–150 auf 200 und mehr erhöht.

Die Hauptursache für das Auftreten streunender Hunde ist nach Boitani das Bestreben der Stadtbewohner und Jäger, sich von ihrem Hund zu trennen. Es ist eine deutliche Veränderung im Verhältnis des Menschen zum Hund zu beobachten. Von Nord nach Süd wird in Italien das Verhältnis lockerer, streunende Hunde sind die Regel und eine normale Form der Hundehaltung.

Wölfe greifen gewöhnlich Hunde an und töten sie, in der Nahrung der Wölfe machen Hunde 3,5% aus, da sie sich hauptsächlich von Abfällen ernähren (etwa 60%), die sie auf Müllplätzen bei den Dörfern suchen. Das reiche Angebot von Nahrungsabfällen ermöglicht zweifellos das Leben sowohl der Hunde als auch der Wölfe. Hier auf den Müllplätzen konkurrieren sie, wobei der Hund oft im Vorteil ist, da er eine geringere Scheu gegenüber dem Menschen zeigt. Hausvieh kann auch von Hunden überwältigt werden, aber, was viel wichtiger ist, jeder Viehverlust wird gewöhnlich dem Wolf zugeschrieben. Dennoch ist es eine Tatsache, daß der durch Hunde verursachte Schaden größer ist als der durch die Wölfe (Boitani 1983).

In freier Wildbahn wurden in der UdSSR bis Ende der 70er Jahre streunende und verwilderte Haushunde in 20 Bezirken, Gebieten und in vier autonomen Republiken in der RSFSR sowie in der Ukraine, in Georgien, Aserbaidshan, Kasachstan und den mittelasiatischen Republiken festgestellt (Abb. 81). In den 80er Jahren sind zweifellos weitere Vorkommen hinzugekommen, doch existieren keine zusammenfassenden Darstellungen. Einige Vorkommensherde existieren 10 Jahre und länger (Rjabov u. Bibikov 1982).

Das Auftreten von streunenden und verwilderten Haushunden in der UdSSR

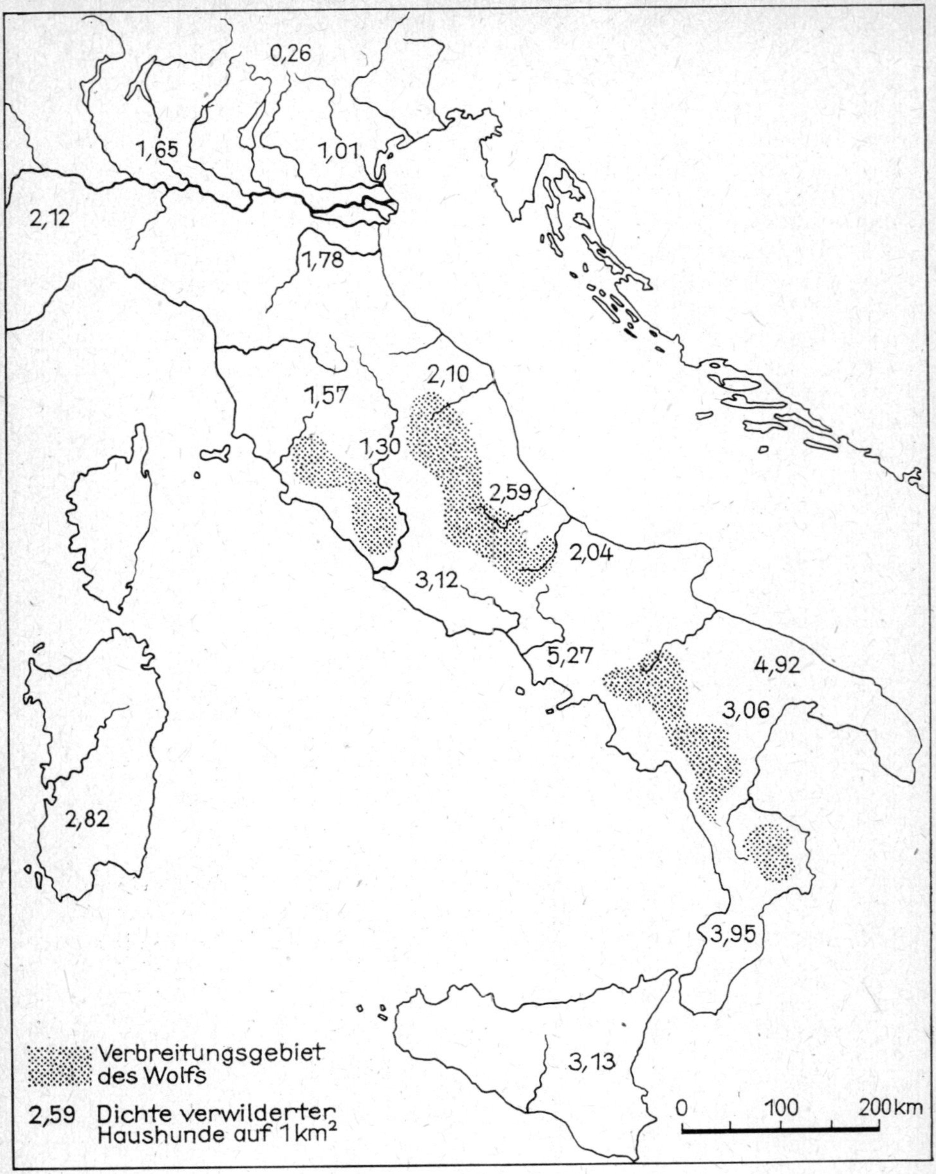

Abb. 80. Schema des Areals des Wolfs und die Dichte verwilderter Haushunde in den Provinzen Italiens. Nach Boitani 1983 und Boscagli 1983, verändert

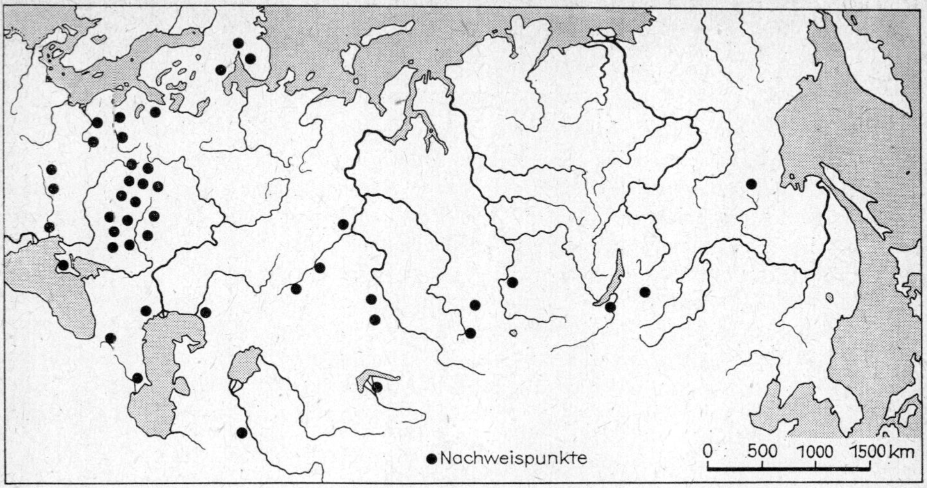

Abb. 81. Verbreitung verwilderter und streunender Haushunde unter natürlichen Bedingungen in der UdSSR in den Jahren 1966–1985. Nach Rjabov 1985, ergänzt

wird begünstigt durch die große Zahl von der Bevölkerung gehaltener Tiere, durch die geringe Haltungskultur und durch unzureichende Maßnahmen zur Beseitigung herrenloser Hunde. Oft verwildern freigelassene Hirtenhunde, verlorengegangene Jagdhunde, zurückgelassene Hunde von Datschenbesitzern usw. In der freien Natur finden sie reichlich Nahrung und Unterschlupfmöglichkeiten, allerdings nur, wenn der Wolf, sein ewiger Feind und Konkurrent, im Gebiet fehlt oder nur in geringer Zahl vorkommt.

Instruktiv sind die langjährigen Abschußzahlen für Wölfe und streunende Hunde aus den einzelnen Bezirken der Ukrainischen SSR. In den wolfreichen Bezirken wurden im Laufe von 33 Jahren (1946–1978) je 1000 km² folgende Wolfsstrecken erlegt: im Bez. Tschernigow 199,7, Bez. Rowno 149,3 Bez. Sumy 145,0, Bez. Wolyn 121,4 Tiere. Hunde wurden in diesen Bezirken im letzten Jahrzehnt pro Jahr 2000 bis 3000 abgeschossen. Andererseits wurden alljährlich jeweils über 10 000 streunende Hunde in den südlichen Bezirken der Ukraine zur Strecke gebracht, wo es nur wenige Wölfe gibt oder diese gänzlich fehlen. Hier wurden im Laufe von 33 Jahren je 1000 km² im Bez. Odessa 54,9, Bez. Saporoshje 30,1, Bez. Dnepropetrowsk 28,9, Nikolajew 13,2 und Bez. Cherson 10,8 Wölfe geschossen.

Diese Befunde werden auch durch Zahlen über verwilderte und streunende Hunde bestätigt, die in einigen Naturschutzgebieten der UdSSR den Wolf ersetzt haben (Bibikov u. Bibikova 1985). Am intensivsten erfolgte der Ersatz des natürlichen Gliedes in den Biozönosen der Naturschutzgebiete Ende der 60er und Anfag der 70er Jahre. So wurden im Woronesh-Naturschutzgebiet 1959–1967 125 streunende und verwilderte Hunde abgeschossen, in den Jahren 1933–1958 waren es dagegen nur 14. Eine Zunahme der Hunde erfolgte in den Naturschutzgebieten Wolga-Kama, Borshomi, Teberda, im Zentralen Schwarzerde-Schutzgebiet, „Stolby" u. a. Jahre mit verstärkten Hundevorkommen decken sich in vielen Fällen nicht mit den Perioden des Verschwindens des Wolfs, für die Schutzgebiete Borshomi und Woronesh läßt sich jedoch eine solche Gesetzmäßigkeit nachweisen (Tabelle 9).

Obwohl die Meinung über den beträchtlichen Schaden an Huftieren durch verwilderte und streunende Hunde einhellig ist, reicht das hier vorliegende Material nicht aus, um den Zustand der Huftierpopulationen während der Zehntung durch Wölfe oder ihre „Stellvertreter", die verwilderten Hunde, beurteilen zu können. Besser gesicherte Aussagen lassen sich über die größeren Schwierigkeiten bei der Bekämpfung der Hunde im Vergleich zur Wolfsjagd machen. 1979 wurden im Naturschutzgebiet „Stolby" bei Krasnojarsk die unterschiedlichen Methoden zur Bekämpfung streunender Hunde untersucht. Für den Fang von 17 Hunden wurden 1200 Fallen/Tage oder 11,5 Pers./h pro Hund aufgewendet. Bei einer Massentreibjagd wurden 516 Pers./h aufgewendet, d. h. für jeden erlegten Hund 57 Pers./h Arbeitszeit. Der Fang in Fallen ist also fünfmal produktiver als der Abschuß. Die vollständige Vernichtung der Hunde wurde manchmal mehrere Jahre hindurch verfolgt, doch wurde die Aufgabe gewöhnlich nicht restlos gelöst. Nur die Besiedelung des Gebiets mit Wölfen

Tabelle 9. Zahl der in Naturschutzgebieten der UdSSR abgeschossenen streunenden und verwilderten Haushunde. Nach Bibikov u. Bibikova 1985

Naturschutzgebiet	Jahre, Anzahl der abgeschossenen Hunde		
Belowesh	1959 – 41	1965 – 183	1971 – 19
	1960 – 76	1966 – 111	1972 – 25
	1961 – 180	1967 – 290	1973 – 17
	1962 – 204	1968 – 180	1974 – 31
	1963 – 221	1969 – 23	1975 – 28
	1964 – 283	1970 – 16	1976 – 24
Borshomi	1974 – 5	1977 – 26	1980 – 60
	1975 – 8	1978 – 40	
	1976 – 17	1979 – 48	
Wolga-Kama	1971 – 3	1976 – 8	
	1972 – 13	1977 – 6	
	1973 – 5	1978 – 11	
	1974 – 25	1979 – 1	
	1975 – 28		
Woronesh		1933–1958 – 14	
		1959–1977 – 125	
Sary-Tschelek	1962 – 90		
Stolby	1971 – 5	1975 – 16	1979 – 68
	1972 –	1976 – 54	1980 – 34
	1973 –	1977 – 56	1981 – 19
	1974 – 6	1978 – 40	1982 – 29
Teberda	1973 – 30	1978 – 42	1981 – 67
	1974 – 65	1979 – 39	1982 – 52
	1975 – 10	1980 – 17	
Zentrales Schwarzerdegebiet	1971 – 14	1978 – 57	
	1973 – 9	1979 – 63	
	1974 – 33	1980 – 34	
	1975 – 40	1981 – 38	

bringt einen dauerhaften Effekt, doch ist auch hierfür Zeit erforderlich, im Chopjor-Naturschutzgebiet wurden dafür 7 Jahre benötigt (Kaznevskij 1979).

Eine besondere Gruppe von Hunden ohne Aufsicht sind die Hirtenhunde, die in der Weidewirtschaft in den Steppen und Gebirgen Mittelasien, des Kaukasus, Altai und Südsibiriens eingesetzt werden. Ihre Zahl ist groß und beträgt im ganzen Lande sicher mehrere Hunderttausend. Die Hirten halten die Hunde frei und füttern sie kaum. Ihren Lebensunterhalt erjagen die Tiere meist selbst in der Umgebung. Besonders große Verluste erleidet der Nachwuchs der Huftiere. In Kalmükien kommen in manchen Jahren durch sie bis zu 50% der Saigakälber um.

Die verwilderten Haushunde in den mittleren Bezirken der RSFSR sind nach Rjabov (1974 u. a.) in den meisten Fällen verschiedenfarbige Hofhunde, oft Mischlinge mit Jagdhundrassen. In Sibirien kommen neben Hofhunden auch laikaartige Hunde vor, in Mittelasien große, keiner Rasse zuzuordnende Hunde sowie lokale Barsoi-Rassen, sogenannte „Tasy" (Abb. 64).

Die Lebensweise der verwilderten Haushunde entspricht, wie übrigens auch die der Wolfsbastarde, den für die mittleren Bezirke der RSFSR und andere Gebiete charakteristischen beiden ökologischen Gruppen des Wolfs. Die erste Gruppe lebt in abgelegenen, vor allem schwer zugänglichen Waldgebieten und lebt hauptsächlich von wildlebenden Huftieren, wie Rehen, Hirschen usw. Diese Tiere beachten kaum Haustiere und fügen der Landwirtschaft nur geringen Schaden zu (Rjabov 1974). Die zweite ökologische Gruppe des Wolfs oder seines „Stellvertreters", die in den waldarmen Gebieten vorherrscht, sind synanthrope Tiere (Bibikov u. a. 1985), die sich an ein Leben in der Nähe menschlicher Siedlungen und von Großviehstallanlagen angepaßt haben, von toten Tieren auf Müllplätzen leben oder Haustiere überfallen.

Die in Wäldern lebenden streunenden und verwilderten Hunde sind außerordentlich schädlich. Man nimmt an, daß in den USA der Schaden durch sie in der Natur gewaltig ist. Allein in 32 Bundesstaaten wurden 20 000 Hirsche gerissen (Kreeger 1977). Eine wahre Plage sind diese Hunde auf der Kola-Halbinsel, wo sie sich zu Rudeln zusammenrotten und die Rentierherden dezimieren. Im Bez. Woronesh haben die Hunde gelernt, Rot- und Sikahirsche *(Cervus elaphus, C. nippon)* zu reißen. Unter ihnen sind völlig verwilderte Räuber (die ständig im Wald leben und sich dort auch fortpflanzen) und streunende, die zum Jagen aus den angrenzenden Dörfern in den Wald kommen. Die im Wald lebenden Hunde sind groß bis mittelgroß, die streunenden kommen in allen Größen vor. Vieh und Hausgeflügel rühren solche Hunde nur selten an. Sie jagen einzeln, paarweise und in Rudeln, die aus bis zu 12 Tieren bestehen können. Bei der Jagd eines Rudels auf Hirsche ist eine gewisse Koordination zu erkennen, ähnlich wie im Wolfsrudel. Dennoch vermögen die Hunde nicht, den Hirschbestand zu stabilisieren und positiv auf ihre Population einzuwirken. Die im Vergleich zu den Wölfen weniger selektive Tötung durch die Hunde ist auch in den Saigapopulationen zu beobachten. Die oben erwähnten Angaben von Kreeger (1977) weisen aus, daß die Angriffe der Hunde in keiner Weise selektiv erfolgen.

Die Hunde leben von dem, was an Abfallhaufen und Tierkörperbeseitigungsplätzen an Freßbarem anfällt und halten sich gewöhnlich zwischen den Feldern in Trockentälern unweit menschlicher Siedlungen auf. Viele von ihnen haben jegliche

Bindung zum Menschen verloren. Wie die synanthropen aasfressenden Wölfe greifen auch diese Hunde oft Vieh an, vor allem Schafe, und fügen so der Landwirtschaft Schaden zu. Große Einbußen hat gegenwärtig durch streunende und verwilderte Hunde die Wirtschaft in der Burjatischen ASSR.

Um einen Menschen mit Gewehr machen die Hunde im Wald einen großen Bogen, gegenüber Pilzsuchern, Radfahrern, Personen auf Fuhrwerken oder Kindern sind sie dagegen manchmal sogar aggressiv.

Im Bez. Woronesh registrierten wir 53 Würfe von streunenden und verwilderten Hunden in freier Natur. Die Wurfbaue befanden sich in trockenen Biberbauen, in erweiterten Dachs- oder Fuchsbauen oder in selbstgegrabenen Höhlen, manchmal aber auch unter Reisighaufen, in Strohschobern u. a. Die durchschnittliche Welpenzahl im Wurf beträgt 5,4, in Sibirien 4,1. Im Unterschied zum Wolf können sie zweimal im Jahr werfen, und zwar vom 1. Lebenjahr an, so daß die Fruchtbarkeit sehr hoch ist. Die Welpen waren wie auch alle in freier Wildbahn erlegten erwachsenen Tiere in gutem Ernährungszustand.

Die sich wieder ausbreitenden Wölfe haben die Hunde zwar nicht sehr schnell, aber doch mit Erfolg aus vielen Waldrevieren verdrängt. Unter dem Druck der Wölfe sind in einer ganzen Reihe von Gebieten die verwilderten Hunde ganz verschwunden, während streunende Hunde auch weiterhin gelegentlich den Wald aufsuchen, sich allerdings dort nicht lange aufhalten. Wo der Unruhefaktor groß ist, leben in der Nähe von Müllplätzen vorwiegend Hunde und keine Wölfe.

Am genauesten wurde der Ersatz des Wolfs durch Hunde im Bez. Woronesh und in den angrenzenden Gebieten verfolgt, wo 25 Vorkommensherde von verwilderten oder halbverwilderten Haushunden festgestellt wurden. Sie wurden in 21 Kreisen gefunden. Vorwiegend im Wald lebten in einzelnen Jahren etwa 120 Hunde, auf Müll- und Tierkörperbeseitigungsplätzen über 200. Insgesamt zählten sie im Bezirk nach Tausenden. Alljährlich wurden bis zu 4000 Fälle von herrenlosen Hunden erfaßt, nicht gerechnet die getöteten und auf andere Weise beseitigten Tiere. Nach der Wiederbesiedelung des Bez. Woronesh durch den Wolf (1978 hatte er ihn zu etwa 70% besiedelt) verschwand ein Teil der Hundevorkommen. Gegenwärtig kommen verwilderte Hunde in den Wäldern und in der Nähe von Siedlungen nur dort vor, wo keine Wölfe leben oder sich nur selten einmal zeigen. Abb. 82 zeigt sehr gut die „Vikarianz" von Hunden und Wölfen in der Natur.

Kreuzungen von Hunden mit ihrem wilden Vorfahren, dem Wolf, sind seit langem bekannt, wurden in der UdSSR bis zum Ende der 50er Jahre unseres Jahrhunderts aber nur selten beobachtet. Die Bastardierung ist bedingt durch eine erhebliche Verminderung des Wolfsbestandes durch den Menschen, die von einem Zerfall der Wolfsrudel begleitet war, von einer Störung des Geschlechtsverhältnisses innerhalb der Populationen. Die für die Paarbildung fehlenden Wölfe wurden durch Haushunde ersetzt.

In der UdSSR waren Wolfsbastarde wohl Anfang der 70er Jahre am zahlreichsten und weitesten verbreitet (Abb. 83). Jedoch nicht überall, wo Bastarde auftauchten, waren die Wolfspopulationen stark gelichtet. Ausnahmen von der Regel sind ziemlich häufig. Im Bez. Woronesh wurden diese Sukzessionen genau verfolgt (Abb. 84, 85; R j a b o v 1973, 1979, 1985).

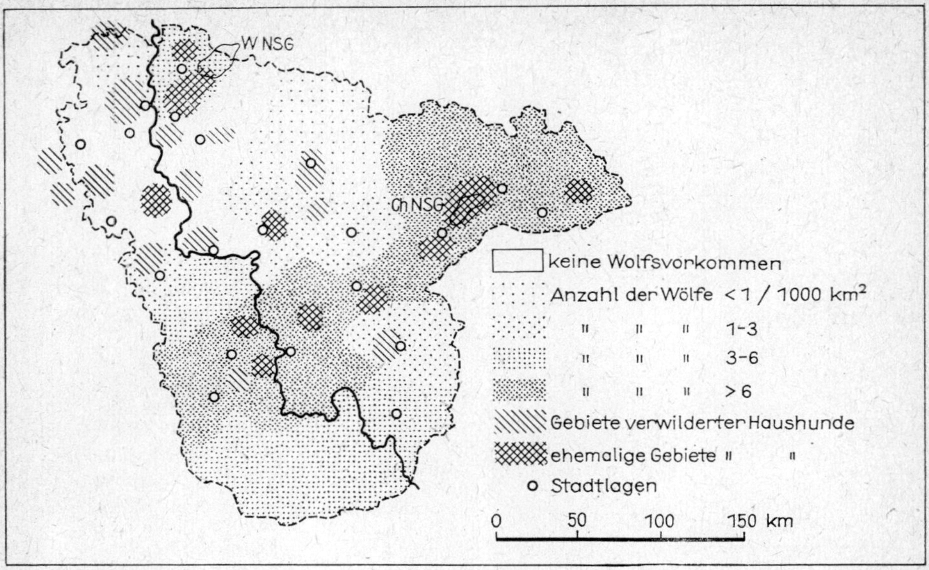

Abb. 82. Bestandsdichte des Wolfs im Bez. Woronesh 1978 und Vorkommensgebiete verwilderter Haushunde in den Jahren 1966–1978. Nach Rjabov 1979, 1985

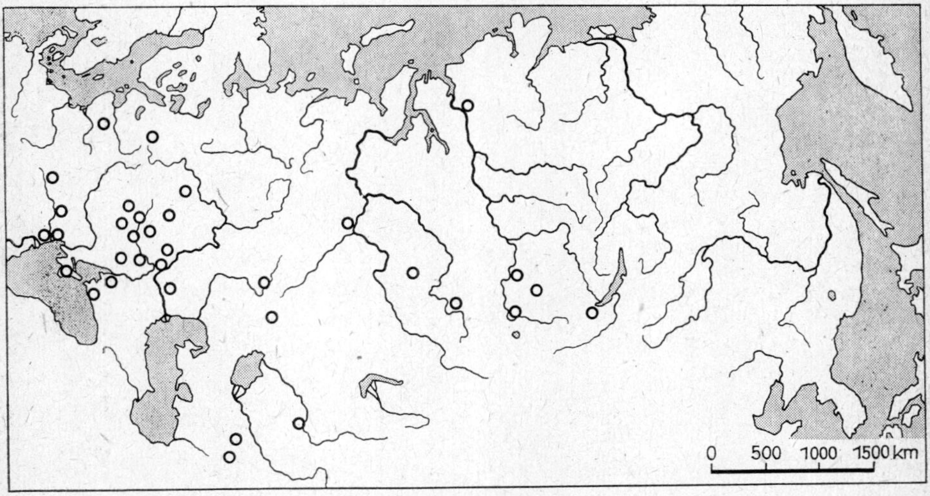

Abb. 83. Orte, an denen Bastarde zwischen Haushund und Wolf registriert wurden (1953 bis 1985). Nach Rjabov 1985 und Pavlov 1982, ergänzt

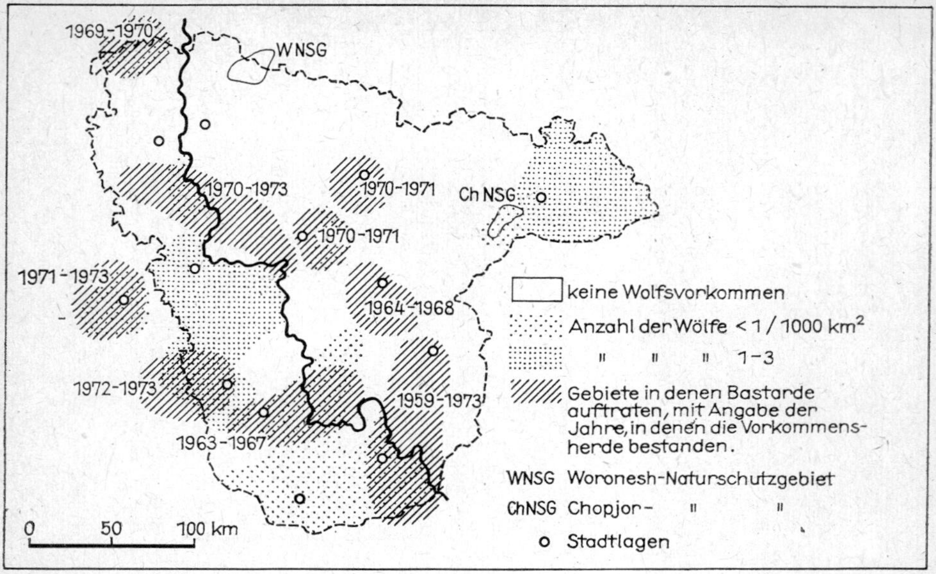

Abb. 84. Bestandsdichte des Wolfs im Bez. Woronesh 1971 und Vorkommensgebiete von Wolfsbastarden 1974

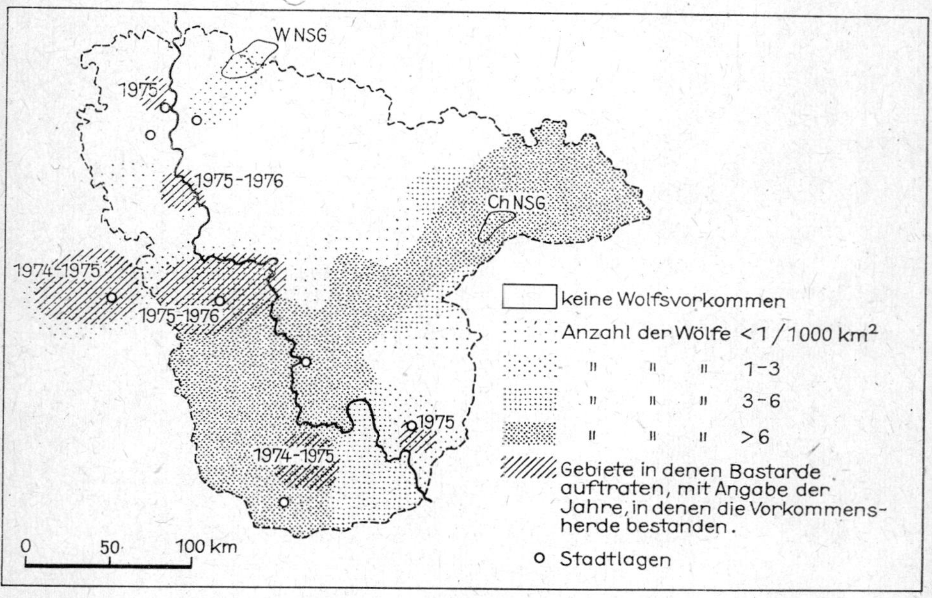

Abb. 85. Bestandsdichte des Wolfs im Bez. Woronesh 1976 und Vorkommensgebiete von Wolfsbastarden 1977

Bis 1976 hatte sich die Zahl der von Wölfen besiedelten oder periodisch besuchten Kreise im Bez. Woronesh auf 20 erhöht, der Fläche nach waren damit rund 50% besetzt. Die Wölfe konzentrierten sich zu diesem Zeitpunkt hauptsächlich auf die östlichen, südlichen und südwestlichen Teile des Bezirks und erreichten an vielen Stellen eine Dichte von über 6 Ex./1000 km². 1976 gab es etwa fünf Vorkommensherde von Wolfsbastarden (Abb. 85).

Bei gemeinsamem Vorkommen mit Wölfen kreuzen sich die Bastarde meist mit Wölfen und nicht mit Hunden. Die Merkmale der Wildform dominieren bei der Bastardierung gewöhnlich, so daß die Bastarde den Habitus eines Wolfs haben. Wenn Bastarde mit geringem Wolfsblutanteil in der Natur selbständig leben, können sie durch erneut zuwandernde Wölfe wie verwilderte Haushunde oder Koyoten verdrängt werden (Silver u. Silver 1969). Außer im Bez. Woronesh wurden Bastarde in den Bezirken Tambow, Saratow und Wolgograd erlegt. Bastardierungen zwischen Wolf und Hund sind in der Ukrainischen und Moldauischen SSR wiederholt festgestellt worden; sie verstärkten sich Ende der 50er Jahre, als viele Wolfspopulationen aufgerieben worden waren (Gurskij 1975).

Im asiatischen Teil der UdSSR beobachtete Danilkin (1979) das Leben von Wolfsbastarden, die in den Wäldern des Südurals auftraten (Abb. 65) und sich auf Rehe spezialisiert hatten. Die Eltern der Bastarde waren ein kräftiger Wolf und ein kleinerer mischrassiger Haushund. In 7 Fällen wurden Verpaarungen von Wölfen mit Haushunden in der Turkmenischen SSR festgestellt. Es ist interessant, daß seit 1975 im Badchys-Naturschutzgebiet unter den echten Wölfen größere Tiere mit für Wölfe untypischer Färbung und anderem Verhalten auftraten. Dieser Vorkommensherd existiert auch heute noch. Zwischen 1975 und 1982 wurden in mindestens drei Kreisen des Bez. Tjumen Wolfsbastarde beobachtet und abgeschossen. Es wurde beobachtet, daß solche Tiere im Frühjahr in den Bez. Nordkasachstan abwanderten und im Herbst im Kr. Berdjushje auftauchten (Azarov 1985). Nach Angaben von Noskov (1985 und mdl.) wurden 1978–1980 in einigen Kreisen der Burjatischen ASSR Wolfsbastarde registriert, wobei allein im Kr. Dshida fünf Vorkommensherde festgestellt wurden.

Im Bez. Woronesh tauchten Wolfsbastarde nach dem Kontakt von Hunden mit aasfressenden Wölfen auf und führten dann ein ähnliches Leben wie diese. Viele Wolfsbastarde drängte es gewöhnlich ab Herbst zu aktiver Jagd, was nicht immer mit Nahrungsmangel auf den Müllplätzen zusammenhing. Die Tiere begannen Hausvieh anzugreifen. Die häufigsten Opfer waren in der Ukraine Lämmer, die nachts, in der Dämmerung und manchmal auch am Tage gerissen wurden (Gurskij 1975). Im Bez. Woronesh töteten die Bastarde wie echte Wölfe Haushunde und fraßen sie. Zeitweise waren Hunde ihre Hauptnahrung.

Gegenüber dem Menschen zeigten sich die Wolfsbastarde meist dreister als Wölfe, was darin seinen Ausdruck fand, daß sie in der Nähe von Siedlungen bei Tageslicht auftauchten und Vieh in Anwesenheit von Menschen angriffen, sich manchmal Menschen gegenüber aggressiv verhielten und ihre Lager und Ruheplätze in der Nähe von Gebäuden oder in diesen selbst wählten. Dieses Verhalten ist zweifellos vom Haushund ererbt (Rjabov 1973).

Im Bez. Woronesh fanden wir keine Bastarde, die wildlebende Tiere jagten. Im Südural dagegen lebten sie von Rehen. Im Unterschied zu den echten Wölfen bildeten sie im Sommer große Rudel aus maximal 18 Tieren. Sie verfolgten die Rehe mit Gebell oder stumm manchmal über große Entfernungen (bis zu 4 km), was für den Wolf untypisch, typisch jedoch für Hunde ist. Andererseits erfolgte in den Rudeln wie bei den Wölfen eine Arbeitsteilung: die einen waren die Treiber, die anderen lauerten auf dem wahrscheinlichen Fluchtweg des Opfers (Danilkin 1979).

Mit Hunden verpaarten sich meist einzelne Wölfinnen, seltener Wolfsrüden, aber auch Bastarde beiderlei Geschlechts. Die „Freundschaft" bildete sich im Winter während der Ranz gewöhnlich auf den Müllplätzen heraus. Reinblütige und hybride Wölfinnen zogen nach der Verpaarung mit einem Haushund den Nachwuchs selbständig auf. Der Wolfsrüde versuchte die Hündin mit sich wegzuführen, und wenn sie ihn nicht verlassen hat, zogen sie die Jungen gemeinsam auf (Rjabov 1973, Gurskij 1975). Wolfsgemäß lebten die Tiere, wenn der Nachwuchs bei Bastardeltern aufgezogen wurde. Die Fortpflanzungstermine, die für Wölfe üblich sind, bleiben in der freien Wildbahn nur erhalten, wenn sich Wölfinnen mit Haushunden kreuzen. Im umgekehrten Falle gibt es wie bei Bastarden beträchtliche Abweichungen, was Veranlassung gibt, die Bastarde in die Nähe der Hunde zu stellen, die sich zu jeder Jahreszeit fortpflanzen können (Rjabov 1979). Eine Bastardhündin, die als Welpe einem Bau entnommen und in Gefangenschaft aufgezogen worden war, paarte sich im Alter von 8,5 Monaten mit einem Hofhund und warf Junge.

Das Problem der streunenden Haushunde und der Bastarde zwischen Wolf und Haushund verdient also größte Beachtung. Der „Ersatz" für den Wolf ist für den Menschen nicht weniger gefährlich. Diese Hunde und Bastarde sind gewöhnlich Bestandteile weniger wertvoller, durch die menschliche Tätigkeit stark umgestalteter Lebensgemeinschaften. Gelöst werden kann das Problem nur durch gleichzeitige Ausrottung der Räuber und Beseitigung der Müllplätze und Tierkörperbeseitigungsplätze („Schindanger"), die für sie keine Nahrungsbasis darstellen dürfen.

Unbedingt erforderlich ist eine gesetzliche Regelung zum Zahlen von Geldprämien für erlegte Wolfsbastarde (wie auch für reinblütige Wölfe). Früher wurden in manchen Orten derartige Prämien gezahlt. Notwendig wäre lediglich eine entsprechende Expertise und die Ausarbeitung einer Vorlage durch Vertreter der Jagdaufsichtsbehörde und durch Zoologen. Das Interesse der Jäger an den Ausmerzung von Wolfsbastarden und verwilderten Haushunden läßt sich sicher steigern durch eine wesentliche Erhöhung der Aufkaufspreise für die Felle, denn der Marktbedarf an Hundefellen ist unbegrenzt. Bemerkenswert ist in diesem Zusammenhang der Vorschlag von McNeal u. Griffin (1977), Hundefleischkonserven als Futter für Tiere in Zoologischen Gärten und für privat gehaltene Tiere zu verwenden. Nach Ansicht der Verfasser ist eine solche Regelung ökonomisch gerechtfertigt.

10. Evolution des Verhältnisses des Menschen gegenüber dem Wolf

Der Prozeß der Herausbildung des Urmenschen erfolgte unter dem Einfluß von Jagderfahrungen, damit auch unter dem Einfluß von Beobachtungen des Verhaltens des Wolfs. Die Art der Kontakte zwischen diesen Lebewesen änderte sich im Laufe der Evolution der pflanzenfressenden Prähominiden zu den jagenden Urmenschen. Gewisse Parallelen in der Lebensweise, in den Jagdmethoden und der Nutzung der gemeinsamen Beutetiere, nämlich große Huftiere, sind wahrscheinlich (Fajnberg 1980 u. a.). Man nimmt an, daß Menschen und Wölfe oft einander folgten, sich so unterstützten beim Aufspüren und bei der Überwältigung der Beute (anfangs nutzten wahrscheinlich die Menschen mehr die Reste der Wolfsmahlzeiten, und gelegentlich mögen sie den Wölfen auch die Beute abgenommen haben).

Jahrtausendelang verfolgte der Wolf aufmerksam die Tätigkeit des Menschen (und er tut dies auch heute noch) und beobachtete das menschliche Verhalten. „... indem er außerhalb des Scheins des Lagerfeuers seine Runden zog, beobachtete er aufmerksam die zweibeinigen Geschöpfe und zog gierig den Duft frischen Fleisches ein – einer der Jäger könnte ihm eigentlich ein Stück zuwerfen" (Tenner 1980: 12). Die „Gemeinschaft" des Menschen mit dem Wolf, die viele Jahrhunderte bestanden hat, wurde erst in relativ junger Zeit gestört, als nämlich die Menschen von der Nutzung der abnehmenden Ressourcen der wildlebenden Tiere dazu übergingen, diese zu domestizieren und zu züchten. Die Nutzung der im Vergleich zu den Wildtieren leichter erreichbaren Haustiere durch den Wolf führte dazu, daß er zum Konkurrenten und Feind des Menschen wurde, was die Ausrottung dieses Tiers in den vom Menschen erschlossenen Regionen zur Folge hatte.

10.1. Der Wolf in der Mythologie verschiedener Völker

Nach neuesten Erkenntnissen taucht die Bezeichnung für den Wolf in den indoeuropäischen Sprachen etwa 7000 v. u. Z. auf (Ivanov 1975). Zu jener Zeit fühlten sich die Menschen noch eins mit der sie umgebenden Natur. Sie sahen keine wesentlichen Unterschiede zwischen sich und den Tieren, hielten sie für ebenbürtig und einige sogar für Wesen, die mit übernatürlichen Kräften ausgestattet sind. Der Mensch der Urgesellschaft war davon überzeugt, daß Tiere genauso wie Menschen in Geschlechtsverbänden und Stämmen leben. Mehr noch, für ihn stand außer Zweifel, daß er selbst und die Gruppe, der er angehört, in Verwandtschaftsbeziehungen zu irgendeinem Tier (Totem) steht. Spuren und Überreste des Totemismus haben sich bei vielen Völkern Amerikas, Asiens, Afrikas, Ozeaniens und Europas lange erhalten.

Unter den verschiedenen Tierarten, die zum Totem wurden, nimmt der Wolf einen führenden Platz ein, schreibt Stiškovskaja (1983) in einer Übersicht zu diesem Thema. Im Indianerstamm der Tlinkit von der Nordwestküste Nordamerikas und bei den Irokesen, die im Südosten der Großen Seen lebten, gab es Sippen des Wolfs (Sokolova, 1972). In Turkmenien war der Wolf das Totem von 11 Sippen. Die Usbeken leiteten ihre Herkunft vom Wolf ab. „Die Eskimos an der Bering-Straße schmückten die Waffen, das Hausgerät und sogar die Gesichter mit Totemzeichen ... Die Haupttotems waren der Wolf, der Kolkrabe, der Gerfalke" (Zolotarev 1934: 42). Der Wolf wurde auch von den Mongolen verehrt: In einer Legende heißt es, daß ihr Volk von einem vom Himmel geborenen Wolf und einer Hirschkuh abstammt.

Als Urmutter der alten Türken galt eine Wölfin. In Überlieferungen, die in chinesischen Chroniken erhalten sind, heißt es, daß sie einen hilflosen zehnjährigen Knaben vor dem Tode gerettet hat. Er war der einzige, der vom Stamm der Hunnen am

Leben geblieben war, die von Feinden vernichtet worden waren. Als er erwachsen wurde, brachte die Wölfin zehn Söhne zur Welt, deren Vater er war. Jeder dieser Söhne war der Begründer eines Geschlechtsverbandes.

Die Verehrer eines Totems waren davon überzeugt, daß sie in den unterschiedlichsten Lebenssituationen mit dessen Unterstützung und Schutz rechnen konnten. Noch vor wenigen Jahrzehnten glaubten die Usbeken, bei denen sich die Organisation in Geschlechtsverbände erhalten hatte, an die Hilfe ihres Urvaters, des Wolfs. Die meisten Arten des Volksglaubens hängen mit der Geburt eines Kindes und dem Bestreben, das Leben des Neugeborenen zu erhalten, zusammen. Um einer Frau eine schwierige Geburt zu erleichtern, legte man ihr wie ein Armband einen Wolfskiefer um das Handgelenk oder zerrieb ein Stück getrocknetes Wolfsherz zu Pulver, löste es in Wasser und gab es ihr zu trinken. Das Neugeborene hüllte man in ein Wolfsfell, damit es lange lebte. An die Wiege hängte man als Amulett Wolfszähne, Krallen und Afterzehen. Erwachsene Usbeken trugen, um sich gegen jegliches Unglück zu schützen, Eckzähne, Zähne und Krallen vom Wolf. Diese Amulette durften nicht verkauft werden, man konnte sie nur verschenken. Wohl nicht weniger als die Usbeken vertrauten die Burjaten auf den Schutz durch den Wolf. Wenn jemand Fieber bekam, wurde er in ein Wolfsfell gewickelt. Kasachen und Kasantataren rieben bei Ausschlag oder Flechte die Stelle mit einem Wolfsschweif.

In Europa tritt der Wolf nicht selten im Volksglauben als Beschützer auf. Der römische Gelehrte und Schriftsteller Plinius d. Ä., der im 1. Jh. lebte, schrieb, daß ein Wolfskopf die Kraft eines Zaubers breche. Eben aus diesem Grunde wurden sie an das Tor der Landsitze genagelt. Zu dem gleichen Zweck verwendete man in Deutschland und Frankreich einen Wolfsrachen. Die Bauern auf Sizilien bewahrten noch im 19. Jh. im Pferdestall eine Wolfspfote auf.

Da der Mensch das Totemtier als seinen Verwandten ansah, begegnete er selbst dem toten Tier noch mit Ehrerbietung. Bei den alten Athenern herrschte der Brauch, jedem getöteten Wolf ein Begräbnis auszurichten. Auch die Jakuten überließen einen toten Wolf nicht einfach seinem Schicksal: Sie wickelten ihn in Heu und hängten ihn an einen Baum, d. h. sie bestatteten ihn, wie es bei den Taigabewohnern alter Brauch war. Die Usbeken setzten einen Wolf unbedingt in der Erde bei.

Schon seit frühesten Zeiten glaubten die Menschen, daß Tiere die menschliche Sprache verstehen können, und wenn ihnen ein Mensch nicht mit der nötigen Achtung begegnet, rächen sie sich an ihm. Deshalb verwendeten viele Völker für die Tiere Tabubezeichnungen. So sagten die Bauern aus der Gegend von Smolensk bei einer Begegnung mit Wölfen: „Guten Tag, ihr braven Burschen!“ Bei den Esten hieß der Wolf „Hirte“, „Langschwanz“ oder „Onkel“, bei den Litauern „Feldgeist“, bei den Korjaken „der sich abseits im Hintergrund hält“, bei abchasischen Jägern „glücklicher Rachen“.

Die Tschuktschen verehrten den Wolf, in dem sie ein übernatürliches Wesen sahen. Wenn ein Wolf ein Rentier riß, taten sie ihm nichts, da sie fürchteten, daß die übrigen Wölfe dann alle Tiere töten würden. Die Jakuten hielten den Wolf für den Sohn des alten strengen Gottes Uluu-Tojon. Für die Korjaken ist der Wolf der Herr der Rentiere und der Beherrscher der Tundra. Es war nicht nur verboten, ihn zu töten, sondern ihm auch sonst irgendwie Schaden zuzufügen. Im Götterglauben der nordamerikanischen Arapacho-Indianer herrscht über die Tiere ebenfalls ein Wolf, allerdings ein alter. Der Herr der Tiere, der seine Mitbrüder und die Koyoten zusammengerufen hat, ruft sie auf, den Sagenhelden zu helfen.

Die Menschen der Urgesellschaft hatten noch keine richtige Vorstellung davon, wie das Leben eines Kindes entsteht. Sie glaubten, daß die Frau eine Verbindung mit einem Tier oder einem Geist eingehen kann. Dies trug zur Entstehung eines Tierahnenkults bei. Die Kamtschadalen hielten z. B. den Wolf für den Vater von Zwillingen, da sie überzeugt waren, daß zwei Kinder gleichzeitig nicht von einem Mann stammen konnten, dafür war die Mitbeteiligung einer Gottheit erforderlich. Aber bei den Kamtschadalen war die Frau verpflichtet, dem Mann die Treue zu bewahren, mit einem Geist eine Verbindung einzugehen galt als Sünde, die Geburt von Zwillingen war ein Unglück, und dafür wurde sie streng bestraft. Unverheirateten Frauen war dagegen eine solche Verbindung nicht verwehrt, ja die Kamtschadalen fertigten sogar aus Gras einen Wolf an und bewahrten ihn sorgfältig das ganze Jahr auf, damit er mit jungen Mädchen „eine Ehe eingeht" (Šternberg 1836).

Allgemein bekannt ist die Geschichte von Romulus und Remus. Die Legende über die Gründung Roms wurde im 3. Jh. v. u. Z. offiziell anerkannt. Seitdem bildet die Kapitolinische Wölfin, die die Knaben säugt, das Wahrzeichen von Rom. Doch Romulus und Remus sind nicht die einzigen Kinder, deren Leben durch eine Wöfin gerettet wurde. Dieses Sujet ist bei vielen Völkern ziemlich weit verbreitet. So wurden die slowakischen Recken Waligor und Wyrwidub von einer Wölfin und einer Bärin genährt. Von Wölfinnen wurde der Gründer des altpersischen Reiches Kyros, der deutsche Sagenheld Dietrich usw. aufgezogen.

Die weite Verbreitung dieses Themas in den Legenden bezeugt die guten Beziehungen zwischen dem Menschen und dem Raubtier. Es gibt hier aber wahrscheinlich auch eine zweite Erklärung: Die Menschen in der Antike glaubten offensichtlich, daß ein Kind, das von einem wilden Tier genährt worden ist, tapfer, stark und zäh sein muß. Denn die Kinder, die in den Sagen und Legenden von Wöfinnen aufgezogen wurden, sind dann später Ahnherren, Volkshelden oder Recken.

In der Sage über die Umsiedlung der italischen Stämme wird erzählt, daß ein Stamm von einem Wolf angeführt wurde. Auf Darstellungen germanischer Krieger (5.–9. Jh u. Z.) sind diese als Wölfe gekleidet. Auch in altdeutschen Texten wird von Wolfskriegern und Kriegern in Wolfsfellen gesprochen. Der Wolf als Symbol des Anführers von Kriegerscharen ist eine in Eurasien weit verbreitete Vorstellung. Es gab sie bei den Mongolen und Turkvölkern. Auf türkischen Fahnen war ein Wolfskopf dargestellt. Eine ähnliche Symbolik wird auch mit dem altgeorgischen Zaren Wachtang I. Gorgasali (Wolfskopf), der im 5. Jh u. Z. lebte, in Verbindung gebracht. Es ist bezeichnend, daß die Namen mythologischer Helden bei verschiedenen Völkern mit dem indoeuropäischen Wort für den Wolf gebildet sind. In der griechischen Sage ist es Lykaon, der eine Stadt ebenfalls mit einem Wolfsnamen gegründet hat. Dazu gehört auch der serbokroatische Fürst Vuk (Feurige Schlange). Schließlich enthalten auch die Namen des Stammvaters der Narten, der Osseten, und ein Held des altindischen Epos „Mahabharata" die Bezeichnung für den Wolf (Ivanov 1975). Auf Felszeichnungen sind schließlich Wölfe dargestellt, die die Menschen bei der Jagd unterstützen (Abb. 86).

Bei den verschiedenen Völkern gibt es aber auch nicht wenige Überlieferungen, in denen der Wolf als negative Gestalt auftritt. Die Phantasie der Menschen verband

Abb. 86. Der Geist der Gebirgstaiga (mit dem Bogen in der Hand) und ein Wolf, der ihm als Hund dient. Magische Jagdzeichnung auf Fels am Berg Chysyl chaja in Südsibirien. Nach Kyzlasov u. a. 1980

den Wolf mit der Vorstellung von Dunkelheit, Kälte und Winter. Die Germanen, Südslawen (Bulgaren) und Westslawen (Polen) führten, wenn sie den Winter verabschiedeten, einen ausgestopften Wolf mit oder vermummten sich als Wolf. In vielen Ländern wurden die Wintermonate als Wolfsmonate bezeichnet. Bei den Bulgaren waren die Tage zwischen Weihnachten und dem Dreikönigstag (6. Januar) die „Wolfsfeiertage". Noch vor hundert Jahren äußerte Miller (1876) die Vermutung, daß die Wintermonate deshalb als Wolfsmonate bezeichnet würden, weil zwischen Dezember und Februar die Ranz der Wölfe liegt und die Tiere in dieser Zeit besonders aktiv sind.

10.2. Der totale Kampf gegen den Wolf in der Alten und Neuen Welt

Die Furcht vor dem Wolf und der Haß auf ihn erreichten in Europa im Mittelalter ihren Höhepunkt. Die Angst vor den wirklichen Wölfen grenzte an Hysterie. Es ist möglich, daß die Tiere gelegentlich Reisende anfielen oder die Tollwut, vor der es keine Rettung gab, verbreiteten (Lopez 1978).

Zuerst verschwand der Wolf in Europa aus England, nämlich Anfang des 16. Jhs. In Irland konnte er sich bis Anfang des 17. Jhs. halten, in Schottland wurde der letzte Wolf 1743 erlegt. In Frankreich wurde bereits im Statut Karl des Großen von allen Adligen gefordert, daß sie zwei Jäger speziell für die Wolfsjagd halten sollten. 1805 gab Napoleon einen Erlaß heraus, damit in allen Departements des Landes für die Wolfsbekämpfung besondere Bevollmächtigte eingesetzt werden. Bis 1870 waren die Wölfe in vielen Gebieten des Landes selten geworden, hielten sich jedoch in einigen Landesteilen bis zum 1. Weltkrieg (L o p e z 1978).

In den Gebirgsländern Europas (außer den Alpen) und in einem großen Teil des Russischen Reiches hatten die Wolfspopulationen wenig unter Verfolgungen durch den Menschen zu leiden. Die niedrige Bevölkerungsdichte und die Lebensweise sicherten ihnen das Überleben. Das Verhältnis zu den Räubern war in den Agrarländern allgemein überaus negativ, die Räubereien der „grauen Gutsbesitzer" nahm manchmal bedrohliche Ausmaße an (L a z a r e v s k i j 1876). Doch die Anstrengungen zur Bekämpfung des Wolfs zeigten nur in lokalem Rahmen einen Effekt. Neben der allgemein üblichen Verfolgung des Wolfs waren bereits im 19. und zu Beginn des 20. Jhs. die Stimmen einzelner Wissenschaftler zu hören, die vor einer vereinfachten Interpretation der Stellung dieser Art in der Natur warnten. So schrieb P a č o s s k i j (1902: 150): „... Der Wolf ist in der unberührten Natur wie auch alle übrigen Geschöpfe nicht nur kein überflüssiges, sondern ein geradezu notwendiges Element ...", und dann weiter: „Selbst hinsichtlich des Wolfs wäre ich der Ansicht, daß keine Notwendigkeit besteht, ihn vom Antlitz der Erde verschwinden zu lassen ..." Diese vor fast 100 Jahren ausgesprochenen Worte bestimmten wesentlich das heutige Verhältnis zum Wolf. Bis zu einem gewissen Grade nehmen sie die Schlußfolgerungen der amerikanischen Klassiker der Jagdkunde vorweg. Ebenso aktuell ist die Aussage Š a t a l i n s (1902: 85) „Ich verhehle nicht, daß der Wolf als Raubtier der Landwirtschaft einen gewissen Schaden zufügt, doch sind die Verluste nun auch wieder nicht so gewaltig, daß sie empfindlich wären und die Land- und Jagdwirtschaft zum Niedergang verurteilen würden ...". Extreme Unterschiede im Verhältnis zum Wolf gibt es also seit langem, die Meinungsverschiedenheiten nehmen periodisch an Schärfe zu und münden in emotional geführte Diskussionen. Das Ende des Streits ist nur dann möglich, wenn der Wolf als Art ausgerottet würde oder wenn ein wissenschaftlich begründetes Programm zur regionalen Lenkung der Populationen angenommen wird.

Die massenhafte Vernichtung des Wolfs in Westeuropa ist lange schon Geschichte, während in Nordamerika, vor allem in den USA, dieser Vorgang heute noch lebenden Einwohnern des Kontinents im Gedächtnis ist. Das Ergebnis ist, daß auf dem Territorium der 48 kontinentalen Bundesstaaten (ohne Alaska) das gegenwärtige Verbreitungsgebiet des Wolfs nur 1% des ehemaligen ausmacht. Die direkte Verfolgung durch den Menschen und nicht Veränderungen des Lebensraumes führten zum Verschwinden des Wolfs aus dem größten Teil des Territoriums der USA (M e c h 1970).

Bis zur Kolonisierung Nordamerikas war der Lebensraum des Wolfs praktisch unberührt, und die Jagd der Indianer und Eskimos hatte keinen merklichen Einfluß auf seinen Bestand. Die Situation änderte sich grundlegend mit der Ankunft des weißen Mannes. Mit der Erschließung neuer Landgebiete verdrängte das Vieh die wildlebenden Huftiere. Entsprechende Veränderungen gingen auch in der Nahrung des Wolfs vor sich. Der Schaden, den der Wolf der Viehwirtschaft zufügte, war der Hauptgrund für die Verfolgung seit Beginn der Kolonisation. Eine bestimmte Rolle spielte dabei auch die aus der Alten Welt mitgebrachte Vorstellung von der besonderen Gefährlichkeit des Wolfs für den Menschen.

Die Anfänge des Kampfes gegen den Wolf fallen in die Zeit der Gründung erster

Europäersiedlungen. 1630 wurde in Massachusetts erstmals eine Prämie für die Erlegung eines Wolfs vorgeschlagen, und Anfang des 18. Jhs. war das System der Prämienzahlung fast überall üblich (Aulerich 1966). Bereits 1850 verschwand der Wolf aus dem größten Teil des Areals im Osten der USA. Reste lokaler Populationen existierten noch bis Anfang des 20. Jhs. in den Neuenglandstaaten und den Staaten im Südosten. Bis zur Gegenwart konnten sich Wölfe nur in den wenig erschlossenen Teilen der Staaten Minnesota, Michigan und Wisconsin halten.

Lange Zeit waren in den USA (ohne Alaska) die Gebirge im Westen die letzte Zufluchtsstätte des Wolfs. Hier auf den Bergweiden, wo es noch Hirsche und andere wildlebende Huftiere gab, richtete der Wolf unter dem Vieh keinen ernsthaften Schaden an, und die Jagd auf ihn, um eine Prämie zu bekommen, war nicht so leicht wie in der offenen Prärie. 1915 stellte der Kongreß der USA unter dem Druck der Viehzüchter, die staatliches Land als Weide nutzten, Mittel für die Bekämpfung für die Landwirtschaft schädlicher Tiere bereit. Die Durchführung der staatlichen Programme und der Einsatz von Gift hatte entscheidenden Einfluß auf das Schicksal des Wolfs im Westen der USA: Anfang der 30er Jahre fügte er der Landwirtschaft bereits keinen wirtschaftlichen Schaden mehr zu, und bald verschwand er ganz (Pimlott 1976b, Rutter u. Pimlott 1968).

In Kanada war auf Grund der geringeren Entwicklung der Viehwirtschaft der Kampf gegen den Wolf weniger erbittert als in den USA, obgleich auch hier viele Jahre lang die vollständige Ausrottung der Art das Ziel war. Das System der Prämienzahlung hatte in den letzten Jahrzehnten keinen wesentlichen Einfluß auf den Wolfsbestand, da große Gebiete seines Lebensraumes für Jäger unzugänglich sind. Die Bestandsregulierung auf Staatsland erfolgt durch verschiedene Behörden der Provinzregierungen und nicht durch Bundesorgane. Bis 1950 gab es in Kanada keine staatlichen Programme zur Wolfsbekämpfung. In den 50er Jahren wurden jedoch derartige Programme auf großen Flächen der Nordwest-Territorien durchgeführt, außerdem im Norden von Saskatschewan und Manitoba im Zusammenhang mit dem starken Bestandsrückgang des Tundrakaribus *(Rangifer tarandus groenlandicus).* Im Norden von British Columbia wurden die Wölfe bekämpft, um den Elchbestand zu heben, in den zentralen Teilen der Provinz hingegen wegen der Gefahr, den die Wölfe für das Vieh darstellen könnten. In Alberta war der Grund für die Vernichtung des Wolfs die Ausbreitung der Tollwut unter den Wildtieren (Pimlott 1961b).

10.3. Neue Tendenzen

Der Prozeß der Änderung des Verhältnisses zum Wolf war in den USA und in Kanada langwierig und kompliziert. In beträchtlichem Maße spiegelt sich darin die Veränderung der Anschauungen über die natürliche Umwelt insgesamt und die Entwicklung von Konzeptionen zum Schutz wildlebender Tiere wider. In Amerika ist, wie übrigens früher auch in Europa, das erste Drittel unseres Jahrhunderts auf dem Gebiet des Schutzes der Fauna durch das Bestreben gekennzeichnet, die wildlebenden Tiere in „gute“ und „schlechte“ einzuteilen. Allgemein verbreitet war die Vorstellung, daß ein Raubtier, wenn es ein anderes, für den Menschen nützliches und notwendiges Tier tötet, vernichtet werden muß.

In einem großen Teil von Nordamerika, einschließlich Kanada und Alaska, war der Schaden, den der Wolf der Viehwirtschaft zugefügt hat, immer unbedeutend. Hier hat man den Wolf verfolgt, um das Verschwinden des Schalenwildes zu verhindern. Daß das System „Wolf – Huftiere" sich jahrhundertelang in einem dynamischen Gleichgewicht gehalten hat, kam niemandem in den Sinn (R u t t e r u. P i m l o t t 1968). Ein beträchtlicher Teil der Mittel, die für den Schutz des Wildes bereitgestellt wurden, ist für die Bekämpfung von Raubtieren verwendet worden, die bis Ende der 30er Jahre sogar in den Nationalparks nach Möglichkeit ausgerottet wurden. Genauso war es in Kanada. So bestand im Provinzialpark Algonkin in Ontario über 60 Jahre lang die Hauptaufgabe der Mitarbeiter des Schutzgebiets im Winter darin, die Wölfe zu bekämpfen, für deren Erlegung Prämien gezahlt wurden (P i m l o t t 1961b, 1967a, b).

Erste Veränderungen in den Ansichten der Wissenschaftler zur Rolle der Raubtiere in natürlichen Ökosystemen waren nach dem Erscheinen des Buches von L e o p o l d „Game Management" im Jahre 1933 festzustellen. Von großer Bedeutung waren auch die Arbeiten des hervorragenden Zoologen E r r i n g t o n (1946, 1969), der das Räubertum unter höheren Wirbeltieren untersucht hat. 1944 wurden die Ergebnisse der klassischen Forschungsarbeiten zur Ökologie und zum Verhalten des Wolfs im Mount McKinley-Nationalpark veröffentlicht. Bei der Untersuchung des Einflusses des Räubertums des Wolfs auf den Bestand des Weißen Dickhornschafs *(Ovis dalli)* konnte M u r i e (1944) zeigen, daß in der unberührten Natur das Räubertum selektiv wirkt und für die Population des Opfers sowie die Erhaltung seines Lebensraumes nützlich ist.

Eine entscheidende Rolle bei der Änderung des Verhältnisses zum Wolf spielten wissenschaftliche und populärwissenschaftliche Publikationen, in denen die Ergebnisse eingehender Untersuchungen zur Ökologie dieser Art dargestellt wurden, die Ende der 50er Jahre in beiden Ländern in Angriff genommen wurden. In Kanada handelte es sich hierbei um ein Forschungsprojekt im Provinzialpark Algonkin, in den USA um ein Komplexprogramm im Nationalpark Isle Royale. Im Ergebnis der Arbeiten wurde der positive Einfluß des Wolfs auf den Genfond der Huftiere unter natürlichen Bedingungen deutlich, und die Fähigkeit des Raubtiers erkannt, unter bestimmten Bedingungen den Beutetierbestand auf einen der Produktivität des Lebensraumes entsprechenden Niveau zu halten (oder zumindest die Bestandsschwankungen abzuschwächen).

Zu Beginn der 30er Jahre hatte sich der Elchbestand auf der Insel Isle Royale, auf der natürliche Feinde fehlten und die Jagd untersagt war, bis auf 3000 Tiere erhöht, was zur Degradation des Lebensraumes führte. Die Empfehlungen M u r i e s (1944), Tiere zum Abschuß freizugeben, wurden nicht beachtet, und so gingen bald viele Tiere durch Hunger und Krankheiten ein. Erst Brände in der Mitte der 30er Jahre, durch die frühe Sukzessionsstadien der Vegetation aufkommen konnten, retteten die Elche vor dem Untergang (M u r i e 1934, A l l e n 1974). Dasselbe geschah in anderen Nationalparks, wie im Yellowstone-Nationalpark (L e o p o l d u. a. 1969). In Kanada gab es in British Columbia nach der Ausrottung des Wolfs Verluste unter den Elchen durch Nahrungsmangel und Krankheiten (P i m l o t t 1961a, T h e b e r g e 1976). Das Zusammentragen derartiger Fakten brachte eine Konsolidierung der neuen Anschauungen über das Verhältnis Räuber – Opfer in Ökosystemen, die durch den Menschen noch nicht allzu stark beeinflußt sind.

Gleichzeitig wurde klar, daß die Zahlung von Prämien für die Erlegung eines Wolfs selbst bei erheblichen Aufwendungen in vielen Fällen keine stabile Bestandsverminderung garantiert. Die staatlichen Programme zur Wolfsbekämpfung waren oft auch weder biologisch, noch ökonomisch gerechtfertigt. Den stärksten Einfluß auf die Änderung des Verhältnisses zum Wolf hatte in Kanada und in den USA die „ökologische Krise“ und die sich entwickelnde Bewegung zum Schutze der Umwelt, als vielen bewußt wurde, daß Teile der unberührten Natur und die Prädatoren als unerläßlicher Bestandteil dieser Natur erhalten werden müssen. Das führte unter anderem zu einer Kampagne zum Schutze des Wolfs. 1972 stellte die Regierung Kanadas unter dem Druck von Protesten aus allen Gegenden Amerikas das Programm zur Bestandsregulierung des Wolfs mit Hilfe von Gift ein (Theberge 1976). In den 50er und 60er Jahren erschienen einige wissenschaftliche und populärwissenschaftliche Bücher über die Ökologie und das Verhalten des Wolfs, die zu einer Veränderung des Verhältnisses der Öffentlichkeit und der Behörden gegenüber dem Wolf beitrugen.

In Kanada wurden mehrere Varianten von Programmen zur Bestandslenkung des Wolfs ausgearbeitet, die den vollständigen Schutz, die zielgerichtete Bestandsregulierung oder den Status eines jagdbaren Wildes vorsehen (Carbyn 1983). Der Wolf ist in allen National- und einigen Provinzialparks geschützt. Im Provinzialpark Algonkin in Ontario ist der Wolf der Aufhänger für ein Aufklärungsprogramm zum Schutze der Natur. Seit 1963 werden hier regelmäßig „Wolfskonzerte“ durchgeführt: Die Mitarbeiter des Park imitieren das Wolfsgeheul und erhalten von den Wölfen Antwort. Seit den 60er Jahren sind die Programme zur Bestandsregulierung des Wolfs aus verschiedenen Gründen eingestellt worden: in British Columbia z. B. im Zusammenhang mit der Degradation der Äsungsflächen des Elchs und den Verlusten durch Nahrungsmangel und Krankheiten infolge der in großem Umfang durchgeführten Vernichtungsaktion des Wolfs, in den Nordwest-Territorien zur Stabilisierung des Karibubestandes. In Alberta erwies sich die in großem Stil durchgeführte Wolfsbekämpfung, die wegen der Ausbreitung der Tollwut unter den Wildtieren erfolgte, als unbegründet, denn innerhalb von 20 Jahren wurde nur ein an Tollwut erkrankter Wolf festgestellt. Gegenwärtig liegt die Begründung für eine Bestandsregulierung in der Regel im Schutz des Viehs und der großen Wildarten. Im ersten Falle werden Einzeltiere oder Gruppen ausgemerzt, die Unruhe stiften (British Columbia, Quebec, Ontario). Begrenzte Programme zur Bestandsregulierung werden auch in nicht landwirtschaftlich genutzten Gebieten durchgeführt, vor allem im Bereich der Winterweideflächen der Karibus, jedoch nur in Jahren mit vermindertem Karibubestand (Quebec, Ontario). In zwei Provinzen (British Columbia und Alberta) verzichtet man ganz auf die Regulierung des Wolfsbestandes als Mittel zur Populationslenkung des Schalenwildes.

In den USA wurden die ersten auf den Schutz des Wolfs gerichteten Maßnahmen in den Staaten ergriffen, in denen der Wolf vom Aussterben bedroht ist. So wurde in Michigan 1965 ein Gesetz zum vollständigen Schutz des Wolfs angenommen (Douglass 1970). Ein entsprechendes Gesetz wurde 1967 in Wisconsin erlassen, doch gab es schon nichts mehr zu schützen, denn die Wölfe waren vermutlich bereits

1966 verschwunden (Keener 1970). In Minnesota wurde die Prämienzahlung 1965 eingestellt. Aber es gibt in Nordamerika auch noch genügend Feinde des Wolfs. Die Jäger erhoben heftigen Einspruch gegen die Reakklimatisierung des Wolfs im Staate Michigan im Jahre 1974 (Weise u. a. 1975). Auch in Alaska erfolgt zur Erhöhung der Produktivität der Elch- und Karibupopulationen eine Bestandsverminderung des Wolfs (Skoog 1982).

In diesen langjährigen Untersuchungen hat man kompliziertere Korrelationen zwischen dem Räubertum des Wolfs und des Braunbären, der Intensität der Nutzung der Elch- und Karibubestände durch die Jagd und der Produktivität der Huftierpopulationen unter veränderlichen Umweltbedingungen gefunden, als man vermutet hatte (Gasaway u. a. 1983).

„Ich möchte sagen, daß sich von allen biologischen Elementen der Natur des Nordens am Wolf am besten die menschliche Weisheit und die guten Absichten überprüfen lassen. Das Problem des Managements der Wolfspopulationen ist so kompliziert, derart von unglückseligen Extremen umgeben, durch falsche Vorstellung, Halbwahrheiten und Fehlurteile verwirrt, daß für den größten Teil der Öffentlichkeit das einzige Problem darin besteht, daß man den Wolf ein für alle Mal los wird ... Letzteres ist nach meiner Auffassung eine erschreckende Vereinfachung, die die Möglichkeiten schwerwiegender Fehler in sich birgt". Diese Worte von Errington (1969, S. 258) aus seinem letzten postum erschienenen Buch liefern den Schlüssel zum Verständnis vieler mit dem Wolf zusammenhängender Probleme.

11. Maßnahmen zur Bestandslenkung und zur Steuerung der Populationsstruktur

11.1. Allgemeine Prinzipien und gegenwärtiger Stand der Frage

Noch vor nicht allzu langer Zeit existierte die Frage der Bestandslenkung beim Wolf überhaupt nicht. Alleiniges Ziel war der Kampf gegen den schädlichen Räuber, wo und mit welchen Mitteln auch immer. Und diese Aufgabe wurde, wenn auch nicht ohne Schwierigkeiten, überall mit Erfolg gelöst. Das Ergebnis ist bekannt – der Wolf wurde im größten Teil seines Verbreitungsgebiets in den USA, in Mexiko und in Westeuropa vernichtet, in vielen anderen Ländern wurde der Bestand erheblich reduziert. Wenn auch schon Anfang unseres Jahrhunderts Stimmen zu hören waren (u. a. Pačosskij 1902), die den Schutz des Wolfes forderten, so äußerten doch erst seit den 30er Jahren die Wissenschaftler immer nachdrücklicher die Meinung, daß die fest eingewurzelten Vorstellungen von der absoluten Schädlichkeit des Wolfs revidiert werden müßten. Ähnliche Ansichten zu anderen Raubtieren und Greifvögeln, zur Einstellung zum Problem des Räubertums in der Natur fanden immer weitere Verbreitung. Leopold (1933), Murie (1944), Errington (1946) und nach ihnen viele andere lieferten nicht zu widerlegende Beweise für die Nützlichkeit des Wolfs in der wenig gestörten Natur, auch für die Populationen seiner potentiellen Beutetiere, die wildlebenden Huftiere (Abb. 67a, b).

Die zweite Hälfte des 20. Jhs. ist durch eine grundlegende Änderung des Verhältnisses des Menschen zur Natur, zur Erhaltung der Tierwelt gekennzeichnet. Zahlreiche gründliche Untersuchungen zur Ökologie des Wolfs und über die Wechselbeziehungen zu den wildlebenden Huftieren bestätigten die wissenschaftliche Haltlosigkeit der jahrhundertelang betriebenen völligen Ausrottung des Raubtiers. Diese Schlußfolgerungen gelten heute auch für alle Raubtiere in der wenig berührten Natur und stellen einen der wichtigsten Grundsätze einer „Weltstrategie zum Schutze der Natur („A World Conservation Strategy Second Draft, IUCN, Morges, 1978"; B a n n i k o v 1979) dar. Die Notwendigkeit der Erhaltung aller Tierarten in der ganzen Vielfalt ihrer Unterarten ist im „Gesetz zum Schutz der Tierwelt der UdSSR" festgeschrieben. Es gibt keine nützlichen und schädlichen Tiere, alle Arten haben ein Recht auf Leben, und für die, welche der Wirtschaft Schaden zufügen oder eine Gefahr für die Gesundheit des Menschen darstellen, werden Maßnahmen zur Begrenzung des Bestandes und der Verbreitung empfohlen. Zu diesen Arten gehört auch der Wolf.

Der Zustand der Populationen des Wolfs in der Welt ist äußerst konträr, und dementsprechend ist das Verhältnis des Menschen zu dieser Art in den einzelnen Ländern sehr unterschiedlich. Dort, wo der Wolf vom Aussterben bedroht ist, werden Maßnahmen zu seinem Schutz ergriffen, die so weit gehen können, daß einige Unterarten ins Rotbuch eingetragen werden (USA), werden Spezialprogramme zur Erhaltung der stark verringerten Populationen gefördert (Skandinavische Länder, Italien u. a.), wird die Prämienzahlung für den Abschuß eingestellt und erhält der Wolf den Status eines jagdbaren Tieres (ČSSR, Polen). Der Status des Wolfs liegt in einigen asiatischen Ländern nicht fest (oder ist unbekannt). Den Status eines jagdbaren Tieres hat der Wolf in den meisten Provinzen Kanadas und in Alaska, Prämien gibt es hier in der Regel nicht mehr, der Einsatz von Gift ist verboten.

Charakteristisch ist, daß in vielen Staaten die Lenkung der Wolfspopulationen auf regionaler Ebene erfolgt, denn dies ist das Vorrecht der Regionalverwaltungen (Bezirk, Provinz, Kreis). Selbst in kleineren Ländern wie Jugoslawien, Finnland und ČSSR ist die Form des Schutzes und die Intensität der Bekämpfungsmaßnahmen in den einzelnen Gebieten unterschiedlich.

In Kanada wurde das Prämiensystem insgesamt durch staatliche Programme zur Bestandsregulierung unter Mitwirkung hauptamtlicher Mitarbeiter abgelöst. Im Ergebnis dieser Maßnahmen wurde die Kontrolle effektiver vor allem in den Regionen, in denen es notwendig war, und nicht dort, wo es für die Wolfsjäger am günstigsten und gewinnbringendsten war. Die Prämienzahlungen für die Erlegung eines Wolfs wurden in British Columbia, Quebec, Ontario und den Nordwest-Territorien 1954, 1971, 1972 bzw. 1975 eingestellt (C a r b y n 1983). Die Existenz von Behörden, die Programme zur Wolfsregulierung leiteten, führte zu einer höheren Verantwortlichkeit der Provinzverwaltungen gegenüber der Öffentlichkeit. Die Regierungen gerieten unter stärkeren politischen Druck, der nicht nur auf die Einhaltung der Bestandskontrolle des Wolfs gerichtet war, sondern auch auf dessen Schutz. Die Bestandsregulierung wurde zu einem Streitproblem. Bei der Rehabilitierung des Wolfs in den Augen der Öffentlichkeit spielte das Buch von M o w a t „Schrei nicht, Wölfe" und der Dokumentarfilm „Das Ende einer Legende" eine hervorragende Rolle. Diese beiden Arbeiten waren Kunstwerke, die den Wolf mit Sympathie zeichneten, als ein Symbol der freien Wildbahn und einen wichtigen Bestandteil der

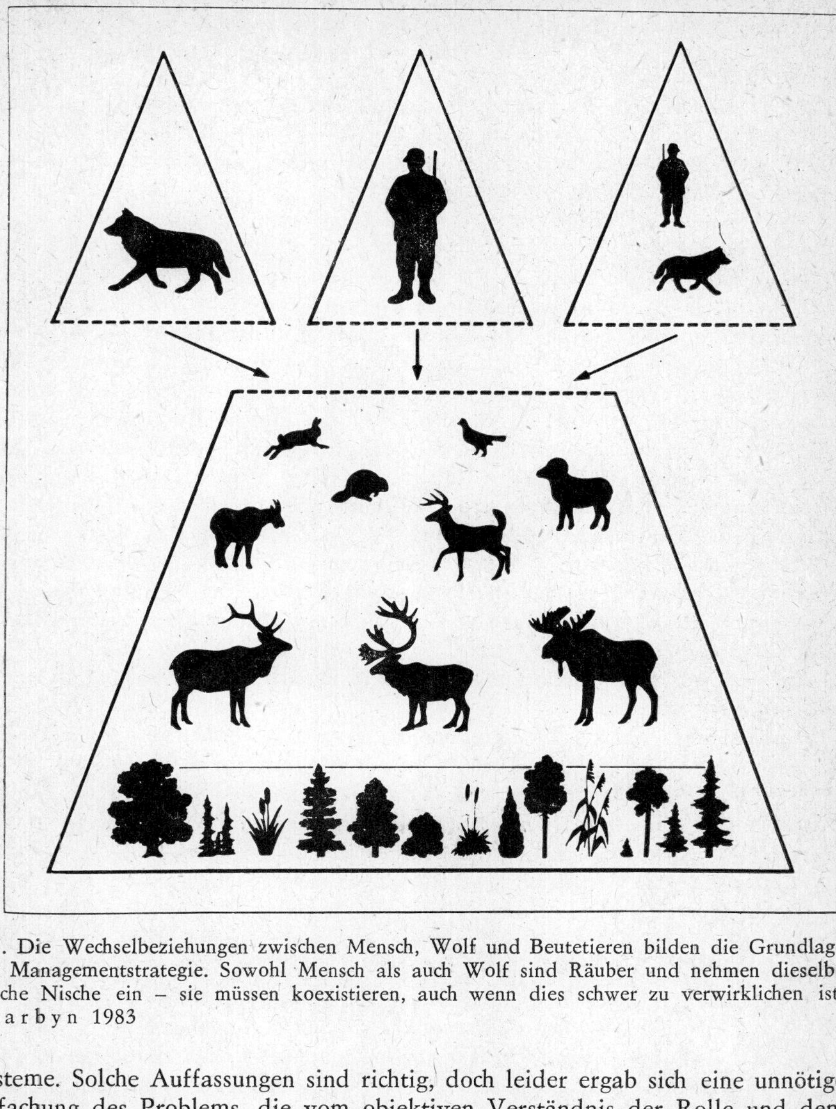

Abb. 87. Die Wechselbeziehungen zwischen Mensch, Wolf und Beutetieren bilden die Grundlage für eine Managementstrategie. Sowohl Mensch als auch Wolf sind Räuber und nehmen dieselbe ökologische Nische ein – sie müssen koexistieren, auch wenn dies schwer zu verwirklichen ist. Nach Carbyn 1983

Ökosysteme. Solche Auffassungen sind richtig, doch leider ergab sich eine unnötige Vereinfachung des Problems, die vom objektiven Verständnis der Rolle und dem Charakter des Räubertums ablenkte (Abb. 87; Carbyn 1983).

In den letzten 20 Jahren haben sich die Maßnahmen zum Schutze des Wolfs in Kanada verstärkt, und der Status eines jagdbaren Tieres näherte sich dem eines Pelzraubtieres, dessen Populationen genau gelenkt werden und dessen Abschuß geregelt ist (Carbyn 1983). In Kanada, dem Land, in dem das Areal der Art fast vollständig erhalten ist, hat sich wahrscheinlich das objektivste, am besten begründete und weitsichtigste Verhältnis gegenüber dem Wolf herausgebildet. Der Wolf ist geschützt in den meisten Nationalparks südlich des 60.° n. Br., doch dürfen die Ureinwohner ihn in den nördlich des 60.° n. Br. liegenden bejagen, d. h. in einem Gebiet, das etwa 1–2% des Areals ausmacht.

Die in Kanada eingesetzten Formen zur Lenkung des Wolfsbestandes umfassen:
– Bei Verlusten an Hausvieh durch Wölfe wird den Besitzern eine Entschädigung gezahlt (Ontario und Alberta), und der Staat leistet Unterstützung bei der Ausmerzung synanthroper Wölfe.
– Bei Abnahme der Elch- oder Karibupopulationen erfolgt eine Regulierung des Wolfsbestandes.

Dieser regulierende Eingriff zum Zwecke der Bestandserhöhung der wildlebenden Huftiere als Jagdwild ist umstritten. Nichtjäger bezweifeln z. B., daß die Bestandsverringerung eines Raubtiers zur Erhöhung des Wildbestandes ethisch vertretbar ist (Theberge 1976). Alle Fälle der Bestandszunahme der Beutetiere allein der Wolfsbekämpfung zuzuschreiben, ist jedoch nicht begründet, denn auch andere Faktoren sind hierbei wichtig. Da die Provinzverwaltungen dies einsahen, stellten sie 1940 einige Programme zur Wolfsbekämpfung ein, in allerletzter Zeit sind sie jedoch wieder etwas intensiviert worden (Carbyn 1983). Eine begrenzte Regulierung des Wolfsbestandes in den Gebieten der Winterkonzentrationen von Huftieren erfolgt weiterhin in Ontario und Quebec. Zwei Versuchsprogramme zur Verringerung der Wolfspopulation mit kurzer Laufzeit wurden 1978–1980 im Norden von British Columbia durchgeführt. Ähnliche Programme werden für die Insel Vancouver, für Quebec und die Nordwest-Territorien geprüft, mit Erfolg werden sie in Alaska realisiert (Skoog 1983).

Die Strategie zum Schutz und zur Bestandslenkung des Wolfs umfaßt in Kanada folgende Schwerpunkte:
1. Einschätzung, ob die existierenden Reservate ausreichend sind, und Schaffung neuer, um die vorhandenen Lücken im bestehenden System zu schließen
2. Fortsetzung der Programme zur Aufklärung der Bevölkerung; sie spielen eine entscheidende Rolle bei der Erklärung der widersprüchlichen Natur des Wolfs. Unerwünschte Aspekte des Räubertums des Wolfs und die Übernutzung der Huftierbestände durch den Menschen müssen erklärt werden, und die Wahl der Methoden zur Lenkung bedarf der Prüfung durch die Öffentlichkeit bis zu ihrer Realisierung
3. die Einstufung des Wolfs als Pelztier oder als jagdbares Tier außerhalb der Naturreservate
4. Unterstützung mittel- und langfristiger Forschungsvorhaben (4–20 Jahre) in verschiedenen Landschaftszonen und unterschiedlichen Bedingungen.

In anderen Ländern, wo, wie in Kanada, kopfstarke oder zumindest lebensfähige Populationen existieren, wie in der UdSSR, in Griechenland, Rumänien, Jugoslawien, in der Mongolei, wird der Wolf intensiv verfolgt, werden Prämien für seine Erlegung gezahlt. Das Nachlassen der Verfolgungen z. B. während der Kriege 1914 bis 1918 und 1939–1945 in Europa führte zum sprunghaften Ansteigen des Wolfsbestandes und zur Arealerweiterung. Derartige Vorgänge fanden in Nordamerika im 20. Jh. nicht statt, der Bestand nahm dort ab (USA) oder blieb relativ stabil. Erst zwischen 1970 und 1980 erfolgte eine teilweise Regenerierung der Populationen.

Die grundlegenden Unterschiede hinsichtlich der Stellung des Menschen zum Wolf in der Alten und der Neuen Welt sind sicher durchaus begründet. Die Frage der

Bestandslenkung und letzten Endes des Schicksals des Wolfs wird in den verschiedenen Ländern unterschiedlich gelöst. Selbst dort, wo die Art von der Ausrottung bedroht ist und staatliche und öffentliche Programme zu ihrer Erhaltung durchgeführt werden, treffen diese nicht selten auf den Widerstand der Viehzüchter (Finnisch und Schwedisch Lappland, Italien, Spanien) oder der Jagdverbände (ČSSR, einige Staaten der USA), was oft zu Konflikten führt. Es gibt z. B. viele Beweise dafür, daß im Staat Michigan ausgesetzte und gesetzlich geschützte Wölfe von Jägern getötet wurden (W e i s e u. a. 1975) oder umgekehrt es Wolfsschützern gelang, in einem Bezirk in Alaska ein Abschußverbot durchzusetzen (S e n n e r 1975). Es ist bekannt, daß alljährlich Rentierzüchter in Nordskandinavien durch das Gesetz geschützte Wölfe töten (P u l l i a i n e n 1965, 1980).

Das Wolfsmanagement bleibt auch weiterhin eine widersprüchliche Frage, weil die Rolle dieses Räubers in der Volkswirtschaft und in der freien Wildbahn kompliziert ist. Nicht umsonst war P i m l o t t, der inzwischen verstorbene Vorsitzende der Arbeitsgruppe Wolf des Internationalen Rates für Naturschutz (IUCN) der Meinung, daß die Erhaltung des Wolfs, dessen negatives Bild sich im Laufe von Jahrhunderten herausgebildet hat, die schwierigste aller Unternehmungen ist, die im Zusammenhang mit dem Naturschutz in Angriff genommen worden sind. Denn das Hauptaugenmerk war ja immer auf solche Tierarten gerichtet, die für den Menschen aus der Sicht der Jagd von Interesse waren oder positive ästhetische Emotionen hervorriefen. Handelte es sich dagegen um ein Tier, das als Konkurrent des Menschen angesehen wurde, überwog die Intoleranz, und erst in den letzten Jahren vollzieht sich hier ein Wandel.

11.2. Die Situation in der UdSSR

Die UdSSR gehört zu den Ländern, in denen die Verminderung und Regulierung des Wolfsbestandes Hauptaufgabe bleibt. Die Kontrolle der Populationen wird vollständig vom Staat getragen und unterstützt. Das unversöhnliche und feindliche Verhältnis zum Wolf ist durch die natürlichen Bedingungen und die Geschichte des Landes gerechtfertigt. Im letzten Jahrhundert nahm das „Wolfsproblem" dreimal besonders scharfe Formen an, als die jährlichen Verluste für die Volkswirtschaft durch den Wolf Millionen von Rubeln ausmachten. Der Schaden durch den Wolf ist auch in Jahren mit vermindertem Bestand spürbar. Er entsteht durch Verluste an Vieh und Schalenwild, wahrscheinlich ist auch eine bisher kaum untersuchte Beteiligung bei der Aufrechterhaltung natürlicher Herde der Tollwut und anderer Krankheiten. Deshalb behält die Regulierung des Wolfsbestandes in der UdSSR auch heute ihre Bedeutung.

Das Wesen des wissenschaftlichen Herangehens an das Problem besteht nun jedoch darin, den spontan allgemein und überall betriebenen Kampf gegen den Wolf durch ein wissenschaftlich begründetes Langzeitprogramm zur Steuerung der Populationen dieser mit der Tätigkeit des Menschen so eng zusammenhängenden Tierart zu ersetzen. Die Rechtsgrundlage für ein Programm zur differenzierten Bestandslenkung ist durchaus vorhanden, die Lösung dieser Frage gehört in die Kompetenz der Gesetzgebung der Unionsrepubliken. Die Ausarbeitung einer Strategie und Taktik der regionalen Lenkung der Populationen ermöglicht es, immer noch anzutreffende extreme Standpunkte bei der Behandlung des Problems zu widerlegen, gibt die Möglichkeit, die Mobilisierung zusätzlicher Kräfte und Mittel überflüssig zu machen, die dann notwendig sind, wenn der Mensch durch Inkonsequenz ein periodisches Pulsieren des Wolfsbestandes provoziert. Das Problem der Bestandslenkung des Wolfs läßt sich bei einem komplexen Herangehen lösen, bei dem die ökologisch-geographischen, sozialökonomischen, moralischen und organisatorischen Aspekte berücksichtigt werden.

Das Endziel der Lenkung des Wolfsbestandes besteht in der Reduzierung des Bestandes und des Areals bis zu einem ökologisch begründeten Minimum, bei dem der Schaden für die Wirtschaft und die Gesundheit der Menschen praktisch Null ist, aber gleichzeitig lebensfähige Populationen aller Unterarten und geographischen Formen im Lande erhalten bleiben. Die Aufgabe ist durchaus real, wenn Programme zur Beobachtung des Bestandes und der Populationsstruktur der Art und zur Regulierung der entsprechenden Kennwerte in den wichtigsten naturräumlich-ökonomischen Gebieten des Landes ausgearbeitet und konsequent durchgeführt werden. Dieses Verfahren unterscheidet sich prinzipiell von der unter Jagdkundlern verbreiteten Vorstellung, daß für die Lenkung des Wolfsbestandes keine Strategie erforderlich sei: Gibt es viele Wölfe, töten wir sie, hat ihre Zahl abgenommen, hören wir damit auf. Das regional-geographische Prinzip ermöglicht es, Gebiete auszusondern, in denen das Areal des Wolfs reduziert werden muß, weil die durch den Menschen umgestalteten Landschaften nicht den ursprünglichen entsprechen oder durch den Wolf Schaden für die Viehwirtschaft und die organisierte Jagdwirtschaft entsteht. In anderen Fällen erlaubt es ein solches Verfahren, den Bestand und die Populationsstruktur auf einem vorgegebenen Stand zu halten, der durch spezielle wissenschaftliche Untersuchungen für konkrete Gebiete festgelegt wurde. Es ermöglicht auch, Mittel einzusparen, indem die Aufwendungen zur Wolfsbekämpfung in den Gebieten verringert werden, die bisher wenig umgestaltet und nur ungenügend erschlossen sind.

Als erste Variante für ein regionales Herangehen (Abb. 88) unterscheiden wir nach der Intensität der Bestandsregulierung vier Typen von Territorien:
1. strenge Regulierung bis hin zur Arealreduzierung – die Gebiete der Steppen- und Waldsteppenzone der UdSSR mit hoher Bevölkerungsdichte und intensiver Naturnutzung. In diesem Gebiet sind gleichzeitig Maßnahmen zur Eindämmung der Ausbreitung von streunenden Hunden und Wolfsbastarden durchzuführen
2. Regulierung in mäßigem Umfang und Aufrechterhaltung einer mittleren Bestandsdichte von höchstens 2 Tieren/1000 km^2 – die Tundra-, Wald- und Wüstenzone des Landes, mit im allgemeinen niedriger Bevölkerungsdichte und extensiver Naturnutzung. In Tundrengebieten, in denen Rentierzucht betrieben wird, ist auch eine strenge Bestandsregulierung des Wolfs zulässig
3. Status als jagdbares Tier – die Tundra- und Wüstenzone, und zwar die Gebiete, wo das Wildren und die Saigaantilope wirtschaftlich genutzt werden, sowie die Gebirgswälder der Karpaten, des Kaukasus, Kasachstans und Mittelasiens. In den Gebirgsregionen mit ganzjähriger Weidewirtschaft ist eine Regulierung in mäßigem Umfang wünschenswert, wobei solche Tiere auszumerzen sind, die sich auf Vieh als Beute spezialisiert haben
4. Schutz – Naturschutzgebiete und sonstige unter Schutz stehende Gebiete.

Eine Differenzierung hat nicht nur in geographischer, sondern auch in ökologischer Hinsicht zu erfolgen. Mit der Territorialität der Wölfe hängt auch die Autoregulation des Bestandes zusammen. Nur unter besonderen Bedingungen und nicht ohne „Hilfe" des Menschen kann es zu einer zu hohen Bestandsdichte der Population kommen. Territorial nicht gebundene Tiere, deren Zahl bei reichlichem Nahrungsangebot und verminderter Bestandskontrolle zunimmt, spezialisieren sich gewöhnlich auf Haustiere und Aas. Sie bilden die ökologische Gruppe der synanthropen Wölfe, die in der Population die schädlichsten sind. Diese Feststellung wird auch durch die Versuche von Krušinskij und seinen Mitarbeitern bestätigt (Kap. 8), durch die gezeigt wurde, daß das Räubertum der nicht territorialen Wölfe im Vergleich zu den organisierten Rudeln „unvollkommen" ist. Deshalb muß in den Programmen zur Lenkung der Wolfspopulationen nicht nur auf die Beobachtung der Bestandshöhe, der Alterszusammensetzung, des Geschlechtsverhältnisses und der ökologischen Struktur der Population besonderer Wert gelegt werden, sondern auch auf die Verhinderung einer lokalen Übervölkerung durch Beseitigung vor allem der nicht territorialen Wölfe. Denn diese bilden die ökologische Reserve der Population und füllen immer wieder die besonders schädliche Kategorie der synanthropen Wölfe auf.

Für die Praxis der Bestandskontrolle ist zu empfehlen, das Geschlechtsverhältnis und besonders die Altersstruktur zu beobachten, ein sehr guter Parameter für den Zustand einer Population. So signalisiert die Zunahme des Anteils der Tiere im 1. Jahr und die Abnahme der mittleren Altersklassen der erwachsenen Tiere ein Nachlassen der Bestandskontrolle.

Bei der Lenkung des Wolfsbestandes sind jedoch nicht nur die Kennwerte für die Populationsstruktur zu berücksichtigen, sondern es müssen auch unterschiedliche Methoden der Bestandsregulierung eingesetzt werden, indem die Reduzierung bestimmter Altersklassen und ökologischer Gruppen einer Population entweder verstärkt oder gedrosselt wird (da die einzelnen Verfahren unterschiedlich selektiv wirken). Die Einzelheiten und die Kennwerte einer solchen Beobachtung und Populationskontrolle müssen jedoch noch ausgearbeitet und erprobt werden. Die Störung der Stabilität der räumlichen, ökologischen Struktur einer Wolfspopulation und des Systems der Weitergabe von Traditionen im Rudel in solchen Gebieten, wo keine Notwendigkeit für die völlige Ausrottung besteht, kann zur Zunahme der nicht territorialen Wölfe und solcher Tiere führen, die nicht über die Fertigkeiten der Jagd auf wildlebende Huftiere verfügen (Ovsjanikov 1980).

In den Zonen mit einer Regulierung in mäßigem Umfang sowie in den Gebieten, wo der Wolf den Status jagdbaren Tieres erhält, sind die Hauptanstrengungen darauf zu richten, planmäßig die nicht territorialen Wölfe abzuschöpfen, während bei den ortsfesten Tieren in erster Linie der Nachwuchs kontrolliert und reguliert werden muß. Dort, wo die völlige Vernichtung des Wolfs also nicht möglich oder ökologisch unbegründet ist, sollte die territoriale Struktur der Population und in erster Linie der ortsfesten Tiere in den Grundzügen erhalten bleiben, eine Struktur, die durch einen hohen Grad an Organisiertheit der Individuen innerhalb der Gruppe und die für die Biozönose rationellste Nutzung der Huftiere gekennzeichnet ist.

Seit langem ist bekannt, daß das sprunghafte Ansteigen des Wolfsbestandes mit Zeiten zusammenfällt, wo die Wirtschaft gestört ist, mit Kriegen, in denen die Jäger an der Front sind usw. (Sabanskij 1877). Ein Anwachsen des Wolfsbestandes

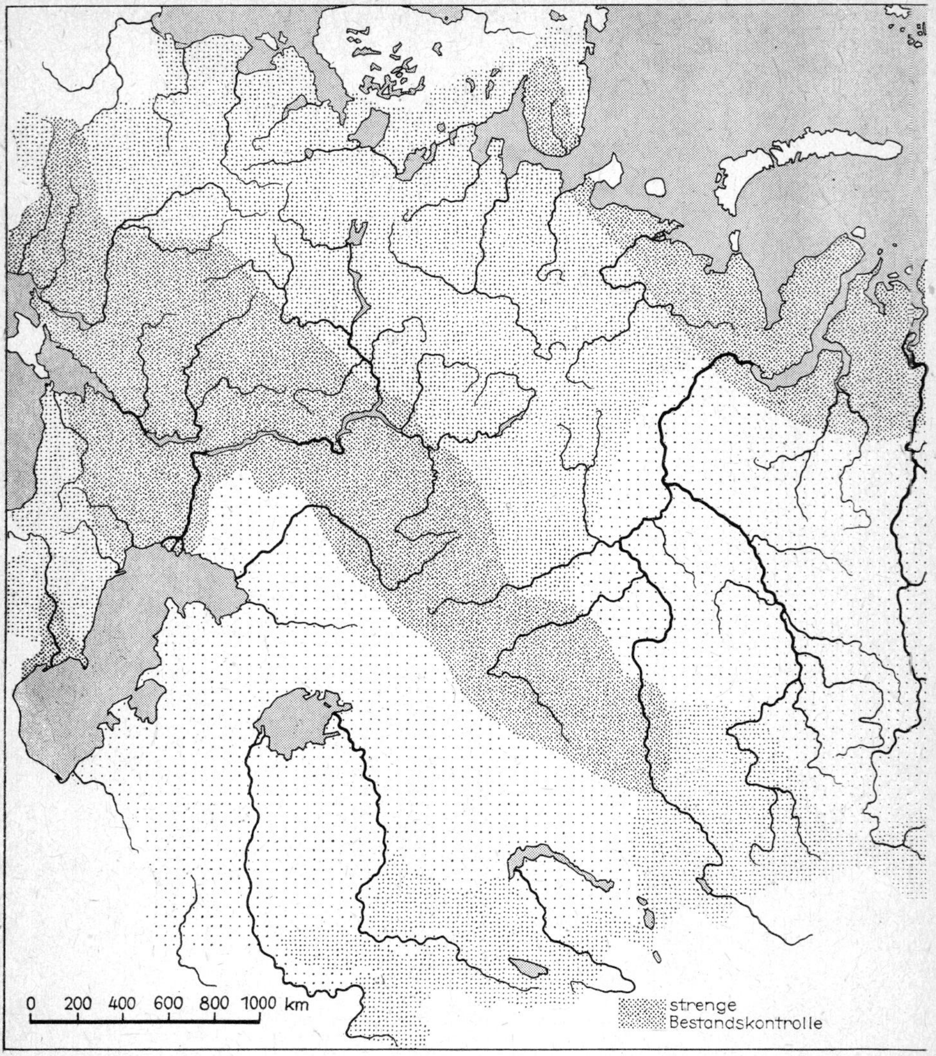

Abb. 88. Schema für die regionale Steuerung der Populationsentwicklung des Wolfs in der UdSSR

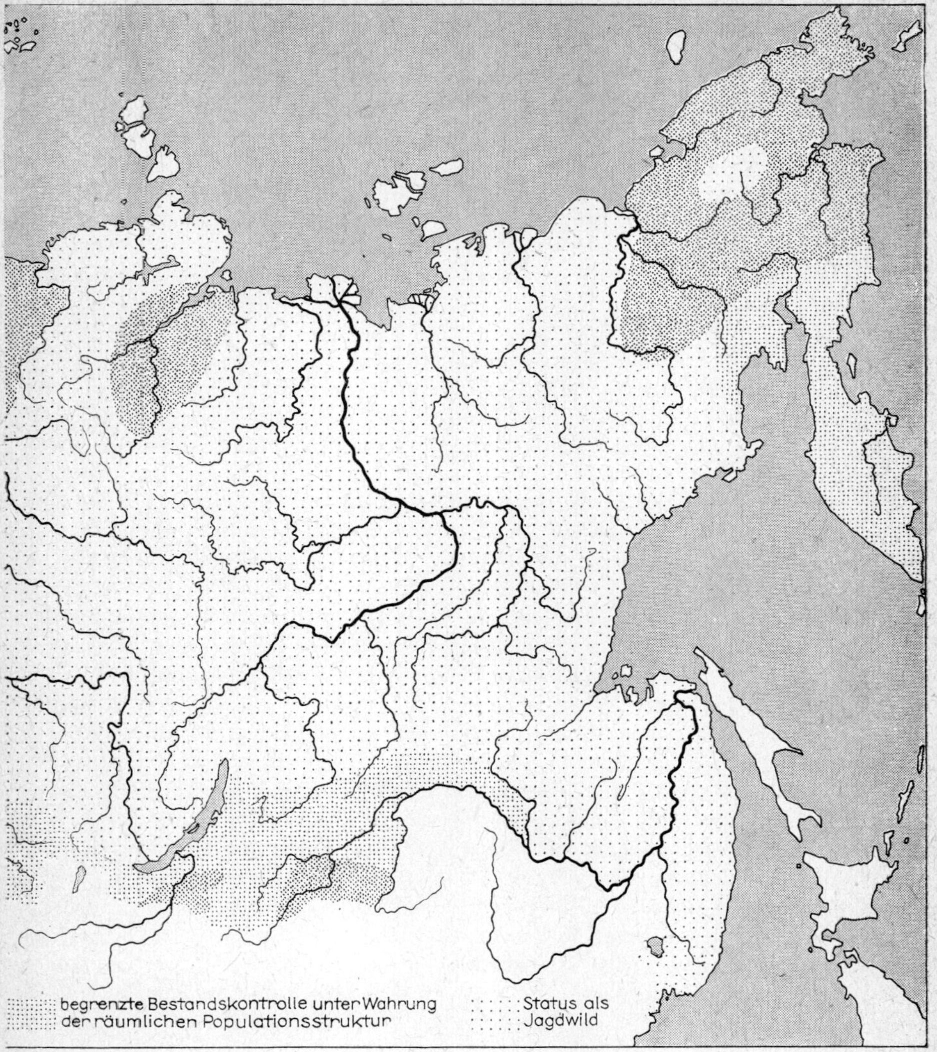
begrenzte Bestandskontrolle unter Wahrung
der räumlichen Populationsstruktur
Status als
Jagdwild

können jedoch nicht nur außergewöhnliche und nicht steuerbare Ereignisse bewirken, sondern auch andere Handlungen der Menschen, durch die direkt oder indirekt Nahrung für den Wolf bereitgestellt wird. Dies geschieht bei Verletzung der Jagdregeln und bei ungesetzlicher Jagd, wodurch die Zahl angeschossener Tiere und solcher mit körperlichen Schäden zunimmt, oder bei immer noch vorkommenden Verletzungen der Vorschriften für die Beseitigung von Tierkadavern und Abfällen. Begünstigend für die Wölfe ist auch mangelhafte Disziplin beim Schutz des Viehs und die unzureichende Anwendung erprobter Verfahren zur Abwendung von Angriffen der Wölfe auf das Vieh (B o l o g o v 1981). Die praktischen Schlußfolgerungen aus dem Gesagten sind klar: dem Wolf muß der Zugang zu allen zusätzlichen, d. h. im Zuge menschlicher Tätigkeit entstandenen Nahrungsquellen möglichst unmöglich gemacht werden.

Die ökonomische Seite der Bestandsregulierung ist noch nicht ausreichend analysiert worden. Deshalb besteht eine Aufgabe darin, ein flexibles System einer effektiven Stimulierung der Erlegung von Wölfen zu erarbeiten, besonders, wenn die Bestandsdichte verringert ist und der Arbeitsaufwand für Jäger und Wolfsspezialisten um ein Mehrfaches ansteigt.

Die moralische Seite der Frage des Schadens durch den Wolf an Haustieren verdient ebenfalls Beachtung. Da die Verluste unzureichend erfaßt sind, fehlen gesicherte Angaben über das tatsächliche Ausmaß. Hier ist es besonders wichtig, eine exakte Erfassung aller Angriffe auf Vieh zu erreichen, und zwar so, daß die Möglichkeit eines Mißbrauchs und der Deckung nachlässiger Wirtschaftsfunktionäre bzw. das Verschweigen von derartigen vom Wolf verursachten Viehverlusten ausgeschlossen wird. Dasselbe gilt für die objektive Untersuchung des Räubertums in Bezug auf die wildlebenden Huftiere.

Es ist kein Zufall, daß sich aufgrund zu weniger und unzureichend exakter Informationen in der Öffentlichkeit zuweilen eine falsche Vorstellung von dem Problem entwickeln konnte. So war es in den 70er Jahren, als von den Ideen des Naturschutzes hingerissene Journalisten den Wolf schon fast als „Wohltäter" der Menschheit hinstellten. Desto unverständlicher war für die Öffentlichkeit die jähe Wendung Ende der 70er und Anfang der 80er Jahre, als das Bild des Räubers ausschließlich in schwarzen Farben gezeichnet wurde. Schließlich hatte sich doch das Wesen des Räubertums in den wenigen Jahren nicht geändert! Derartige Wendungen in den Tendenzen bringen nichts als Schaden, sie selbst sind die Folge des Fehlens eines wissenschaftlich begründeten Langzeitprogramms zur Lenkung der Wolfspopulation.

Die Grundlage des Programms zur Bestandslenkung besteht darin, daß die Anstrengungen auf die Gebiete konzentriert werden, wo der Wolf in krassem Widerspruch zu den Interessen des Menschen steht. Die Durchsetzung des regionalen Prinzips verhindert, daß die Mittel zersplittert werden, und erlaubt es, die autoregulatorischen Fähigkeiten zu nutzen, die die Natur den Populationen für große, dünn besiedelte Räume mitgegeben hat. Im Unterschied zur heute üblichen Praxis, wo wegen des Fehlens einer flexiblen Skala einer progressiven materiellen Stimulierung die Verfolgung des Wolfs in abnehmenden Populationen unweigerlich erlahmt (was eine erneute Bestandszunahme zur Folge hat), müssen die regionalen Programme zur Bestandslenkung eine solche Organisation der Kontrolle vorsehen, bei der die

Form und die Höhe der materiellen Anerkennung der Schwierigkeit der Konstanterhaltung des Bestandes auf einer bestimmten Höhe entspricht.

Wenn ein spezieller Dienst für die Bestandslenkung des Wolfs zum Zwecke der Absicherung der systematischen Erfassung und Kontrolle des Bestandes existiert, ist es möglich, spezialisierte Wolfsjäger heranzuziehen und auf Dauer einzusetzen, ohne die eine qualifizierte Lösung der Aufgabe schwer möglich ist. Es geht nicht nur darum, daß der Wolfsbestand auf einer festgelegten Höhe gehalten wird und den konkreten Zielen entsprechende unterschiedliche Methoden eingesetzt werden, sondern auch um die sinnvolle und qualifizierte Einwirkung auf die Populationsstruktur, die unerwünschte Verschiebungen in Richtung auf ein Überwiegen der gefährlicheren synanthropen Wölfe und die Ausbreitung der Wolfsbastarde und verwilderten Haushunde verhindert.

In Regionen, wo der Wolf den Status einer jagdbaren Tierart erhält, sollte man sich auf die Selbstregulation des Bestandes verlassen. Für die Taktik der Kontrolle ist die Beobachtung und rechtzeitige Beseitigung von zugewanderten Tieren und solchen Stücken, die sich auf Haustiere spezialisiert haben, von erstrangiger Bedeutung. Eine erhebliche Erhöhung der Aufkaufspreise für die wertvollen Wolfsfelle (aus ökonomischer Sicht ist es zweckmäßig, die Prämie entsprechend umzuwandeln) und ein Ausgleich des Arbeitsaufwandes in Naturalien durch die Tierproduktionsbetriebe dürften ein ausreichender Stimulus für die laufende Kontrolle des Wolfsbestandes sein, insbesondere für die Kontrolle der Tiere, die sich ihre Beute unter dem Vieh suchen. Besonders wichtig ist in diesen Regionen wie auch in den anderen Zonen die größtmögliche Reduzierung der Möglichkeiten, durch die der Wolf an zusätzliche Nahrung gelangen kann, und die Verbesserung der Sicherung des Viehs gegen Überfälle durch den Wolf.

11.3. Maßnahmen zur Bestandsregulierung

In der Periode des Bestandsminimums von 1963–1966 bildeten wie auch schon in den vorangegangenen Jahrzehnten Welpen aus den Wurfbauen fast die Hälfte der in der RSFSR getöteten Wölfe. An zweiter und dritter Stelle rangierten Tiere, die in Schlagfallen gefangen oder mit vergifteten Ködern getötet wurden. Bei Lappentreibjagden wurden weniger als 10% der insgesamt erlegten Wölfe getötet, Flugzeuge wurden kaum eingesetzt (Tabelle 10).

Bei angewachsenem Gesamtbestand und Zunahme der absoluten Zahl der mit den genannten Methoden erlegten Tiere erhöhte sich 1980 der Anteil der bei Treibjagden und mit Hilfe von Flugzeugen getöteten Tiere auf das Dreifache, verringerte sich die Anwendung vergifteter Köder und nahm der Anteil der aus den Bauen entnommenen Welpen auf die Hälfte ab, da spezialisierte Wolfsjäger nicht ausreichend zur Verfügung standen. Diese Tendenzen sind auch 1985 festzustellen. Im großen ganzen überwiegen in der UdSSR in letzter Zeit die technischen Bekämpfungsmethoden. So wurden 1975 vom Hubschrauber aus 33,4% der Tiere erlegt, vom Motorschlitten aus 5,2%, durch vergiftete Köder 5,5%, d. h. zusammengenommen mit diesen Methoden fast die Hälfte der getöteten Tiere. Die traditionellen Jagdmethoden, wie Treibjagd (10,1%), Entnahme von Welpen aus den Wurfbauen und Sommerjagd (15,8%) und Fangeinrichtungen, spielen heute nur noch eine unter-

Tabelle 10. Methoden zur Wolfsbekämpfung in der RSFSR (in %)

Jahr	Welpen aus den Wurfbauen	bei Treibjagden	durch vergiftete Köder	vom Flugzeug oder Hubschrauber	in Schlagfallen	mit anderen (nicht ermittelten)	Tiere insges. (in T)
1963	43,6	8,4	14,0	2,8	16,2	15,0	8,9
1964	41,1	8,2	16,8	2,9	13,5	17,5	7,8
1965	42,3	8,2	16,8	2,5	12,6	17,6	7,0
1966	42,6	8,3	17,4	1,8	12,2	17,7	6,0
1980	23,5	25,5	8,9	7,3	14,5	20,1	15,9
1985	19,5	21,2	6,6	7,7	18,6	26,4	18,0(?)

geordnete Rolle. Es muß noch erwähnt werden, daß in den letzten Jahren der Anteil der zufällig erlegten Tiere ständig zunimmt und für die UdSSR 1980 24,7% betrug, für die RSFSR 1985 26,4%. Diese Tatsache bestätigt, daß der Wolf als Objekt der traditionellen Sportjagd zunehmend an Bedeutung verliert. Das Anwachsen der Kategorie der zufällig erlegten Tiere und der mit nicht näher angegebenen Methoden getöteten ist eine natürliche Folge der, wie P a v l o v (1982) richtig feststellt, erhöhten allgemeinen Bestandsdichte sowie der offensichtlich zunehmenden Wanderungen.

In der Perspektive wird die Tendenz zur erhöhten Technisierung der Verfahren zur Bestandsregulierung bestehen bleiben, besonders aufgrund der gewaltigen Räume in der Zone mit Regulierungsmaßnahmen in mäßigem Umfang. Gleichzeitig wird in der Zone mit strenger Bestandsregulierung in naher Zukunft im Zusammenhang mit der Abnahme der Wölfe die Treibjagd wahrscheinlich wieder allmählich an Bedeutung gewinnen, möglicherweise wird es auch nützlich sein, in stärkerem Maße die Welpen aus den Bauen zu nehmen und die reizvolle Sommerjagd auf die Jungtiere auszuüben, Methoden, die unserer Auffassung nach in Hinblick auf die bewußte Herausbildung für die Volkswirtschaft weniger schädlicher Populationen durch den Menschen anzustreben sind. Diese Vorschläge erfordern, wie übrigens auch das gesamte nur in groben Zügen dargestellte Schema zur differenzierten Strategie gegenüber dem Wolf (Abb. 88), eine sehr ernsthafte wissenschaftlich-praktische Überprüfung in konkreten Regionen. In der Waldzone des Landes, besonders in Gebieten mit hohem Waldanteil und einem wenig entwickelten Wege und Straßennetz, wird der Erfolg der Bestandsregulierung des Wolfs sehr wesentlich davon abhängen, wie schnell es den Jagdorganisationen gelingt, die hohe Kultur, Meisterschaft und Tradition der Sportjagd auf den Wolf wiederzubeleben.

12. Literaturverzeichnis

A l l e n, D. (1974): Of fire, moose and wolves. - Audubon Mag. 76 (6): 38–49; dgl. (1979): How wolves kill: Skill and strategy are needed to bring down largesized prey. - Natural. Hist. 88 (5): 46–56; A n d r e e v, F. V. (1985): Organ zrenija (Das Sehorgan). In: D. I. B i b i k o v (Hrsg.), Volk. Proischoždenie, sistematika, morfologija, ekologija. Moskau, S. 267–277; A u l e r i c h, R. (1966): The wolf. - Nat. Parks Mag. 40 (230): 10–13; A z a r o v, V. I. (1985): Volko-sobač'i gibridy v Tjumenskoj oblasti (Bastarde zwischen Wolf und Haushund im Bez. Tjumen). In: Mlekopitajuščie v sisteme prirodopol'zovanija na Urale. Swerdlowsk, S. 3–6

B a l l e n b e r g h e, V. van, u. A. E r i c k s o n (1973): A wolf pack kills another wolf. - Amer. Midland Natural. 90 (2): 490–493; dgl., A. E r i c k s o n, u. D. B y m a n (1975): Ecology of the timber wolf in Northeastern Minnesota. - Wildlife Monogr. 43: 43; dgl., u. D. M e c h (1975): Weights, growth and survival of timber wolf pups in Minnesota. - J. Mammal. 56 (1): 44–63; B a n f i e l d, A. (1954): Preliminary investigation of the barren-ground caribou. II. Life history, ecology and utilization. - Canad. Wildl. Serv. Manag. Bull., No 10A, 10B; B a n n i k o v, A. G. (1954): Mlekopitajuščie Mongol'skoj narodnoj respubliki (Die Säugetiere der MVR). Moskau, S. 117–121; dgl. (1979): „Vsemirnaja strategija ochrany prirody" i ochrana životnogo mira (Die „Weltnaturschutzstrategie" und der Schutz der Tierwelt). Priroda 5: 24–28; B a r a t a š v i l i, T. K. (1985) Gruzija, Armenija (Grusinien und Armenien). In: D. I. B i b i k o v (Hrsg.) Volk. Proischoždenie, sistematika, morfologija, ekologija. Moskau, S. 497 bis 500; B i b i k o v, D. I., u. A. N. F i l i m o n o v (1974): Volk: Problema upravlenija populjacijami (Der Wolf: Das Problem der Regelung und Lenkung von Populationen). - Ochota ochotn. choz., Nr. 10: 5–7; dgl., u. K u d a c t i n, A. N. (1983): Territoriality and migration of the wolf in the USSR. - Acta zool. Fenn. 174: 267–268; dgl., u. L. A. B i b i k o v a (1985): Volki i sobaki v zapovednikach (Wölfe und Hunde in Naturschutzgebieten). In: Social'no-ekonomičeskie i ekologičeskie aspekty soveršenstvovanija dejatel'nosti zapovednikov. Sbornik naučn. trudov CNIL Glavochoty RSFSR. Moskau, S. 106–109; dgl., u. A. N. F i l i m o n o v (1985): Prostranstvennaja struktura (Räumliche Struktur). In: D. I. B i b i k o v (Hrsg.), Volk. Proischoždenie, sistematika, morfologija, ekologija. Moskau, S. 408–415; dgl., V. I. K a r a v a e v a, L. L. S t i š k o v s k a j a, u. L. S. B o g o s l o v s k a j a (1985): Evoljucija otnošenija čeloveka k volku (Zur Evolution des Verhältnisses zwischen Mensch und Wolf). ebd., S. 547–554; dgl., A. N. K u d a k t i n, u. A. N. F i l i m o n o v (1985): Ispol'zovanie territorii, peremeščenija (Die Nutzung des Territoriums und Ortswechsel). ebd., S. 415–431; dgl, dgl., u. L. S. R j a b o v (1985): Sinantropnye volki: rasprostranenie, ekologija (Synanthrope Wölfe – Verbreitung und Ökologie). - Zool. J. Moskau 64: 429–441; B j ä r v a l l, A. (1983): Scandinavia's response to a natural repopulation of Wolves. - Acta zool. Fenn. 174: 273–275; B o i t a n i, L. (1983): Wolf and dog competition in Italy. - ebd. 174: 259–264; B o l e s, Bruce K. (1977): Predation by wolves on wolverines. - Canad. Field Natural. 91 (1): 68–69; B o l o g o v, V. P. (1980): Povedenie volkov pri napadenii na domašnich životnych i profilaktika uščerba životnovodstvu (Das Verhalten von Wölfen bei Angriffen auf Haustiere und vorbeugende Maßnahmen zur Verhinderung von Schaden für die Viehwirtschaft). In: Povedenie volka. Sbornik naučn. trudov. Moskau, S. 147–157; dgl. (1981): Volk i los' (Wolf und Elch). - Ochota ochotn. choz., Nr. 3: 12–13; B o n d a r e v, A. Ja. (1979): Osobennosti razmnoženija volkov Altajskogo kraja (Besonderheiten in der Fortpflanzungsbiologie des Wolfs im Altai-Gebiet). In: Ekologičeskie osnovy ochrany i racional'nogo ispol'zovanija chiščnych mlekopitajuščich. Moskau. S. 89–90; B o r i s k i n, G. F. (1985): Čislennost' i rasprostranenie volka v Sverdlovskoj oblasti (Bestand und Verbreitung des Wolfs im Bez. Swerdlowsk). In: Mlekopitajuščie v sisteme prirodopol'zovanija na Urale. Swerdlowsk, S. 8–10; B o s c a g l i, G. (i. Dr.): New date on the wolf in four areas of Central Italy; B r o m l e y, R. (1973): Fishing behavior of a wolf on the Talston River, Northwest Territories. - Canad. Field Natural. 87: 301–303; B r t e k, L., u. I. V o s k á r (1985): Potrava volka slovenskych Karpát (Die Nahrung des Wolfs in den Slowakischen Karpaten). - Les 41: 126–129; Bulard, W. B. (1980): Brown bear kills grey wolf. - Canad. Field Natural. 94 (1): 1–91; Burkholder, B. L. (1962): Observations concerning wolverine. - J. Mammal. 43 (2): 263–264

Carbyn, L. N. (1980): Ecology and management of wolves in Riding Mountain National Park. Canad. Wildl. Serv. Rep. for Parks Canada. Edmonton. dgl. (1982): Incidence of disease and its potential role in the population dynamics of wolves in Riding Mountain National Park, Manitoba. In: F. H. Harrington (Hrsg.), Wolves of the World. Park Ridge, New Jersey, S. 106–116; dgl. (1983): Introduction – Wolves in Canada and Alaska. - Canad. Wildl. Serv. Rep. Ser., Nr. 45: 6–8; Červonnyj, V. V. (1975): Vzaimootnošenija volka i losja (Wechselbeziehungen zwischen Wolf und Elch): In: Kopytnye fauny SSSR. Moskau, S. 208–209; Chobotov, B., u. Boržonov, B. (1974): Volk v Mongolii (Der Wolf in der Mongolei). - Ochota ochotn. choz., Nr. 6: 43; Chromov, B. M., N. S. Korotkevič, A. F. Pavlova u. a. (1972): Anatomija sobaki (Anatomie des Hundes). Leningrad; Commission on Nature Monuments, Acad. of the Romanian Socialist Republic (1975): Data on the situation of the Wolf in Romania, 1973. IUCN Publ. New Ser., Suppl. Pap. Nr. 43. Morges, S. 79–80; Cowan, I. (1946): Report of wildlife studies in Jasper, Banff and Yoho National Parks, 1944, and parasites, diseases and injuries of game animals in the Rocky Mountain National Park, 1942–1944. Ottawa, S. 1–84; dgl. (1947): The timber wolf in the Rocky Mountain National Parks of Canada. - Canad. J. Res. 25: 139–174; Crisler, L. (1956): Observation of wolves hunting caribou. - J. Mammal. 37 (4): 337–346

Danilkin, A. (1979): Ochota volč'e-sobač'ich gibridov na kosul' (Die Jagd von Bastarden zwischen Haushund und Wolf auf Rehe). – Ochota ochotn. choz., Nr. 3: 18—19; Danilov, P. I., O. S. Rusakov, u. I. L. Tumanov (1979): Chiščnye zveri Severo-Zapada SSSR (Raubtiere im Nordwesten der UdSSR). Leningrad; dgl., I. G. Gurskij, u. A. N. Kudaktin (1985): Razmnoženie (Fortpflanzung). In: D. I. Bibikov (Hrsg.), Volk. Proischoždenie, sistematika, morfologija, ekologija. Moskau, S. 378–389; Daš, Ja., u. S. I. Chrustalev (1978): Promysel volka v Mongol'skoj narodnoj respublike (Die jagdliche Nutzung des Wolfs in der MVR). In: Ekologičeskie osnovy ochrany i racional'nogo ispol'zovanija chiščnych mlekopitajuščich. Materialy Vsesojuzn. soveść. Moskau, S. 103–104: Devlet, M. A. (1982): Petroglify na kočevoj trope (Petroglyphen am Wanderpfad der Nomaden). Moskau, S. 65; Dinnik, N. Ja. (1914): Zveri Kavkaza (Die wildlebenden Großsäuger des Kaukasus), Teil 2. Tiflis, S. 416–418; Doty, R., u. I. Dunbar (1974): Attraction of beagles to conspecific urine, vaginal and anal sac secretion. - Physiol. Behavior, Nr. 12: 825–833; Douglass, D. (1970): History and status of the wolf in Michigan. In: Proc. Symp. on Wolf Manag. in Selected Areas of North America. Chicago, S. 6–8; Dulickij, A. I., u. A. A. Kormilicin (1975): Vzaimootnošenija volka i kopytnych (Wechselbeziehungen zwischen dem Wolf und Huftieren). In: Kopytnye fauny SSSR (Ekologija, morfologija, ispol'zovanie i ochrana). Moskau, S. 193 bis 195

Egorov, O. V., u. Ju. V. Labutin (1964): Materialy po pitaniju krupnych chiščnych mlekopitajuščich severo-vostoka Jakutii (Beiträge zur Ernährung der großen Raubsäuger Nordostjakutiens). In: Pozvonočnye životnye Jakutii. Jakutsk, S. 51–59; Errington, P. (1946): Predation and vertebrate populations. - Quart. Rev. Biol. 21 (2): 144–177; dgl. (1969): On predation and life. Ames, 258 S.

Fajnberg, L. A. (1980): U istokov sociogeneza (ot stada obez'jan k obščine drevnich ljudej) [Am Ursprung der Soziogenese (Von der Affenherde zur Urgemeinschaft)]. Moskau, S. 151; Fedosenko, A. K., V. A. Žirjakov, u. Ju. A. Gračev (1978): Materialy po ekologii i povedeniju volka v Severnom Tjan'-Šane i Džungarskom Alatau (Beiträge zur Ökologie und zum Verhalten des Wolfs im Tienschan und im Dshungarischen Alatau). - Bull. Mosk. obšč. ispytat. prirody (Biol.) 83 (3): 5–18; dgl. (1980): Maral (Ekologija, povedenie, chozjajstvennoe značenie) [Der Maral (Ökologie, Verhalten und wirtschaftliche Bedeutung)]. Alma-Ata; F i l', B. I., u. Ju. G. A f a n a s ' e v, (1973): Snežnyj bars jugovostoka Kazachstana (Der Schneeleopard im Südosten Kasachstans). In: Redkie vidy mlekopitajuščich fauny SSSR i ich ochrany (Sbornik materialov). Moskau, S. 78–79; F i l i m o n o v, A. N. (1980a): Povedenie kazachstanskogo volka v različnych situacijach (Das Verhalten des kasachischen Wolfs in verschiedenen Situationen). In: Povedenie volka (Sbornik naučn. trudov). Moskau, S. 60–76; dgl. (1980b): K voprosu o vnutripopuljacionnoj reguljacii čislennosti volka (Zur Frage der Bestandsregulierung innerhalb einer Wolfspopulation). In: Sbornik naučn. trudov VNII ochrany prirody i zapovednogo dela MSCh SSSR. Moskau, S. 37–43; F i l o n o v, K. P. (1974): Osobennosti naselenija sibirskoj kosuli na Južnom Urale (Besonderheiten der Vorkommen des Sibirischen Rehs im Südural). In: Ochotovedenie, Teil 2. Moskau, S. 26–40; dgl. (1977): Dinamika čislennosti kopytnych životnych i zapovednost' (Bestandsdynamik bei Huftieren und die Schutzbedingungen). In: Ochotovedenie. Moskau; dgl. u. M. L. K a l e c k a j a (1985): Vozdejstvie volka na dikich kopytnych životnych (Die Einwirkung des Wolfs auf den Bestand der wildlebenden Huftiere). In: D. I. B i b i k o v (Hrsg.), Volk. Proischoždenie, sistematika, morfologija, ekologija. Moskau, S. 336–354; F o n g, D. (1981): Seasonal variation of marrow fat content from Newfoundland Moose. - J. Wildl. Manag. 45 (2): 545–548; F o r m o z o v, A. N. (1946): Rol' snežnogo pokrova v žizni mlekopitajuščich i ptic (Die Rolle der Schneedecke im Leben der Säugetiere und Vögel). In: Materialy k poznaniju fauny i flory SSSR. Moskau. - Mosk. obšč. ispytat. prirody, nov. ser. (Zool.) 5 (20): 47–49; dgl., u. B. A. G o l o v (1975): O volke kak vreditele životnovodstva v Ural'skoj i Gur'evskoj oblastjach (Über den Wolf als Schädling der Viehwirtschaft in den Bez. Uralsk und Gurjew). - Bull. Mosk. obšč. ispytat. prirody (Biol.) 80 (1): 108–116; dgl. (1976): O reakcii volka (*Canis lupus* L.) na čeloveka [Über die Reaktion des Wolfs (*Canis lupus* L.) auf den Menschen]. In: Povedenie ochotnič'ich životnych Bd. 51/52. Kirow, S. 84–85; F o x, M. (1971): Behavior of wolves, dogs and related canids. New York; F r i t t s, S. (1983): Record dispersal by wolf from Minnesota. - Mammal. 64 (1): 166–167; F u l l e r, T., u. L. K e i t h (1980): Wolf population dynamics and prey relationships in Northeastern Alberta. - J. Wildl. Manag. 44: 583 bis 602

G a r o s s, B. Ja. (1979): Vlijanie rysej i volkov na latvijskuju populjaciju kosuli (Der Einfluß von Luchs und Wolf auf die lettische Rehpopulation). In: Ekologičeskie osnovy ochrany i racional'nogo ispol'zovanija chiščnych mlekopitajuščich. Materialy Vsesojuzn. soveščc. Moskau, S. 257 bis 261; G a s a w a y, W., R. S t e p h e n s o n, I. D a v i s, P. S h e p h e r d, u. O. B u r r i s (1983): Interrelationship of wolves, prey and man in Interior Alaska. - Wildl. Monogr. 84: 1–50; G e p t n e r, V. G., N. P. N a u m o v, P. B. J u r g e n s o n u. a. (1967): Mlekopitajuščie Sovetskogo Sojuza (Die Säugetiere der Sowjetunion). Bd. 2, Teil 1. Moskau, S. 123–193; G e r a s i m o v, I. P., u. K. K. M a r k o v (1939): Lednikovyj period na territorii SSSR (Die Eiszeit auf dem Gebiet der UdSSR). – Trudy Inst. Geogr. Ak. Nauk SSSR 33; G i m m e l ' r e j c h, G. A., S. F. M a n z i j, V. I. K l y k o v, K. P. M e l ' n i k, u. O. Ja. P i l i p č u k (1985): Skelet. In: D. I. B i b i k o v (Hrsg.), Volk. Proischoždenie, sistematika, morfologija, ekologija. Moskau, S. 125–226; G r a č e v, Ju. A., u. A. K. F e d o s e n k o (1972): O vzaimootnošenijach medvedej i volkov v Džungarskom Alatau (Über die Wechselbeziehungen zwischen dem Braunbären und dem Wolf im Dshungarischen Alatau). In: Ekologija, morfologija, ochrana i ispol'zovanie medvedej. Materialy sovešč. Moskau, S. 36–39; G u n s o n, I. (1983): Wolf predation of livestock in Western Canada. In: Wolves in Canada and Alaska. Proc. Wolf Symp. Alberta, Edmonton 1981. - Canad. Wildl. Serv. Rep. Ser., Nr. 45: 102–105; G u r s k i j, I. G. (1969): Volk juga Evropejskoj časti SSSR (Opyt ekologo-morfologičeskogo izučenija populjacij) [Der Wolf im Süden des europäischen Teils der UdSSR (Ergebnisse von ökologischmorphologischen Untersuchungen der Populationen)]. Autoref. kand. diss. Odessa; dgl. (1975): Gibridizacija volka s sobakoj v prirode (Die Bastardierung des Wolfs mit dem Haushund in freier Wildbahn). - Bull. Mosk. obšč. ispytat. prirody (Biol.) 80 (1): 131–136; dgl. (1978): Volk v severo-zapadnom Pričernomor'e (učastok obitanija, struktura populjacii, razmnoženie) [Der Wolf im Gebiet nordwestlich des Schwarzen Meeres (Territorium, Populationsstruktur und Fortpflanzung)]. - ebd. 83 (3), 29–38; G u s e v, O. (1978): Protiv idealizacii prirody (Gegen eine Idealisierung der Natur). - Ochota ochotn. choz., Nr. 11: 25–27

H a b e r, G. (1980): The balancing act of moose and wolves. - Natural Hist. 89 (10): 39–50; H a g l u n d, B. (1975): The wolf in Fennoscandia. IUCN Publ. New Ser., Suppl. Pap. Nr. 43. Morges, S. 36–43; H a r r i n g t o n, F., u. L. M e c h (1978): Howling at two Minnesota wolf pack summer homesites. - Canad. J. Zool. 56 (9): 2024–2028; dgl. (1979): Wolf howling and its role in territory maintenance. - Behaviour 68 (3/4): 207–249; H a r r i s o n, D. (1968): The Mammals of Arabia. Vol. 2. Carnivora, Hyracoidea, Arctiodactyla. London

I š u n i n, G. I. (1966): Sezonnye izmenenija v pitanii pustynnogo volka (zapovednik Aralpaigambar) [Jahreszeitliche Änderungen in der Nahrungszusammensetzung des Wüstenwolfs (Naturschutzgebiet Aralpaigambar)]. - Uz. biol. žurn. 1: 56—57; I v a n o v, V. V. (1975): Rekonstrukcija indoevropejskich slov i tekstov, otražajuščich kul't volka (Rekonstruktion indoeuropäischer Wörter und Texte, in denen sich der Wolfskult widerspiegelt). - Izv. Ak. Nauk. SSSR, ser. lit. i jaz 34: 399–408

J a n s o n, Ch. A. (1975): Biomechanika nižnej konečnosti čeloveka (Biomechanik der unteren Extremität des Menschen). Riga; J o l i c o e u r, P. (1959): Multivariate geographical variation in the wolf *Canis lupus* L. – Evolution 13 (3): 283–299; dgl. (1975): Sexual dimorphism and geographical distance as factors of skull variation in the wolf *(Canis lupus)*. In: M. W. F o x, The wild canids. New York, S. 54–63; J o r d a n, P., P. S c h e l t o n, u. D. A l l en (1967): Numbers, turnover and social structure of the Isle-Royale wolf population. - Amer. Zoolog. 7: 234–252; J o r g e n s e n, S. (1970): The wolf as an endangered species in the conterminous United States. In: Proc. Symp. on Wolf Manag. in Selected Areas of North America. Chicago, Ill.; J o s l i n, P. (1967): Movements and homesites of timber wolves in Algonquin Park. - Amer. Zoolog. 7: 279–288; J u d i n, V. G. (1977): Enotovidnaja sobaka Primor'ja i Priamur'ja (Der Marderhund im Primorje-Gebiet und im Amur-Gebiet). Moskau

K a l e c k a j a, M. L. (1973): Volk i ego rol' kak chiščnika v Darvinskom zapovednike (Der Wolf und seine Rolle als Räuber im Darwin-Naturschutzgebiet). - Trudy Darvinsk. gos. zapov. 11: 41–58; K a v e r z n e v, V. N. (1933): Volki i ich istreblenie (Wölfe und ihre Ausrottung). Moskau u. Leningrad; K a z n e v s k i j, P. F. (1979): Volk v Choperskom zapovednike (Der Wolf im Chopjor-Naturschutzgebiet). In: Ekologičeskie osnovy ochrany i racional'nogo ispol'zovanija chiščnych mlekopitajuščich. Moskau, S. 110–112; K e e n e r, J. M. (1970): History of the wolf in Wisconsin. In: Proc. Symp. on Wolf Manag. in Selected Areas of North America. Chicago, S. 4–5; K e l s a l l, I. (1968): The migratory barren-ground caribou of Canada. - Canad. Wildl. Serv. Monogr., Nr. 3; K i r i k o v, S. V. (1959): Izmenenija životnogo mira v prirodnych zonach SSSR (XIII–XIX vv.): Stepnaja zona i lesostep' [Veränderungen in der Tierwelt der natürlichen Landschaftszonen der UdSSR (13.–19. Jh.): Steppenzone und Waldsteppe]. Moskau; dgl. (1966): Promyslovye životnye, prirodnaja sreda i čelovek (Jagdlich nutzbare Wildtiere, Umwelt und Mensch). Moskau; K l e i m a n, D. (1967): Some aspects of social behavior in the Canidae. - Amer. Zoolog. 7 (2): 365–372; K n u p p e, H. (1970): Der Würger von Ihlow. - Jb. Bad Liebenwerda 1969/1970: 70–72; K o l e n o s k y, G. (1972): Wolf predation on wintering deer in eastcentral Ontario. - J. Wildl. Manag. 36 (2): 358–369; K o r n e e v, A. F. (1950) Volk ta jogo znaščennja (Der Wolf und seine Bekämpfung). Kiew u. Charkow; K o r y t i n, S. A., u. D. I. B i b i k o v (1985): Ochotnič'e povedenie (Das Jagdverhalten). In: D. I. B i b i k o v (Hrsg.), Volk. Proischoždenie, sistematika, morfologija, ekologija. Moskau, S. 311

bis 324; Kovtun, M. F., u. L. P. Osinskij (1985): Serdečno-sosudistaja sistema (Das Herz-Kreislaufsystem). ebd. Moskau, S. 226–240; Kozlo, P. G., u. E. B. Banad (1985): Belorussija (Die Belorussische SSR). ebd. Moskau, S. 483–487; Kozlo, P. G., A. N. Filimonov, u. A. Ja. Bondarev (1985): Morfometrija vnutrennich organov (Morphometrie der inneren Organe). ebd. Moskau, S. 254–259; Kozlov, V. V. (1966): Volki lesostepej Sibiri i ich istreblenie (Die Wölfe der Waldsteppe Sibiriens und ihre Ausrottung). Krasnojarsk; Kreeger, T. (1977): Impact of dog predation on Minnesota whitetailand deer. - J. Minn. Acad. Sci. 43 (2): 207–216, Krott, P. (1959): Der Vielfraß *(Gulo gulo* L.). - Monogr. Wildsäugetiere, Nr. 13: 159; Krušinskij, L. V. (1980): Povedenie volkov (Das Verhalten der Wölfe). In: Povedenie volka. Sbornik naučn. trudov IEMEŽ Ak. Nauk SSSR, Moskau, S. 6–13; dgl., E. N. Myčko, M. N. Sotskaja, u. A. V. Subkina (1985): Elementarnaja rassudočnaja dejatel'nost' i složnye formy povedenija (Elementare Verstandestätigkeit und komplizierte Verhaltensformen). In: D. I. Bibikov (Hrsg.), Volk. Proischoždenie, sistematika, morfologija, ekologija. Moskau, S. 284–295; Kudaktin, A. (1977): Volk na Zapadnom Kavkaze (Der Wolf im Westkaukasus). - Ochota ochotn. choz., Nr. 9; 18–19; Kudaktin, A. N. (1978): Ob izbiratel'nosti ochoty volka na kopytnych v Kavkazskom zapovednike (Zur selektiven Jagd des Wolfs im Kaukasus-Schutzgebiet). - Bull. Mosk. obšč. ispytat. prirody (Biol.) 83 (3): 19–28; dgl. (1979a): Ochotnič'i povadki volkov (Jagdverhalten der Wölfe). In: Ekologičeskie osnovy ochrany i racional'nogo ispol'zovanija chiščnych mlekopitajuščich. Materialy Vsesojuzn. soveśč. Moskau, S. 116; dgl. (1979b): Territorial'noe razmeščenie i struktura populjacii volka v Kavkazskom zapovednike (Territoriale Verteilung und Populationsstruktur des Wolfs im Kaukasus-Schutzgebiet). - Bull. Mosk. obšč. ispytat. prirody (Biol.) 84 (2): 56–65; dgl. (1980): O povedenii volkov v uslovijach zapovednoj ekosistemy (Über das Verhalten der Wölfe in einem Ökosystem unter Schutzbedingungen). In: Povedenie volka. Sbornik naučn. trudov IEMEŽ Ak. Nauk SSSR. Moskau, S. 90 bis 102; dgl. (1981): Neterritorial'nye volki (Territorial nicht gebundene Wölfe). - Ochota ochotn. choz., Nr. 9; 16–17; dgl. (1982): Ochotnič'i povadki volkov na Zapadnom Kavkaze (Jagdverhalten der Wölfe im Westkaukasus). - Bull. Mosk. obšč. ispytat. prirody (Biol.) 87 (1): 24–30; Kurten, P. (1968): Pleistocene mammals of Europe. Chicago; Kuz'mina, I. E. (1971): Formirovanie teriofauny Severnogo Urala v pozdnem antropogene (Die Herausbildung der Säugetierfauna des Nordurals im späten Anthropogen). - Trudy zool. Inst. Ak. Nauk SSSR 49: 44 bis 121; Kyzlasov, L. R., u. N. V. Leont'ev (1980): Narodnye risunki chakasov (Volkstümliche Zeichnungen der Chakassen). Moskau

Labutin, Ju. V. (1971): Der Wolf. In: Mlekopitajuščie Jakutii (Die Säugetiere Jakutiens). Moskau, S. 364–377; dgl. (1972): Geografičeskie osobennosti pitanija volka i lisicy (Geographische Besonderheiten in der Ernährung von Wolf und Fuchs). In: Zoologičeskie problemy Sibiri. Materialy IV soveśč. zoologov Sibiri. Nowosibirsk, S. 413–415; Lawick-Goodall, H. u. J. van (1972): Unschuldige Mörder. Bei den Raubrudeln in der Serengeti. Hamburg. [Russischsprachige Ausgabe: Lavik-Gudoll, Dž. u. G. (1977): Nevinnye ubijcy (Unschuldige Mörder). Moskau]; Lazarevskij, V. M. (1876): Ob istreblenii volkom domašnego skota i diči i ob istreblenii volka (Über den durch den Wolf an Vieh und Hausgeflügel angerichteten Schaden und die Ausrottung des Wolfs). St. Petersburg, S. 1–71; Leopold, A. (1933): Game management. New York u. London; dgl., u. F. Darling (1953): Effects of land use on moose and caribou in Alaska. In: Trans. North Amer. Wildlife Conf. Washington, Nr. 19, S. 553–560; dgl., C. Cottam, C. McTaget et al. (1969): Reports of the special advisory board on wildlife management for the secretary of the interior. 1963–1968. Washington; Lopez, B. (1978): Of wolves and men. New York

MacArthur, R. (1955): Fluctuation of animal populations and measure of community stability. - Ecology 36 (3): 533–536; McKnight, T. (1964): Feral livestock in Anglo-America. Los Angeles; McNeal, J., u. W. Griffin (1977): Dog flesh as a potential food resource for carnivores: an exploratory study. - Tex. J. Sci. 29 (1/2): 101–108; Makridin, V. N. (1959): Materialy po biologii volka v tundrach Neneckogo nacional'nogo okruga (Beiträge zur Biologie des Wolfs im Nationalen Bezirk der Nenzen). - Zool. J. Moskau 38: 1719–1728; dgl. (1964): O rasprostranenii i biologii rosomachi na Krajnem Severe (Zur Verbreitung und Biologie des Vielfraßes im Hohen Norden). - ebd. 43: 1688–1692; dgl. (1978): Volk (Der Wolf). In: Krupnye chiščniki i kopytnye zveri. Moskau, S. 8–50; dgl., N. K. Železnov, E. I. Gromov, u. G. I. Čuvašov (1985): Krajnij Sever (Der Hohe Norden). In: D. I. Bibikov (Hrsg.), Volk. Proischoždenie, sistematika, morfologija, ekologija. Moskau. S. 467–476; Malafeev, Ju. (1974): Rys' na Srednem Urale (Der Luchs im Mittleren Ural. - Ochota ochotn. choz., Nr. 9: 18–19; Mantejfel', P. A., u. S. A. Larin (1949): Volk i ego istreblenie (Der Wolf und seine Ausrottung). Moskau u. Leningrad; Marakov, S. V., u. I. S. Kozlovskij (1986): Travmatizm volkov, specializirujuščichsja na dobyče losja (Verletzungen bei Wölfen, die sich auf Elche als Beute spezialisiert haben). IV Vsesojuzn. s'ezd Vsesojuzn. teriol. obšč. (Tezisy dokl.). Bd. 2. Moskau, S. 205; Matjuschkin, E. (1978): Der Luchs. - N. Brehm-Büch. 517; Matjuškin, E. N. (1974a): Rys', ee nastojaščee i buduščee (Der Luchs, seine gegenwärtige Situation und seine Zukunft). - Ochota ochotn. choz., Nr. 11: 20–22; dgl. (1974b): Krupnye chiščniki i padal'niki srednego Sichote-Alinja (Große Raubsäuger und Aasfresser des mittleren Sichote-Alin). - Bull. Mosk. obšč. ispytat. prirody (Biol.) 79 (1): 5–21; dgl. (1985): Vzaimootnošenija s drugimi chiščnymi mlekopitajuščimi (Wechselbeziehungen mit anderen Raubsäugern). In: D. I. Bibikov (Hrsg.), Volk. Proischoždenie, sistematika, morfologija, ekologija, Moskau, S. 355 bis 370; Mattey, R. (1954): Chromosomes et systématique des canides. - Mammalia 18 (3): 225–230; Mech, L. D. (1966): The wolves of Isle Royale. - US Nat. Parks. Serv., Fauna Ser. 7: 210; dgl. (1970): The wolf: The ecology and behavior of an endangered species. New York; dgl. (1971): Where the wolves are and how they stand. - Natural. Hist. 80 (4): 26–29; dgl., u. L. Frenzel (1971): An analysis of the age, sex and condition of deer killed by wolves in Northeastern Minnesota. St. Paul, S. 35–51; dgl. (1975): Disproportionate sex rations of wolf pups. - J. Wildl. Manag. 39 (4): 737–740; dgl., u. R. Rausch (1975): The status of the wolf in the United States, 1973. In: Wolves. IUCN Publ. New Ser., Suppl. Pap. Nr. 43. Morges, S. 83 bis 88; dgl. (1977a): Productivity, mortality and population trends of wolves in Northeastern Minnesota. - J. Mammal. 58 (4): 559–574; dgl. (1977b): Where can the wolf survive? - Nat. Geogr. Mag. 152 (4): 518–537; dgl. (1977c): Wolf-pack buffer zones as prey reservoirs. - Science 198 (4314): 320–321; dgl. (1977d): Population trend and winter deer consumption in a Minnesota wolf pack. In: Proc. of the 1975 Predator Symp., Univ. of Minnesota. Missoula, S. 55 bis 83; dgl., u. P. Karns (1977): Role of the wolf in a deer decline in the superior national forest. St. Paul, 23 S.; dgl. (1979): Why some deer are safe from wolves. - Natural. Hist. 88 (1): 71–76; dgl. (1982): The IUCN-SSK wolf specialist group. Wolves of the World (Hrsg. F. H. Harrington u. P. C. Paquet). Park Ridge, New Jersey, S. 327–333; Mendelssohn, H. (1983): Status of the wolf in the Middle East. - Acta zool. Fenn. 174: 279–280; Mertc, P. A. (1953): Volk v Voronežskoj oblasti (Ekologija chiščnika, organizacija bor'by) [Der Wolf im Bez. Woronesh (Ökologie des Raubtieres und die Organisation von Bekämpfungsmaßnahmen)]. In: Preobrazovanie fauny pozvonočnych našej strany (Biotechničeskie meroprijatija). Moskau, S. 117–135; Mičurin, L. N. (1970): Vlijanie volkov na populjaciju dikogo severnogo olenja na severe Srednej Sibiri (Der Einfluß des Wolfs auf eine Population des Wildrens im Norden Mittelsibiriens). In: Trudy IX Meždunar. kongr. biologov-ochotovedov. Moskau, S. 514—516; Miller, V. S. (1876): Očerki arijskoj mifologii v svjazi s drevnejšej kul'turoj (Abriß der arischen Mythologie im Zusammenhang mit der ältesten Kultur). Moskau, S. 143–144; Mills, M. (1978): The comparative socio-ecology of the Hyaenidae. - Carnivora 1 (1): 1–6; Mills, St. (1987): Does Sweden have room for its wolves? - Oryx 21 (2): 92–96; Mil'n, A. (1964): Opredelenie ponjatija „konkurencija“ u životnych (Definition des Begriffes „Konkurrenz“ bei Tieren). In: Mechanizmy biologičeskoj konkurencii. Moskau, S. 55–81; Mjating, L. (1965): Ochota v Estonii (Die Jagd in Estland). Tallinn; Moskvin, N. (1978): Volk Mologo-Šeksninskogo meždureč'ja (Der Wolf im Gebiet zwischen Mologa und Scheksna). - Ochota ochotn. choz., Nr. 2, 26–28; M u r i e, A. (1934): The wolves of Isle-Royale. - Univ. Mich. Mus. Zool. Circ. 25: 44; dgl. (1944): The wolves of Mount McKinley. - US Nat. Parks Serv., Fauna Ser. 5: 238; M y r b e r g e t, S. (1970): Den norske bestand av jerv *Gulo gulo* (L.) og gaupe *Lynx* (L.). - Pap. Norw. Game Res. (2 ser.) 33: 3–35

N a d d y, R. (1970): The eastern timber wolf. - Naturalist 21 (4): 35–37; N a s i m o v i č, A. A. (1948): Novye dannye po ekologii rosomachi v Laplandskom zapovednike (Neue Angaben zur Ökologie des Vielfraßes im Lappland-Naturschutzgebiet). In: Trudy Laplandskogo gos. zapov., Bd. 3. Moskau, S .107–124; N a u m o v, N. P. (1948): Očerki sravnitel'noj ekologii myševidnych gryzunov (Beiträge zur vergleichenden Ökologie der Mäuseartigen). Moskau u. Leningrad; dgl. (1967): Biologija volka. In: V. G. G e p t n e r u. N. P. N a u m o v, Mlekopitajuščie SSSR. Bd. 3. Moskau, S. 107–124; N a u m o v, N. P. (1948): Očerki sravnitel'noj ekologii myševidnych Sečonnaja i sutočnaja dinamika gruppovogo voja volkov (jahres- und tageszeitliche Dynamik des Gruppenheulens beim Wolf). In: IV Vsesojuzn. s'ezd Vsesojuzn. teriol. obšč. (Tezisy dokl.). Bd. 2. Moskau, S. 147; N o s k o v, V. T. (1985): Burjatija (Die Burjat-Mongolei). In: D. I. B i b i - k o v (Hrsg.), Proischoždenie, sistematika, morfologija, ekologija. Moskau, S. 537–538; N o - w a k, R. (1979): North American Quarternary Canis. - Monogr. Mus. Natur. Hist. Kansas, Nr. 6: 154; dgl. (1983): A perspective on the taxonomy of wolves in North America. In: L. C a r b y n (Hrsg.), Wolves in Canada and Alaska. - Canad. Wildl. Serv. Rep. Ser., Nr. 45: 10–19

O g n e v, S. I. (1931): Zveri vostočnoj. Evropy i severnoj Azii (Die Säugetiere Osteuropas und Nordasiens). Bd. 2. Moskau; dgl. (1947): Zveri SSSR i priležaščich stran (Die Säugetiere der UdSSR und der angrenzenden Länder). Bd. 5. Moskau; O v s j a n i k o v, N. G. (1980): Elementy social'noj organizacii volka: značenie dlja kontrolja nad čislennost'ju (Elemente der sozialen Organisation beim Wolf - Ihre Bedeutung für die Bestandskontrolle). In: Povedenie volka. - Sbornik naučn. trudov IEMEŽ Ak. Nauk SSSR. Moskau, S. 39–59; dgl., A. D. P o j a r k o v u. V. P. B o l o g o v (1985): Kommunikacija i social'naja organizacija (Kommunikation und soziale Organisation). In: D. I. B i b i k o v (Hrsg), Volk. Proischoždenie, sistematika, morfologija, ekologija. Moskau, S. 295–311

P a r k e r, G. (1972): Biology of the kaminuriak population of barren-ground caribou. Pt 1. Total number, mortality, recruitment and seasonal distribution. - Canad. Wildl. Serv. Rep. Ser., Nr. 20: 95; P a č o s s k i j, I. (1902): Otvet na otvet g-na Kalinina (Antwort auf die Entgegnung des Herrn Kalinin. - Psovaja i ružejnaja ochota 6: 147–151; P a v l o v, M. P. (1965): O volkachljudojedach (Über menschenfressende Wölfe). In: Ochotnič'i prostory. Moskau, S. 106–113; dgl. (1982): Volk (Der Wolf). Moskau; P e č e n j u k, A. D. (1979): Vlijanie volkov na populjaciju pjatnistych olenej Choperskogo zapovednika (Der Einfluß der Wölfe auf die Sikahirschpopulation des Chopjor-Naturschutzgebiets). In: Ekologičeskie osnovy ochrany i racional'nogo ispol'zovanija chiščnych mlekopitaljuščich. Materialy Vsesojuzn. soveščč. Moskau, S. 131–132; P e t e r s o n, R., u. D. A l l e n (1974): Snow conditions as a parameter in moose wolf relationships. - Canad. Natural. 101 (3/4): 481–492; dgl. (1977): Wolf ecology and prey relationship on Isle Royale. - US Nat. Parks Serv. Sci. Monogr. Ser., Nr. 71: 210; dgl. (1979a): Social rejection following mating of a subordinate wolf. - J. Mammal. 60 (1): 219–221; dgl. (1979b): The wolves of Isle Royale: New developments. In: The behavior and ecology of wolves. Proc. of the Symp. on 23 bis 24 May 1975 New York, S. 3–13; dgl., u. R. P a g e (1983): Wolf moose fluctuations at Isle Royale National Park, Michigan, USA. - Acta zool. Fenn. 174: 251–253; P i l i t o v i č, S. (1972): Polnee ispol'zovat' pušnye resursy (Umfassender die Bestände wildlebender Pelztiere nutzen). - Ochota ochotn. choz., Nr. 12: 5–7; P i m l o t t, D. (1961a): The ecology and management of moose in North America. - Terre et vie 108 (2/3): 246–263; dgl. (1961b): Wolf control in Canada. - Canad. Audubon 23: 145–152; dgl. (1963): Wolf control and management in Ontario. - Fish Wildlife Rev. 2 (2): 1–7; dgl. (1967a): Wolf predation and ungulate populations. -

Amer. Zoolog. 7 (2): 267–278; dgl. (1967b): Wolves and men in North America. - Def. Wildl. News S.36–47; dgl. (1970): Predation and productivity of game populations in North America. In: Trudy IX Meždunar. kongr. biologov-ochotovedov. Moskau, S. 63–73; dgl (1975): The wolf in Europe in 1973. In: Wolves. IUCN Publ. New Ser., Suppl. Pap. Nr. 43. Morges, S. 17–27; Postnikov, S. A., u. V. P. Teplov (1960): K voprosu ob izmenenijach v ekologii volka i ob usilenii bor'by s nim v Evropejskoj časti RSFSR (Zur Frage der Veränderungen in der Ökologie des Wolfs und der Verstärkung der Wolfsbekämpfung im europäischen Teil). - Trudy Oksk. gos. zapov. 3: 93–104; Priklonskij, S. G. (1979): Opyt ocenki količestvennogo vozdejstvija krupnych chiščnikov na populjacii kopytnych Evropejskoj časti SSSR (Versuch einer quantitativen Einschätzung des Einflusses großer Raubsäuger auf die Huftierpopulationen im europäischen Teil der UdSSR). In: Ekologičeskie osnovy ochrany i racional'nogo ispol'zovanija chiščnych mlekopitajuščich. Materialy Vsesojuzn. soveśč. Moskau, S. 56–58; dgl. (1983): Protjažennost' sutočnogo choda i nekotorye voprosy ekologii i značenija volka v zimnij period (Über die im Laufe eines Tages zurückgelegte Strecke und einige Fragen der Ökologie sowie die Bedeutung des Wolfs während der Winterperiode). In: Zimnij maršrutnyj učet ochotnič'ich životnych. Sbornik naučn, trudov CNIL Glavochoty RSFSR. Moskau, S. 131–158; Prusajte, A. Ja., M. Kaal, A. Vul'f (1985): Pribaltika (Die Baltischen Sowjetrepubliken). In: D. I. Bibikov (Hrsg.), Volk. Proischoždenie, sistematika, morfologija, ekologija. Moskau, S. 476–478; Prževal'skij (1875): Mongolija i strana Tangutov Trechletnee putešestvie v Vostačnoj časti Nagornoj Azii (Die Mongolei und das Land der Tanguten. Eine dreijährige Reise im Osten des asiatischen Hochlandes). St. Petersburg (Bd. 1, Moskau 1946); Pulliainen, E. (1965): Studies on the wolf *(Canis lupus)* in Finland. - Ann. zool. Fenn. 2 (4): 215–259; dgl. (1979): Ecology of the wolf in the settled areas of Finland. In: The behavior and ecology of wolves. New York, S. 84 bis 92; dgl. (1980): The status, structure and behavior of populations of the wolf (*Canis lupus* L.) along the Fenno-Soviet border. - Ann. zool. Fenn. 17: 107–112

Rausch, R. (1967): Some aspects of the population ecology of wolves in Alaska. - Amer. Zoolog. 7 (2): 253–265; Rejmers, N. F., u. D. I. Bibikov (1985): Areal i ego izmenenie (Das Verbreitungsgebiet und seine Veränderungen). In: D. I. Bibikov (Hrsg.), Volk. Proischoždenie, sistematika, morfologija, ekologija. Moskau, S. 51–63; Rjabov, L. S. (1973): Volkosobač'i gibridy v Voronežskoj oblasti (Bastarde zwischen Wolf und Haushund im Bez. Woronesh). - Bull. Mosk. obšč. ispytat. prirody (Biol.) 78 (6): 25–38; dgl. (1974): Otnošenie choperskich volkov k domašnim životnym i dikim kopytnym (Die Beziehungen der Wölfe aus dem Chopjor-Naturschutzgebiet zu Haustieren und wildlebenden Huftieren). - ebd. 79 (3): 6–15; dgl. (1979): Brodjačie i odičavšie sobaki v Voronežskoj oblasti (Streunende und verwilderte Haushunde im Bez. Woronesh). - ebd. 79 (4): 18–27; dgl., u. D. I. Bibikov (1982): Pustuet li ekologičeskaja niša volka? (Wird die ökologische Nische des Wolfs frei?). - Priroda 3: 26–30; dgl. (1985): Posledstvija narušenija struktury populjacii volka (Folgen der Störung der Populationsstruktur beim Wolf). In: D. I. Bibikov (Hrsg.), Volk. Proischoždenie, sistematika, morfologija, ekologija. Moskau, S. 431–446; Robinson, W. (1961): Population changes of carnivores in some coyote control areas. - J. Mammal. 42 (4): 510–515; Rogers, L., u. D. Mech (1981): Interactions of wolves and black bears in Northeastern Minnesota. - ebd. 62 (2): 434–436; Rossolimo, O. L., u. V. A. Dolgov (1965): Zakonomernosti izmenčivosti čerepa volka *(Canis lupus* L.) na territorii SSSR (Gesetzmäßigkeiten in der Variabilität des Wolfsschädels innerhalb der UdSSR). - Acta Theriol. 10 (12): 195–207; Rothman, R., u. D. Mech (1979): Scent-marking in lone wolves and newly formed pairs. - Animal behav. 27: 750–760; Rukovskij, N. N., u. A. G. Kuprijanov (1972): Nekotorye osobennosti rasprostranenija volka na Onežskom poluostrove (Einige Besonderheiten der Verbreitung des Wolfs auf der Onega-Halbinsel). - Zool. J. Moskau 51: 1593–1596; dgl. (1985): Pitanie (Die Nahrung). In: D. I. Bibikov (Hrsg.), Volk. Proischoždenie, sistematika, morfologija, ekologija. Moskau, S. 325–335; Rutter, R., u. D. Pimlott (1968): The world of the wolf. New York

Sabanskij, L. P. (1877): Volk (Der Wolf). - Priroda 2: 331 S.; Sablina, T. B., u. G. K. Žarova (1985): Piščevaritel'naja sistema (Das Verdauungssystem). In: D. I. Bibikov (Hrsg.), Volk. Proischoždenie, sistematika, morfologija, ekologija. Moskau, S. 240–254; Šatalin, F. (1902): Neskol'ko slov na stat'ju g-na Čechoviča „Volčij vopros" (Einige Bemerkungen zum Aufsatz von Herrn Tschechowitsch „Die Wolfsfrage"). - Psovaja i ružejnaja ochota 4: 85–88; Schenkel, R. (1947): Expression studies of wolves. - Behaviour 1: 81–129; Semenov, B. T. (1954): Volki Archangel'skoj oblasti i ich istreblenie (Die Wölfe im Bez. Archangelsk und ihre Bekämpfung). Archangelsk; dgl. (1979): K biologii srednerusskogo lesnogo volka (Zur Biologie des mittelrussischen Waldwolfs). In: Ekologičeskie osnovy ochrany i racional'nogo ispol'zovanija chiščnych mlekopitajuščich. Materialy Vsesojuzn. soveśč. Moskau, S. 136–137; Senglaub, K. (1978): Wildhunde – Haushunde. Leipzig, Jena u. Berlin; Senner, S. (1975): Alaska wolf wins reprieve. - Def. Wildl. News 50 (4): 299–301; Severcov, S. A. (1940): Chiščnik i žertva (Räuber und Beutetier). In: Pamjati akademika A. N. Severcova. Bd. 2, Teil 1. Moskau u. Leningrad, S. 5–59; Shahi, S. P. (1983): Status of grey wolf *(C. l. pallipes)* in India. - Acta zool. Fenn 174: 283–286; Silver, H., u. W. Silver (1969): Growth and behavior of the coyote-like canid of Northern New England with observations on canid hybrids. - Wildlife Monogr. US, Nr. 17; Skoog, R. (1982): Results of Alaska's attempts to increase prey by controlling wolves. Abstr. Pap. 3rd Intern. Theriol. congr., Helsinki, 15–20 Aug., 1982. Helsinki, S. 228; dgl. (1983): Results of Alaska's attempts to increase prey by controlling wolves. - Acta zool. Fenn. 174: 245–248; Sludskij, A. A. (1962): Vzaimootnošenija chiščnikov i dobyči (na primere antilop i drugich životnych i ich vragov) [Die Wechselbeziehungen zwischen Raubtier und Beutetier (am Beispiel der Antilopen und anderer Tiere und ihrer Feinde)]. - Trudy Inst. zool. Ak. Nauk KazSSR 17: 24–143; dgl., u. A. K. Fedosenko (1981): Volk – *Canis lupus* L., 1758. In: Mlekopitajuščie Kazachstana. Bd. 3, Teil 1. Alma-Ata, S. 8–57; Smirnov, V. S., u. N. S. Korytin (1985): Vozrastnaja struktura i sootnošenie polov (Altersstruktur und Geschlechterverhältnis). In: D. I. Bibikov (Hrsg.), Volk. Proischoždenie, sistematika, morfologija, ekologija. Moskau, S. 389–408; dgl., dgl., u. V. G. Neganov (1985): Kontrol'za dinamikoj čislennosti volka po vozrastnomu sostavu dobyvaemych životnych (Metodičeskie rekomendacii) [Kontrolle der Bestandsdynamik des Wolfs nach der Alterszusammensetzung der erlegten Tiere (Methodische Empfehlungen)]. Inst. ekologii rastenij i životnych UNC Ak. Nauk SSSR. Swerdlowsk, S. 75; dgl., u. V. G. Neganov (1985): Analiz vozrastnogo sostava volkov v Permskoj oblasti (Analyse der Altersstruktur der Wölfe im Bez. Perm), In: Mlekopitajuščie v sisteme prirodopol'zovanija na Urale. Swerdlowsk, S. 26–28; Šmit, E. (1973): O žizni volka (Über das Leben des Wolfs). - Ochota ochotn. choz., Nr. 3: 20–21; Sobanskij, G. G. (1979): Izbiratel'naja eliminacija v populjacii maralov na Altae v rezul'tate rannej zimy 1976/77 g. (Selektive Elimination in einer Maralpopulation im Altai als Folge des frühen Wintereinbruchs 1976/77). - Ekologija 1: 99–101; Sokolov, A. A. (1951): Volk (Der Wolf). Moskau; Sokolov, V. E. (1977): Chimičeskaja kommunikacija mlekopitajuščich (Chemische Kommunikation bei Säugetieren). In: Uspechi sovremennoj teriologii. Moskau, S. 229–255; dgl., T. I. Nekljudova, u. T. V. Perfilova (1985): Kožnyj pokrov (Integument). In: D. I. Bibikov (Hrsg.), Volk. Proischoždenie, sistematika, morfologija, ekologija. Moskau, S. 67–125; dgl., u. O. L. Rossolimo (1985): Sistematika i izmenčivost' (Systematik und Veränderlichkeit). ebd., S. 21–50; Sokolova, Z. P. (1972): Kul't životnych v religijach (Tierkult in den Religionen). Moskau; Sokov, A. I. (1985): Tadžikistan (Tadshikistan). In: D. I. Bibikov (Hrsg.), Volk. Porischoždenie, sistematika, morfologija, ekologija, Moskau, S. 510–513; Spasskij, A. A., D. I. Bibikov, u. Ju. N. Konovalov (1985): Parazitologi o volke (Parasitologen über den Wolf). - Priroda 7: 63–67; Stardom, R. (1983): Status and management of wolves in Manitoba. In: L. Carbyn, Wolves in Canada and Alaska. - Canad. Wildl. Rep. Ser., Nr. 45: 30–34; Stelfox, J. (1969): Wolves in Alberta. - Lands - Forests - Wildlife 12 (4): 18–27; Stenlund, M. (1955): A field study of the timber wolf *(Canis lupus)* on the superior national forest, Minnesota. - Techn. Bull. Dep. Conserv., Nr. 4: 55; Šternberg, L. Ja. (1936): Pervobytnaja religija v svete etnografii (Frühgeschichtliche Religion im Lichte der Ethnographie). Inst. narodov Severa pri CIK SSSR im. P. G. Smidoviča. Leningrad; Stiškovskaja, L. L. (1983): Volk v mitologii raznych narodov (Der Wolf in der Mythologie verschiedener Völker). - Nauka i žizn' 9: 142–146; Sumiński, P. (1975): The wolf in Poland. In: Wolves. IUCN Publ. New Ser., Suppl. Pap. Nr. 43. Morges, S. 44–52; Švarc, S. S. (1971): Populjacionnaja struktura biocenoza (Die Populationsstruktur der Biozönose). - Izv. Ak. Nauk SSSR, ser. biol., Nr. 4: 490; Sysoev, N. D. (1970): Životnyj mir Vladimirskoj oblasti (Die Tierwelt des Bez. Wladimir). Jaroslawl

Tenner, O. (1980): Medvedi i drugie chiščnye zveri (Bären und andere Raubtiere). Moskau, S. 12; Teplov, V. P. (1938): Volk v Kavkazskom zapovednike (Der Wolf im Kaukasus-Schutzgebiet). - Trudy Kavkazsk. gos. zapov. 1: 343–365; Theberge, J., u. D. Pimlott (1969): Observation of wolves at rendezvous site in Algonquin park. - Canad. Field Natural. 83 (2): 122–128; dgl. (1973): Wolf management in Canada through a decade of change. - Canad. Natural. 2: 3–10; dgl. (1976): Wolves: Canadian perspective. In: Proc. Symp. Canada's Threat. Spec. and Habitats, Ottawa, May 20–24, 1976. Ottawa, S. 51–54; dgl., u. D. Strickland (1978): Changes in wolf numbers, Algonquin provincial park, Ontario. - Canad. Field Natural. 92 (4): 395–398; Thenius, E. (1972): Grundzüge der Verbreitungsgeschichte der Säugetiere. Jena; Timofeeva, E. K. (1974): Los' (Ekologija, rasprostranenie, chozjajstvennoe značenie) [Der Elch (Ökologie, Verbreitung und wirtschaftliche Bedeutung)]. Leningrad; Tompa, F. (1983): Status and management of wolves in British Columbia. In: L. Carbyn (Hrsg.), Wolves in Canada and Alaska. - Canad. Wildl. Rep. Ser., Nr. 45: 20–24; Turkin, N. V., u. K. A. Satunin (1900): Zveri Rossii (Die Säugetiere Rußlands). Bd. 1, St. Petersburg

Ullrich, M. (1979): Jüterbog-Wolf II. - Arch. Natursch. Landschaftsforsch. 19 (4): 271–278

Vereščagin, N. K. (1951): Chiščnye (Carnivora) iz binagadinskogo asfal'ta (Raubtiere aus dem Asphalt von Binagady). - Trudy Estestv.-ist. muzeja AzSSR 4: 28–126; dgl. (1985): Proischoždenie i istorija volka (Abstammung und Entwicklungsgeschichte des Wolfs). In: D. I. Bibikov (Hrsg.), Volk. Proischoždenie, sistematika, morfologija, ekologija. Moskau, S. 11–20; Visjaščev, G. V. (1978): Smotret' čerez prorez' pricela (Durch die Kimme gesehen). - Ochota ochotn. choz., H. 9: 13; Vojločnikov, A. T. (1972): O vzaimosvjazjach kolonka s drugimi vidami chiščnych zverej v biocenozach Amuro-Ussurijskoj tajgi (Über die Wechselbeziehungen des Feuerwiesels mit anderen Raubtieren in den Biozönosen der Amur- und Ussuri-Taiga). In: Materialy k naučn. konf., posvjaščennoj 50-letiju VNIIOZ, Bd. 2. Kirow, S. 65–67; Voskár, J. (1979): Sme zapovedni aj za prežitie volka. - Pam. prirody 5: 34–35; dgl. (1983): Present problem of wolf preservation in Czechoslovakia. - Acta zool. Fenn. 174: 287–288; Vyrypaev, V. A., u. G. G. Vorob'ev (1983): Volk v Kirgizii, Frunse; dgl. (1985): Kirgizija (Kirgisien). In: D. I. Bibikov (Hrsg.), Volk. Proischoždenie, sistematika, morfologija, ekologija. Moskau, S. 507–510

Weise, T., W. Robinson, R. Hook, u. D. Mech (1975): An experimental translocation of the eastern timber wolf. - Audubon Conserv. Rep. 5: 28; Wolf, B. (1938/39): Fauna fossilis cavenorum. Fossilium Catalogus, 1938, vol. I, S. 1–192; vol. II, S. 1–196; 1939, vol. I, S. 193–240; vol, II, S. 197–208; Wolfe, M., u. D. Allen (1973): Continued studies of the status, socialisation an relationship of Isle Royale wolves 1967 to 1970. - J. Mammal. 54 (3): 611–135; Wynne-Edwards, V. (1962): Animal dispersion in relation to social behaviour. Edinburg u. London

Young, S., u. E. Goldman (1944): The wolves of North America. Washington

Z a b l o c k a j a, L. V. (1967): Pričiny gibeli losej v različnych geografičeskich rajonach (Todesursachen bei Elchen in verschiedenen geographischen Gebieten). In: Biologija i promysel losja. Bd. 2. Moskau, S. 105–129; Z a l o z n y c h, D. V. (1980): Nekotorye osobennosti ekologii volka v Gur'evskoj oblasti (Einige Besonderheiten in der Ökologie des Wolfs im Bez. Gurjew). In: Povedenie volka. Sbornik naučn. trudov IEMEŽ Moskau, S. 77–89; Z a m a c h a e v a, I. M. (1979): Ob izmenčivosti volosjanogo pokrova volka (Über die Veränderlichkeit des Wolfsfells). - Ekologija 3: 99–101; Ž e l e z n o v, N. K. (1983): Materialy po ekologii volka (*C. lupus* L.) na Severo-Vostoke SSSR (Beiträge zur Ökologie des Wolfs im Nordosten der UdSSR). Sbornik Teriologičeskie issledovanija v Jakutii. Jakutsk, S. 28–50; Z i m e n, E. (1974): Social factors regulating pack size and mortality natality rate in wolves. In: Abstr. XIth Intern. Congr. Game Biol., Stockholm, 1973. Stockholm, S. 165; dgl. (1976a): On the regulation of pack size in wolves - Z. Tierpsychol., 40: 300–341; dgl. (1976b): Verhaltensmodell im Ökosystem der Wölfe. - Bild. Wiss. 13 (1): 36–45; dgl., u. L. B o i t a n i (1979): Status of the wolf in Europe and the possibilities of conservation and reintroduction. In: E. K l i n g h a m m e r (Hrsg.), The behavior and ecology of wolves. New York u. London, S. 43–83; Z i m i n a, R. P., u. I. P. G e r a s i m o v (1970): Periglacial'naja ekspansija surkov v Srednej Evrope (Die periglaziale Ausbreitung der Murmeltiere in Mitteleuropa). - Bull. Mosk. obšč. ispytat. prirody (Biol.) 75 (1): 37–49; Z o l o t a r e v, A. M. (1934): Perežitki totemizma u narodov Sibiri (Überreste des Totemismus bei Völkern Sibiriens). Leningrad, S. 43; Z v o r y k i n, N. (1939): Povadki životnych (Das Verhalten der Tiere). Moskau u. Leningrad; dgl. (1950): Skazočnyj zver' (Ein sagenhaftes Tier). In: Volki i ich istreblenie. Moskau, S. 9–46; Z y l l d e J o n g, C. G. van (1975): The distribution and abundance of the wolverine *(Gulo gulo)* in Canada. - Canad. Field Natural. 89 (4): 431–437

Nach Abschluß der Arbeiten am Manuskript eingegangen:

A l t m a n n, D. (1974): Beziehungen zwischen sozialer Rangordnung und Jungenaufzucht bei *Canis lupus* L. -Zool. Garten NF. 44: 235–236; dgl. (1986): Soziale Funktionen im Wolfsrudel, *Canis lupus lupus* Linnaeus. - Wiss. Z. Humb. Univ. Berlin, math.-naturw. R. 35: 292–295; dgl. (1987): Social behavior patterns in three wolf packs at Tierpark Berlin. In: H. F r a n k (Hrsg.), Man and Wolf. Dordrecht, S. 415–424; F r o m m o l t, K.-H., M. I. K a a l, N. M. P a s c h i n a, u. A. A. N i k o l s k i j (1988): Die Entwicklung der Lautgebung beim Wolf (*Canis lupus* L., Canidae L.) während der postnatalen Ontogenese. - Zool. Jb. Physiol. 92: 105–115; G o r e t z k i, J. (1987): Wolfserlegungen in der DDR. - Unsere Jagd 37 (9): 270–271; H a r r i n g t o n, F. H., u. L. D. M e c h (1978): Wolf vocalization. In: R. L. H a l l u. H. S. S h a r p (Hrsg.), Wolf and man: Evolution in parallel. New York, S. 109–132; dgl., u. dgl. (1979): Wolf howling and its role in territory maintenance. - Behaviour 68: 207–249; N i k o l ' s k i j, A. A., u. K.-Ch. F r o m m o l ' t (1986): Zvukovaja aktivnost volkov v bračnyj period. - Zool. J. Moskau 65: 1589–1591; dgl., dgl., u. V. P. B o l o g o v (1986): Prostranstvenno-vremennye osobennosti voja volkov v načalnyj period osvoenija ščenkami territorii. - Ekologija (5): 54–61; dgl., u. dgl. (im Druck): Zvukovaja aktivnost volka. Moskau; S c h a s s b u r g e r, R. M. (1987): Wolf vocalization: An integrated model of structure, motivation and ontogeny. In: H. F r a n k (Hrsg.), Man and Wolf. Dordrecht, S. 313–347; T h e b e r g e, J. B., u. J. B. F a l l s (1967): Howling as a means of communication in timber wolves. - Amer. Zoolog. 72: 331–338

13. Register

Ratgeber für Haustierhalter und Haustierzüchter

Der Hausesel

von Dr. Johannes Erich Flade, Zierow
etwa 128 Seiten mit 50 Farb- und Schwarz-Weiß-Bildern, Pappband
1. Auflage (erscheint September 1990)
800 207 2 · ISBN 3-7403-0246-1 · DDR etwa 14,50 M
Ausland etwa 16,00 DM

Dieses Buch soll uns eines der ältesten Haustiere näherbringen, das der Mensch in seinen Dienst nahm, ein Haustier, das vielfach in einem ungerechtfertigt schlechten Ruf stand und noch steht und von jeher besonders viel Ungemach und Leid zu ertragen hatte. Wir werden unter anderem erfahren, daß Esel weder faul noch stur oder dumm sind, sondern daß Unkenntnis, Vermenschlichung, Ungeduld und Überheblichkeit des Menschen sie mit diesen Attributen verbinden. Beim Lesen soll deutlich werden, daß der Esel sich, wie jede andere Tierart auch, im Lauf der Jahrtausende zweckmäßig an seine natürliche Umgebung angepaßt und mit ihr im vollen Einklang gelebt hat. Viele seiner sich daraus ergebenden Merkmale, Eigenschaften und Besonderheiten haben ihn in vielen Gebieten der Erde zu einem der bedeutendsten und verbreitetsten Haustiere gemacht.

Weiterhin erschienen in dieser Reihe:

von Horst Marks – **Das Haushuhn**
von Prof. Dr. Heinz Pingel – **Die Hausziege**
von Prof. Dr. Heinz Pingel – **Die Hausenten**

A. Ziemsen Verlag · Postfach 22 · Wittenberg Lutherstadt, DDR – 4600